KORNMANN

MATHEMATIK: FÜR ALLE VON ANFANG AN!

MATHEMATIK: FÜR ALLE VON ANFANG AN!

von
Reimer Kornmann

VERLAG
JULIUS KLINKHARDT
BAD HEILBRUNN • 2010

KLINKHARDT

Für Brigitte

Bibliografische Information der Deutschen Nationalbibliothek
Die Deutsche Nationalbibliothek verzeichnet diese Publikation in der Deutschen Nationalbibliografie; detaillierte bibliografische Daten sind im Internet abrufbar über http://dnb.d-nb.de.

Titelfoto: „Louisa“ von Daniel Oberholz
Druck und Bindung: AZ Druck und Datentechnik, Kempten.
Printed in Germany 2010.
Gedruckt auf chlorfrei gebleichtem alterungsbeständigem Papier.

ISBN 978-3-7815-1767-7

Inhalt

Vorwort

Noch immer gibt es in unserer Gesellschaft viele Menschen, die – unabhängig von Alter und sozialer Herkunft – keinen tragfähigen Zugang zur Mathematik gefunden oder diesen wieder verloren haben. Für diese Behauptung gibt es recht deutliche Belege: Beispielsweise zeigen die Ergebnisse internationaler Vergleichsstudien, dass ein sehr hoher Anteil deutscher Schülerinnen und Schüler mit einfachen Mathematik-Aufgaben überfordert ist, oder Berichte von Studierenden der Pädagogik und Sonderpädagogik lassen erkennen, dass viele von ihnen Mathematik vor allem mit leidvollen Erinnerungen an totales Versagen gegenüber den schulischen Anforderungen verbinden. Dieser ungute Zustand ist nicht mit dem Fehlen geeigneter pädagogischer Vermittlungskonzepte zu erklären. So sind in den zurückliegenden Jahren einige hervorragende Hand- und Arbeitsbücher für Lehrerinnen und Lehrer publiziert worden, die eine Fülle leicht realisierbarer praktischer Vorschläge für einen interessanten, anregenden und erfolgreichen Mathematikunterricht in der Primarstufe bieten und dabei auch Hilfen für Kinder mit ungünstigen Lernvoraussetzungen und eingeschränkten Lernmöglichkeiten vorsehen. Diese unterrichtsbezogenen Darstellungen werden sinnvoll ergänzt durch einige didaktisch gut durchdachte Lehrwerke und Übungsmaterialien. Weiterhin finden sich in mehreren ansprechend aufgemachten, sorgfältig redigierten und – zum Teil – speziell für einzelne Schularten und Schulstufen zugeschnittenen Fachmagazinen anschauliche Praxisbeispiele und Unterrichtsvorschläge für Lehrkräfte. Diese Erkenntnisse haben zum Teil auch Eingang in die Lehrerbildung gefunden, und es fehlt auch nicht an qualifizierten Fortbildungsangeboten und soliden Handreichungen, die allen Lehrkräften zugänglich sind.
Jedoch: Wahrscheinlich bedingt durch die eingangs erwähnten negativen Erfahrungen, haben manche Lehrpersonen und Eltern ein sehr eingeengtes Verständnis von Mathematik erworben und Aversionen gegenüber diesem Gegenstandsbereich entwickelt. Deshalb dürfte es ihnen schwer fallen, den Kindern zu einem problemlosen Zugang zur Mathematik zu verhelfen. Speziell an diesen Personenkreis wenden sich einige interessant geschriebene und leicht verständliche Abhandlungen, welche die lebendigen und lebensfrohen Seiten des als trocken und zäh geltenden Lehr- und Lerngegenstands Mathematik aufzeigen.
Doch alle diese Bemühungen scheinen noch zu selten in der Unterrichtspraxis wirksam zu werden – und diese Erkenntnis hat inzwischen auch Eingang in den fachlichen Diskurs gefunden.
So wird seit einiger Zeit auch auf „didaktogene", also unterrichtsbedingte, Ursachen hingewiesen, wenn es um die Analyse von Rechenschwierigkeiten (Rechen-

störungen, Dyskalkulie) geht. Dabei wird davon ausgegangen, dass die Qualität der realen Unterrichtsgestaltung oft deutlich hinter den realisierbaren Möglichkeiten zurückbleibt und sich daher negativ auf den Lernerfolg und den Leistungsstand einzelner Schülerinnen und Schüler auswirkt. Ein solcher Erklärungsansatz erweitert die Perspektive auf die Problematik erheblich: Lange Zeit herrschten nämlich Erklärungskonzepte vor, welche die Schwierigkeiten mit den mathematischen Anforderungen allein auf kognitive Defizite und andere individuelle Merkmale der Lernenden zurückführten. Demgegenüber heben neuere pädagogisch und entwicklungstheoretisch orientierte Ansätze auch die Bedeutung konkreter gegenstandsbezogener Erfahrungen hervor, die mit der Qualität der außerschulischen und schulischen Lern- und Lebensbedingungen zusammenhängen. Folglich konzentrieren sich die hieran orientierten Fördermaßnahmen darauf, den Kindern die notwendigen mathematischen Vorkenntnisse und Wissenselemente zu vermitteln, auf denen der Erwerb weiterer Kompetenzen aufbauen kann. Auch für diesen Aufgabenbereich liegen geeignete Fördermaterialien vor, deren Anwendungsmöglichkeiten in der umfangreichen Fachliteratur gut beschrieben und erläutert sind.

Offensichtlich haben aber die eigentlich leicht zugänglichen, anschaulich beschriebenen, gut erprobten und theoretisch überzeugenden pädagogischen Konzepte nicht in genügendem Maße Eingang in die Praxis der vorschulischen und schulischen Förderung gefunden. Dies scheint ein wesentliches Problem zu sein, das für die anhaltenden Lernschwierigkeiten einzelner Schülerinnen und Schüler im mathematischen Lernbereich mit verantwortlich sein dürfte.

Mit der vorliegenden Schrift kann ich nun kein Patent-Rezept zur Lösung dieses Problems bieten. Das Bewusstsein dieser Problematik hat mich aber dazu inspiriert, darüber nachzudenken, wie möglichst vielen Menschen wesentliche Grundlagen mathematischen Denkens erschlossen werden können. Die Ergebnisse dieser Überlegungen liegen nun vor. Schwerpunktmäßig beziehen sie sich auf die Entwicklung der Kinder, die in Familie, Kindergarten, Hort und Schule, aber auch im Rahmen von speziellen sonderpädagogischen bzw. therapeutischen Hilfen unterstützt werden sollen. Dabei versuche ich, Zusammenhänge zwischen grundlegenden Kategorien menschlicher Entwicklung und der Ausbildung mathematischen Denkens aufzuzeigen. Dadurch kann der gedankliche Rahmen so weit gespannt werden, dass kein Kind von dem Zugang zur Mathematik ausgeschlossen bleibt. Insofern ist diese Schrift dem Gedanken der Inklusion, also einer Pädagogik für Alle, verpflichtet.

Bei einem solchen Versuch muss man sich von der gängigen Vorstellung lösen, dass die frühesten Berührungen eines Menschen mit der Mathematik erst auf einer fortgeschrittenen Stufe seiner geistigen Entwicklung erfolgen können. Gegen eine solche Auffassung sprechen auch die Ergebnisse einiger experimenteller

Studien, wonach schon Säuglinge eine Sensibilität für unterschiedlich mächtige Mengen und für die Ergebnisse einfacher Operationen mit diesen zeigen. Darüber hinaus legen es Interpretationen der entwicklungstheoretischen Arbeiten von A. N. Leontjew, einem wichtigen Vertreter der von L. S. Wygotski begründeten Kulturhistorischen Schule sowjetischer Psychologen, nahe, bereits in den ersten Lebensäußerungen Neugeborener wesentliche Grundlagen für die Entwicklung mathematischen Denkens zu erkennen. So lassen sich mit diesem theoretischen Ansatz wichtige Grundzüge sowohl der individuellen als auch der menschheitsgeschichtlichen Entwicklung mathematischen Denkens beschreiben und erklären. Besonders interessant ist an diesem tätigkeitstheoretischen Ansatz auch, dass das pädagogische Handeln darin einen zentralen Stellenwert einnimmt.
Mit dieser Akzentuierung – Berücksichtigung der menschlichen Entwicklung von Anfang an, Verbindung zur Kulturgeschichte, systematische Einordnung der Pädagogik unter Einbezug bedeutsamer fachdidaktischer Entwürfe – ergänzt die vorliegende Darstellung die konstruktivistischen, kognitivistischen und neuropsychologischen Ansätze, die den aktuellen fachlichen Diskurs zum Thema Rechenschwäche und Dyskalkulie bestimmen. Sicherlich steht die tätigkeitstheoretische Position in keinem unüberbrückbaren Gegensatz zu den genannten Ansätzen, und so hoffe ich, dass die vorliegende Schrift auch zur Belebung der theoretischen Diskussion und zur Weiterentwicklung hilfreicher pädagogischer Konzepte beiträgt. So soll sie all denen einen Orientierungsrahmen geben, die sich den Aufgabenbereich Mathematik im Elementar- und Primarbereich – auch für Kinder mit größeren Lernschwierigkeiten – erschließen wollen: also angehende und bereits tätige Fachkräfte in Kindergärten, Studierende und Referendare der Pädagogik und Sonderpädagogik, aber auch ausgebildete Lehrkräfte und Therapeuten, die ihr erworbenes fachliches Wissen überprüfen und gegebenenfalls erweitern wollen, schließlich auch Eltern von Kindern mit Rechenschwierigkeiten, von denen sich nicht wenige autodidaktisch ein beachtliches Expertenwissen angeeignet haben und dieses ständig erweitern.
Ein besonderes Anliegen ist es mir aber, drei verschiedene Gruppen von Lehrerinnen und Lehrern an Grund- und Förderschulen zu erreichen:

- zum einen solche, die Mathematik unterrichten müssen, dies aber ungern tun, weil sie während ihrer eigenen Schulzeit negative Erfahrungen mit diesem Gegenstandsbereich gemacht haben und diesem Fach ablehnend gegenüberstehen,
- weiterhin solche, die Mathematik zwar keineswegs ablehnen, vielleicht sogar recht gern unterrichten mögen, aber aufgrund unzureichenden fachdidaktischen Wissens ihren Schülerinnen und Schülern nicht die Lernmöglichkeiten bieten, die ihren Begabungen entsprechen,
- schließlich solche, die während ihrer Schulzeit nie Probleme mit den Anforderungen des Mathematikunterrichts hatten und die deshalb kaum verstehen

können, dass und warum sich einige ihrer Schülerinnen und Schüler mit diesem Fach so schwer tun.

Ich selbst hatte als Schüler – insbesondere in den letzten Schuljahren – deutliche Probleme mit den Lernanforderungen in Mathematik. Diese Probleme blieben mir auch nach der Schulzeit stets bewusst, als ich im Rahmen meines Psychologiestudiums mathematisch basierte Forschungsmethoden erlernen und diese bei meinen Qualifikationsarbeiten und später auch bei meiner Dissertation anwenden musste. Gerade dieses Bewusstsein erleichterte es mir, die besonderen Hindernisse zu erkennen, die dem Verständnis entscheidender Gedankengänge im Wege stehen. Diese Erkenntnisse konnte ich später gut nutzen, als ich bei meinen Tätigkeiten als Hochschullehrer den Studierenden Grundkenntnisse in Statistik und Testtheorie zu vermitteln hatte: Das Wissen um solche Schwierigkeiten befähigte mich, gerade auch auf solche „einfachen" Probleme lösungsorientiert einzugehen, die mathematisch versierte Kolleginnen und Kollegen gar nicht als solche wahrnehmen, und über die sie deswegen in der Lehre einfach hinweggehen, womit sie dann einen Teil der Studierenden von den Studieninhalten isolieren.

Auch die in dieser Schrift behandelten Themen und Inhalte wurden mir durch meine Tätigkeit als Hochschullehrer im Bereich der Sonderpädagogik wichtig. Ich hatte an der Pädagogischen Hochschule Heidelberg eine Professur für „Diagnostik der Lernbehinderten" inne. Bei der Entwicklung pädagogisch angemessener Fragestellungen für die Diagnostik orientierte ich mich an den Problemwahrnehmungen der Lehrkräfte in der Schulpraxis. Bei der systematischen Aufbereitung und Analyse dieser Problemwahrnehmungen wurde mir zunehmend klar, dass die von den Lehrkräften festgestellten Probleme stets auch mit deren eigener Praxis zusammenhängen. Folglich musste sich die Diagnostik auch und gerade auf die Qualität der pädagogischen Praxis einlassen und an den Inhalten anknüpfen, in denen sich die Problemwahrnehmungen häuften. Neben den Bereich des Erwerbs und Gebrauchs der Schriftsprache und – bei Kindern mit Migrationshintergrund – des Gebrauchs der Zweitsprache Deutsch betraf dies die Anforderungen des Mathematikunterrichts. Zu diesem Themenbereich habe ich lange Zeit während meiner Dienstzeit an der Pädagogischen Hochschule Heidelberg und nach meiner Pensionierung an der Goethe-Universität Frankfurt Lehrveranstaltungen angeboten. Diese zielten darauf ab, realisierbare Bedingungen für einen besseren Lernerfolg einzelner Kinder und Jugendlicher mit Lernschwierigkeiten im mathematischen Bereich zu erkennen und pädagogische Umsetzungen dieser Erkenntnisse zu planen, durchzuführen, zu kontrollieren und zu sichern. Bei der durchweg lebendigen Zusammenarbeit mit interessierten Studierenden eröffneten sich auch einige noch nicht untersuchte Fragestellungen, denen in mehreren, auch von der Deutschen Forschungsgemeinschaft finanziell geförderten Forschungsprojekten nachgegangen werden konnte.

Meine eigenen mathematischen Kenntnisse gehen nur so weit, dass ich grundlegende Einführungen für den Grundschulunterricht in Mathematik verstehen und deren unterrichtspraktische Bedeutung einschätzen kann. Nicht wenige solcher mathematikdidaktischer Abhandlungen habe ich mit Freude und Gewinn gelesen. Dabei habe ich darüber nachgedacht, welche Erkenntnisse es mir selbst denn ermöglicht haben, einen solchen Zugang zu den Grundlagen der Mathematik zu finden. Mit der vorliegenden Schrift versuche ich nun, diese Erkenntnisse so darzustellen, dass neben den schon angesprochenen Personenkreisen insbesondere die drei oben beschriebenen Zielgruppen von Lehrpersonen daran partizipieren können und dazu angeregt werden, sich mit dem einen oder anderen mathematikdidaktischen Lehrwerk zu beschäftigen. Damit sei klar gesagt: Die vorliegende Schrift dient lediglich als Propädeutikum, versteht sich also als eine ganz einfache Hinführung zur Mathematik und zur Mathematikdidaktik für den Elementar- und Primarbereich. Darüber hinaus gehende Ansprüche und Erwartungen kann und will sie nicht erfüllen. Inhaltlich anspruchsvoller sind hingegen die Ausführungen zu grundsätzlichen pädagogischen, lern- und entwicklungstheoretischen Positionen gehalten, die den allgemeinen Rahmen für die speziellen mathematischen und mathematikdidaktischen Inhalte bilden.
Speziell die in dieser Schrift behandelten Themen entsprechen weitgehend den Inhalten einer Vorlesung, die ich im Wintersemester 2009/2010 an der Goethe-Universität Frankfurt für Studierende der Sonderpädagogik gehalten habe. Es handelte sich um eine Pflichtveranstaltung für Anfangssemester. Anstelle der üblichen Teilnahmenachweise durch Eintragung in Anwesenheitslisten erbat ich von den Studierenden, mir im Anschluss an jede Vorlesung eine kurze Stellungnahme zu vier Aspekten per E-Mail zukommen zu lassen:

1. Das war neu für mich.
2. Das fand ich interessant, richtig oder gut.
3. Das fand ich langweilig oder uninteressant; darüber habe ich mich geärgert.
4. Das habe ich nicht verstanden.

Zu jeder einzelnen Vorlesung wurde den Studierenden zugleich ein Begleittext zum Herunterladen in die Studienplattform gestellt. So konnten auch solche Studierende, die eine Vorlesung versäumt hatten, zu den Inhalten der Vorlesung Stellung nehmen. Ich erhielt auf diese Weise zu jeder der 15 Vorlesungen über 80 einzelne Rückmeldungen, die zum Teil sehr differenziert ausgefallen sind. Aufgrund der Rückmeldungen der Studierenden wurden die Begleittexte noch einmal überarbeitet und flossen dann in die vorliegende Schrift mit ein. Durchweg entsprachen die Rückmeldungen meinen intendierten Zielsetzungen. Daher bin ich recht zuversichtlich, dass auch diese Schrift Ideen vermittelt, wie man allen Menschen helfen kann, von Anfang an einen tragfähigen Zugang zur Mathematik zu finden.

Vielen Studierenden sowie Kolleginnen und Kollegen, mit denen ich in Lehre und Forschung zusammenarbeiten durfte, bin ich für wichtige Anregungen und Kritik dankbar. Ebenso danke ich Herrn Silvio Wagner, der die Erstellung des Manuskripts aufmerksam verfolgt und mit hilfreichen Kommentaren und Vorschlägen unterstützt hat. Die meisten und wichtigsten Impulse verdanke ich jedoch den fast täglichen intensiven Arbeitskontakten mit Brigitte Ramisch-Kornmann, M. A., der ich diese Schrift widme.

Neckargemünd, zum Jahreswechsel 2009/10 *Reimer Kornmann*

0 Einleitender Überblick

Thematischer Schwerpunkt der vorliegenden Schrift sind Bemühungen, aufgetretenen oder zu erwartenden Problemen mit den Anforderungen des Mathematikunterrichts in der Primarstufe von Grund- und Sonderschulen so früh und so wirksam wie möglich zu begegnen. Dabei bleibt die Frage außer Betracht, ob diese Probleme im Sinne der gängigen Klassifikationssysteme als „Rechenschwäche", „Rechenstörung" oder „Dyskalkulie" bezeichnet werden können oder nicht, ob also die schulischen Probleme allein auf den Mathematikunterricht beschränkt bleiben, oder ob sie sich auch bei anderen inhaltlichen Anforderungen zeigen.[1] Ebenso soll die Frage unberücksichtigt bleiben, ob die betroffenen Kinder in Sonderschulen oder – etwa im Rahmen integrativer oder inklusiver Konzepte – in Grundschulen unterrichtet werden. Gleichwohl ist die Darstellung an dem pädagogischen Gedanken der Inklusion orientiert. Dabei soll aber auf diesen Begriff nicht näher eingegangen werden, vielmehr sollen die Ausführungen dazu anregen, sich wichtige Voraussetzungen für die Gestaltung eines erfolgreichen Unterrichts mit mathematischen Inhalten – gerade auch für Kinder mit ungünstigen Lernvoraussetzungen und eingeschränkten Lernmöglichkeiten – zu verschaffen. Auf diese Weise kann sicherlich auch ein angemessenes Verständnis für die Prinzipien inklusiver Pädagogik vermittelt werden. Wegen seiner besonderen Bedeutung für den weiteren Schulerfolg soll dabei ein besonderes Gewicht auf die frühen vorschulischen Erfahrungen mit Mathematik und auf den Anfangsunterricht gelegt werden.

Was bedeutet in diesem Zusammenhang „erfolgreiche Unterrichtsgestaltung"?

Zu diesem sehr komplexen Begriff tragen mindestens sechs verschiedene Komponenten bei, die grundsätzlich für jeden Unterricht gelten. Nachfolgend werden diese aber direkt auf den Mathematikunterricht bezogen.

---

1 Nach dem Kriterienkatalog ICD 10 (10. Revision der International Classification of Diseases and Related Health Problems) der Weltgesundheitsorganisation WHO (2005) liegt eine Rechenstörung (Dyskalkulie) nur dann vor, wenn die Rechenleistungen des Kindes unterhalb des Niveaus liegen, das man aufgrund seines Alters und seiner allgemeinen Intelligenz erwarten kann, wobei die Lese- und Rechtschreibfähigkeiten zugleich im Normalbereich liegen müssen – ähnlich auch die Definition der vierten Revision des Diagnostischen und Statistischen Manuals psychischer Störungen DSM-IV-TR von Saß, Wittchen, Zaudig & Houben (2003). Wie verschiedene Analysen zeigen, ist eine solche Diskrepanzdefinition der Dyskalkulie pädagogisch nicht von Belang: Die Probleme und die pädagogischen Hilfen sind die gleichen, unabhängig davon, ob die Schwierigkeiten mit den Anforderungen des Mathematikunterrichts isoliert auftreten oder nicht (Moser Opitz, 2007).

1. Den Kindern wird ein emotional unbelasteter, nach Möglichkeit sogar ein von Interesse und Lernfreude geprägter Zugang zu den mathematischen Inhalten geschaffen. Dieser positive Zugang wird laufend gefestigt, erweitert und vertieft. Vermieden werden dabei Situationen, in denen sich Kinder diskriminiert, beschämt, enttäuscht, überfordert oder gelangweilt fühlen. Mit dem Mathematikunterricht sollen sie also keine negativen Erfahrungen verbinden.
2. Die mathematischen Inhalte werden so ausgewählt und dargeboten (oder aufbereitet), dass die Kinder deren Bedeutung für ihre reale Lebensgestaltung erfahren und ihre Beschäftigung mit Mathematik als sinnvoll erleben können.
3. Die mathematischen Inhalte sind in eine übergeordnete pädagogische Konzeption eingebettet, die darauf abzielt, die Denk- und Handlungsmöglichkeiten der Kinder in angemessener Weise zu erweitern.
4. Die Kinder sollen deutliche Lern- und Erkenntnisfortschritte bezüglich ihrer mathematischen Kompetenzen erzielen und diese Fortschritte als selbst verursachte Erfolge erfahren und erleben können.
5. Die Lernfortschritte der Kinder sind an deren je aktuellen individuellen Möglichkeiten (und nicht an vorgegebenen Lehr-Lern-Zielen des Lehrplans für Mathematik) zu messen: Kinder mit günstigen Lernvoraussetzungen dürfen und sollen mehr lernen als es der Lehrplan vorsieht, und Kindern mit ungünstigen Voraussetzungen wird man zufriedenstellende Lernergebnisse bescheinigen, wenn diese ihrem aktuellen Lernpotenzial entsprechen, selbst wenn die gezeigten Leistungen hinter den Zielen des Lehrplans zurückbleiben.
6. Lern- und Leistungsunterschiede der Kinder werden pädagogisch genutzt für ein gemeinsames Voranschreiten der gesamten Lerngruppe im Sinne der oben aufgeführten Aspekte: Den Kindern wird Raum gegeben, voneinander und miteinander zu lernen, sich gegenseitig zu helfen, Hilfen anzunehmen – kurz: ihre mathematischen Kompetenzen in Kooperation miteinander zu entwickeln.

Lehrkräfte, die einen solchen „erfolgreichen Unterricht" gestalten können, müssen über eine Reihe von wichtigen professionellen Qualifikationsmerkmalen verfügen.

1. Wer den Kindern Interesse und Freude an mathematischen Lerninhalten vermitteln will, sollte selbst ein unbelastetes Verhältnis zur Mathematik gewonnen haben und bereit und in der Lage sein, hieran auch die Kinder in angemessener Weise teilhaben zu lassen.
2. Bei der „ganz normalen" Lebensgestaltung im Alltag, ebenso wie im Schulleben und im Klassenzimmer, begegnet den Menschen eine Fülle mathematischer Phänomene, die auch für die Kinder bedeutsam sind. Für Erwachsene sind diese Phänomene oft so selbstverständlich, dass sie kaum noch wahrge-

nommen werden und vielleicht sogar wieder neu entdeckt werden müssen. Daher ist es wichtig, dass Lehrkräfte eine Sensibilität für solche alltagsbezogenen mathematischen Inhalte entwickeln und dabei die Kinder in diesen Entdeckungs- und Erkenntnisprozess einbeziehen.

3. Die Lehrkräfte sollten ihrem pädagogischen Handeln einen ethisch reflektierten Sinn geben und ihre Vorstellungen von Bildung und Erziehung am Beispiel ihrer eigenen Unterrichtspraxis lebensnah veranschaulichen können.
4. Erforderlich ist ein mathematikdidaktisches und entwicklungstheoretisches Wissen darüber, wie die Kinder im Zuge ihrer frühkindlichen Entwicklung grundlegende (oder basale) mathematische Konzepte erwerben, wie diese Erwerbsprozesse unterstützt und wodurch sie behindert werden können, schließlich, wie solchen Behinderungen mit pädagogischen Mitteln begegnet werden kann. Dieses Wissen fördert eine erhöhte Sensibilität für Lernfortschritte, die einhergeht mit einem entsprechenden Repertoire an diagnostischen Methoden, um solche Lernfortschritte festzustellen.
5. Um den einzelnen Kindern angemessene Lernimpulse geben zu können, müssen die Lehrkräfte über einen soliden Fundus an praktikablen Methoden verfügen, und sie müssen ihre Anforderungen und Impulse flexibel auf den jeweils aktuellen Lernstand der einzelnen Kinder abstimmen können.
6. Viele Lehrkräfte, die einen Unterricht gestalten wollen, in welchem Lern- und Leistungsunterschiede der Kinder toleriert und genutzt werden sollen, müssen sich von eigenen biografischen Erfahrungen lösen, durch die ihnen das konkurrenzorientierte Lernen zu einer unhinterfragbaren Selbstverständlichkeit geworden ist. Dies erfordert zum einen eine innere Widerständigkeit des Denkens gegenüber den üblichen sozialen Vergleichen bei der Notengebung im Studium und im Schulalltag, zugleich aber auch die Fähigkeit und Bereitschaft, bestehende Freiräume zu erkennen, zu nutzen und zu erweitern.

Diese anzustrebenden Qualifikationsmerkmale bilden die wesentlichen Orientierungspunkte der weiteren Ausführungen. Es sind freilich ideale Ziele, die nie voll zu erreichen sind. Vielmehr müssen sie ein ganzes Berufsleben lang vor dem Hintergrund der sich weiterentwickelnden Professionalität und der wechselnden Rahmenbedingungen für den Unterricht ständig überprüft, reflektiert und neu bestimmt werden.

Die Darstellung ist in sieben Kapitel gegliedert. Das erste Kapitel dient einer grundlegenden Standortbestimmung, die das Verhältnis der (zukünftigen) Lehrpersonen zur Pädagogik ganz allgemein betrifft. Die dabei herausgearbeiteten allgemeinen Prinzipien werden in den drei nachfolgenden Kapiteln für den Aufgabenbereich des Mathematikunterrichts spezifiziert. Damit folgt das Gliederungsprinzip einer weitgehend verbreiteten und anerkannten Sichtweise, wonach bei der Planung und Durchführung von Unterricht drei Aspekte zu beachten sind:

- die Sachstruktur, also das Spezifische des jeweiligen Gegenstandsbereichs,
- die Aneignungsstruktur, also die Lernvoraussetzungen der Schülerinnen und Schüler,
- die Vermittlungsstruktur, also Fragen der Methodik und Didaktik.

Alle drei Aspekte sind im Hinblick auf einen erfolgreichen Unterricht von den Lehrpersonen in gleicher Weise zu berücksichtigen. Sie betreffen verschiedene Aufgabenbereiche, die jeweils unter der Perspektive der pädagogischen Verantwortlichkeit zu sehen sind.

So wird im zweiten Kapitel versucht, die Sicht solcher Lehrpersonen einzunehmen, die ihren Schülerinnen und Schülern einen tragfähigen Zugang zur Mathematik vermitteln wollen und sollen. Dazu müssen sie sich zunächst selbst einiger grundlegender, sehr einfacher mathematischer Sachverhalte bewusst werden, weil diese die unverzichtbare Grundlage aller darauf aufbauenden Einsichten bilden. Ausgehend von subjektiven und kulturhistorischen Begriffsbestimmungen wird die Mathematik unter zwei Aspekten, einem fachlich-objektiven und einem emotional-subjektiven, beleuchtet: Dabei wird nun davon ausgegangen, dass nicht wenige der zukünftigen Lehrkräfte aufgrund ihrer eigenen schulischen Erfahrungen ein mehr oder weniger gestörtes Verhältnis zum Fachgebiet der Mathematik entwickelt haben.[2] Deshalb werden in diesem Zusammenhang auch Überlegungen angestellt und Anregungen gegeben, wie diese Situation nachhaltig geändert werden kann.

Das notwendige fachliche Wissen, verbunden mit positiven Einstellungen zum Fach, muss ergänzt werden durch Überlegungen und Kenntnisse, die das Verhältnis der Schülerinnen und Schüler zum Lerngegenstand der Mathematik betreffen. Hiermit befasst sich Kapitel drei. Sollen die Kinder angemessene Lern- und Entwicklungsimpulse erhalten, die sie weder überfordern noch unterfordern und die ihre Bedürfnisse und Interessen ansprechen, dann müssen ihre Lernvoraussetzungen und Lernmöglichkeiten in Bezug auf den Lerngegenstand der Mathematik realistisch eingeschätzt werden. Um die emotionalen und kognitiven Lernvoraussetzungen der Kinder, ihre Lernstile und Lernprozesse sowie die lernförderlichen und lernbehindernden Bedingungen im schulischen und außerschulischen Lebensumfeld zu erkennen, sind insbesondere entwicklungstheoretische und diagnostische Kompetenzen erforderlich. Ein besonderer Schwerpunkt dieses Kapitels ist daher der Frage gewidmet, wie frühe Auswirkungen von Lern- und Erfahrungsdefizite im mathematischen Bereich zu erkennen und zu erklären sind, und wie diese gemindert oder überwunden werden können.

---

2 Auf diesen Tatbestand wurde ich in meinen Seminaren aufmerksam, in deren Rahmen die Studierenden autobiografische Essays über ihr Verhältnis zur Mathematik und zum Mathematikunterricht verfassten (Kornmann, 1996). Diese Aussagen decken sich mit den Ergebnissen der „mathematischen Autobiografien", die Schütte (1994, S. 13-16) auszugsweise darstellt und analysiert.

Die pädagogische Haltung und das fachliche Wissen über Mathematik einerseits, die Kenntnisse und das Verständnis entwicklungstheoretischer und diagnostischer Konzepte andererseits, sind wichtige Voraussetzungen für die inhaltliche und methodische Gestaltung eines angemessenen Mathematikunterrichts. Mit diesem Aufgabenbereich befasst sich das vierte Kapitel. Vorgestellt werden solche didaktischen Konzepte, die einsichtiges, aktiv-entdeckendes Lernen fördern und die sich deutlich abheben von einer – vor allem in der Sonderpädagogik – lange Zeit vorherrschenden stark lenkenden und das Denken beschränkenden Unterrichtsmethodik. Gleichwohl wird es darauf ankommen, den Lernenden klare Strukturen vorzugeben, innerhalb derer sie ihr mathematisches Denken in kreativer Weise entfalten und üben können.

Im Hinblick auf die Planung des Anfangsunterrichts ist die pädagogische Situation der Kinder bei Schulanfang zu bedenken. Zum einen erfordern die Inhalte schulischen Lernens von den Kindern neue Lernformen, und zum anderen müssen die Lehrpersonen im Hinblick auf eine individualisierende Gestaltung des Unterrichts wissen, mit welchen Unterschieden bezüglich der individuellen Lernvoraussetzungen sie bei Schulanfängern zu rechnen haben. Diese beiden Themenkomplexe werden in Kapitel fünf angesprochen.

Im sechsten Kapitel werden die grundsätzlichen und eher theoretisch gehaltenen Ausführungen der vier ersten Kapitel aufgegriffen und anhand praktischer Beispiele für die Gestaltung des Anfangsunterrichts konkretisiert. Dazu dienen zunächst sachkundliche Themen, die für die Kinder bedeutsam sind und die es ihnen zugleich erleichtern, Grundelemente mathematischer Strukturen zu erkennen. Diesen ist ein weiterer Abschnitt gewidmet, in welchem der Erwerb grundlegender Kompetenzen wie das Zählen, Vergleichen, Zerlegen, Bündeln und Strukturieren von Mengen thematisiert wird – alles Tätigkeiten, deren Inhalte und Ergebnisse sich durch Zahlen und Operationszeichen symbolisch repräsentieren lassen und die die Grundrechenarten auf der praktischen Erfahrungsebene fundieren. Besonderes Augenmerk wird hierbei auf solche Anforderungen gelegt, mit denen manche Kinder Schwierigkeiten haben könnten. Hieran knüpfen dann die Hinweise auf spezielle Hilfen an. In einem weiteren Schritt folgen Anregungen, wie den Kindern die vier Grundrechenarten nahe gebracht werden können, wobei ebenfalls die häufigsten „Stolpersteine" bei den entsprechenden Lernanforderungen sowie die darauf bezogenen Hilfen thematisiert werden. Das Kapitel schließt mit einem kurzen Abschnitt, der den Sinn und die psychologischen Grundlagen des Übens verständlich machen soll.

Das abschließenden siebente Kapitel enthält Hinweise und Überlegungen für Lehrpersonen, die sich über solche Kinder Gedanken machen, deren geistige Entwicklung durch Erfahrungsdefizite und ungünstige Lernbedingungen deutlich und nachhaltig eingeschränkt ist.

Zwei inhaltliche Bereiche kommen in dieser Schrift sicherlich zu kurz: zum einen die Geometrie, zum anderen die Textaufgaben. Während Aspekte der Geometrie an verschiedenen Stellen quasi am Rande berücksichtigt werden, ist den Textaufgaben lediglich ein kurzer Abschnitt im Zusammenhang mit Additions- und Subtraktionsaufgaben gewidmet. Diese geringe Gewichtung spiegelt die Tatsache wider, dass Schwierigkeiten mit den Anforderungen des Mathematikunterrichts doch eher in den Bereichen wahrgenommen werden, die auch die Schwerpunkte dieser Schrift bilden.

1 Zum Aufgabenbereich der Pädagogik unter allgemeiner Perspektive: Konsequenzen für die Ausbildung und Weiterentwicklung pädagogischer Professionalität

Wesentliches Ziel dieser Schrift ist es, zukünftigen ebenso wie ausgebildeten Lehrerinnen und Lehrern tragfähige Zugänge zur Mathematik und zum Mathematikunterricht zu vermitteln, damit sie auf dieser Grundlage auch den Kindern helfen können, sich den Gegenstandsbereich der Mathematik zu erschließen. Dazu bedarf es zunächst eines allgemeinen pädagogischen Grundverständnisses, das auch die Mathematik einschließt.

Wer sich für einen pädagogischen Beruf entscheidet, hat dafür ganz sicherlich bestimmte persönliche Gründe. Solche Gründe sind mehr oder weniger eng mit der individuellen Lebensgeschichte verbunden und sie gehen in den je eigenen Lebensentwurf ein – mag dieser nun schon recht weit gediehen und sehr bewusst geplant sein oder sich in einem noch recht vagen Anfangsstadium befinden. Auch die Wahl der späteren Unterrichtsfächer hat bei der Entscheidung für einen pädagogischen Beruf eine mehr oder weniger große Bedeutung. Diese Zusammenhänge und die Bandbreite der verschiedenen Möglichkeiten sollen die beiden nachfolgend dargestellten fiktiven Beispiele veranschaulichen.

Uwe B. will vor allem deswegen Lehrer werden, weil er gern mit Kindern arbeitet. Er hat schon seit einigen Jahren regelmäßig Kindergruppen in einer Umweltorganisation geleitet und dabei erkannt, dass die pädagogische Arbeit seinen Fähigkeiten und Neigungen gut entspricht. Gäbe es diese Organisation an seinem Wohnort nicht, hätte er wahrscheinlich andere Möglichkeiten gefunden, Kinder pädagogisch zu betreuen. Die Wahl seiner späteren Unterrichtsfächer, Biologie und Mathematik, war für ihn von nachrangiger Bedeutung: Biologie aufgrund seiner Tätigkeit in der Umweltorganisation, Mathematik, weil er in der Schule mit diesem Fach nie Probleme hatte und weil dies die Einstellungschancen angeblich verbessere.

Lena S. will nicht unbedingt Lehrerin werden, sieht aber in diesem Beruf und vor allem im Studium gut realisierbare Möglichkeiten, ihre Lieblingsfächer in der Schule, Biologie und Mathematik, weiter zu betreiben. Von Freunden und Bekannten hat sie erfahren, dass die Anforderungen des Mathematikstudiums im Studiengang für das Lehramt an Gymnasien sehr anspruchsvoll seien und daher nur mit einem sehr hohen zeitlichen Aufwand erfolgreich bewältigt werden könnten. Daher hat sie sich für ein Lehramt entschieden, das nur bis zur Sekundarstufe 1 führt.

Soll eine Berufstätigkeit dauerhaft als zufriedenstellend erlebt und als erfolgreich eingeschätzt werden sowie zur persönlichen Weiterentwicklung beitragen, dann müssen die jeweils subjektiven Gründe für die Berufswahl auch möglichst gut auf die objektiven Anforderungen des entsprechenden Berufsfeldes abgestimmt werden können. Die objektiven Anforderungen ergeben sich zum einen aus den Inhalten und Zielsetzungen, auf die der Beruf ausgerichtet ist, und zum anderen aus den Methoden, die zum Erreichen der Ziele eingesetzt werden und mit denen die berufliche Tätigkeit praktisch beschrieben werden kann. Dabei sollten die Inhalte, Ziele und Methoden überzeugend begründet werden können und sich in einer möglichst transparenten Form darstellen lassen. Nur so sind jederzeit kritische Überprüfungen und gegebenenfalls Revisionen der Inhalte und Ziele und Verbesserungen der Methoden möglich. Solche laufenden Korrekturen von Inhalten, Zielen und Methoden der Berufstätigkeit ermöglichen Weiterentwicklungen der berufsbezogenen Kompetenzen. Diese müssen dem jeweils aktuellen Stand fachlicher Erkenntnisse entsprechen und sich im Rahmen von Ausbildungs- und Weiterbildungskonzepten als Qualifikationen vermitteln bzw. erwerben lassen. Werden Berufe im Sinne dieser Kriterien oder professionellen Standards ausgeübt, spricht man auch von Professionalität.

Für die Entwicklung pädagogischer Professionalität sind grundlegende theoretische Orientierungen hilfreich, damit zu wichtigen Fragen und Problembereichen klare Positionen eingenommen werden können. Solche pädagogischen Leitvorstellungen sollten für alle pädagogischen Aufgaben und Tätigkeitsbereiche gelten und so umfassend formuliert sein, dass sich hierauf die Inhalte, Ziele und Methoden des pädagogischen Handelns beziehen lassen. Weiterhin sollten die entsprechenden Aussagen eine möglichst breite Akzeptanz finden und zugleich einen hohen Grad an Verbindlichkeit besitzen.

Eine erste grundlegende Aussage betrifft den Aufgabenbereich der Pädagogik. Sicherlich kann man breiten Konsens dahin gehend finden, dass Pädagogik dazu dient, menschliche Entwicklung zu unterstützen. Der Begriff menschliche Entwicklung ist aber sehr komplex, so dass er zunächst noch aufgefächert werden sollte. Vier unterschiedliche inhaltliche Aspekte, unter denen menschliche Entwicklung betrachtet werden kann, sollen hier berücksichtigt und aufeinander bezogen werden:

1. der biologisch-anthropologische oder gattungsspezifische Aspekt: menschliche Entwicklung als Spezifikum der Gattung Mensch (im Unterschied zu Entwicklungen von Tieren und Pflanzen),
2. der phylogenetische oder gattungsgeschichtliche Aspekt: menschliche Entwicklung bezogen auf die gesamte Menschheit und die menschliche Gesellschaft,

3. der ontogenetische oder individuelle Aspekt: menschliche Entwicklung als Geschehnis im Rahmen der Lebensspanne eines jeden einzelnen Menschen von der Geburt bis zum Tode,
4. der moralische oder wertphilosophische Aspekt: menschliche Entwicklung in Übereinstimmung mit humanen Maßstäben oder Normvorstellungen.

Für alle diese Aspekte, die durch Pädagogik unterstützt werden und auf Pädagogik angewiesen sind, kann ein wesentliches Merkmal gelten: Menschliche Entwicklung bedeutet die Erweiterung von Möglichkeiten des Erlebens, Handelns und des Denkens.

Zu 1)

Unter biologisch-anthropologischen Aspekten ist die Entwicklung des Menschen, der ja zu den Säugetieren zählt, dadurch gekennzeichnet, dass er als „physiologische Frühgeburt“ und „Nesthocker“ gilt, also im Unterschied zu anderen höheren Säugetieren für eine lange Zeit nach der Geburt nicht allein lebensfähig ist und auf Totalversorgung angewiesen ist. Hinzu kommt noch die viele Jahre andauernde Kindheit und Jugend, bis der Mensch fortpflanzungsfähig ist (vgl. Portmann, 1956). Diese lange Zeit der Abhängigkeit ist die Voraussetzung dafür, dass der heranwachsende Mensch zugleich offen für Einflüsse auf seine geistige und soziale Entwicklung ist. Ein großer Teil dieser Einflüsse kommt der Pädagogik zu. Diese Einflüsse wirken sich insbesondere auch auf ein Wesensmerkmal des Menschen aus, wonach seine Entwicklung in Phylogenese und Ontogenese auch das Ergebnis der eigenen Produktivität ist. Mit dieser Gestaltungskraft verändert der Mensch einerseits seine Lebensbedingungen, andererseits gewinnt er dadurch Erfahrungen, die wiederum entscheidende Voraussetzungen für die Weiterentwicklung seiner spezifisch menschlichen Fähigkeiten sind. Selbstverständlich wird die Ausprägung dieser Fähigkeiten auch durch genetische oder biologische Faktoren und durch Umwelteinflüsse modifiziert, aber im Unterschied zu allen anderen Lebewesen wird das menschliche Entwicklungspotenzial durch solche Faktoren und Einflüsse nicht begrenzt oder determiniert.

Zu 2)

Dieses enorme menschliche Entwicklungspotenzial zeigt sich bei Betrachtung der Menschheitsgeschichte, also der Phylogenese. Die Erkenntnisse kulturhistorischer Forschungen und Analysen wie die von Klix (1980, 1993) oder Rauter (1977, 2001) verdeutlichen nicht nur, wie sich die menschlichen Potenziale im Verlauf der Menschheitsgeschichte erweitert haben, sondern sie zeigen auch die gesellschaftlichen Bedingungen für diese spezifischen Entwicklungen auf.

Zu 3)

Interessant ist nun, dass sich einige Aspekte der Menschheitsentwicklung bestimmten Stadien oder Phasen zuordnen lassen, die sich auch in der Entwicklung der einzelnen Individuen, also in der Ontogenese, wiederfinden (etwa beim Erwerb und Gebrauch von Symbolen und der Entwicklung des Denkens). Dabei scheint es so zu sein, dass sich der junge Mensch die menschheitsgeschichtlichen Erkenntnisse im Zeitraffer-Tempo aneignet. Diese Erkenntnisse werden auch für didaktische Konzepte genutzt. Die konsequentesten Orientierungen bieten hierfür die Repräsentanten der von Wygotski begründeten Kulturhistorischen Schule sowjetischer Psychologen und ihre Weiterführungen durch tätigkeitstheoretische Konzepte – vor allem von dem schon in der Einleitung erwähnten A. N. Leontjew.

Zu 4)

Alle diese Entwicklungen, die den einzelnen Menschen, das menschliche Wesen und die Menschheit betreffen, erfordern auch eine inhaltliche Bestimmung, durch die die Pädagogik ihren wichtigsten oder eigentlichen Stellenwert erhält: Sie müssen im Sinne humaner Erziehung und Bildung ausgerichtet sein. Nicht jede Erweiterung der menschlichen Potenziale dient humanen Zielvorstellungen: So haben die stetig in ihrer Effizienz gesteigerten technischen Möglichkeiten der Kriegsführung und der Ausbeutung des Planeten längst menschheitsbedrohliche Formen angenommen; durch die immer raffinierteren Erzeugnisse der Kommunikations- und Unterhaltungsindustrie finden Beispiele lebens- und menschenverachtender Praktiken weite Verbreitung, usw. Angesichts solcher „Entwicklungen" ist eine konsequente Besinnung auf humane Grundsätze bei der Unterstützung menschlicher Entwicklung unabdingbar – und dies nicht zuletzt auch vor dem Hintergrund der Tatsache, dass die Pädagogik in Deutschland in der Zeit des Nationalsozialismus weitgehend versagt hat (siehe Romey, 1984).

Wie aber hängen Bildung und Erziehung mit einem Begriff von Entwicklung zusammen, wie er oben dargestellt wurde?

Diese Frage lässt sich klären, wenn man sich neben der schon vorgenommenen inhaltlichen Bestimmung und Beschreibung menschlicher Entwicklung an einem dialektischen Verständnis von Entwicklung orientiert, das auch ihre Entstehung und Dynamik erklärt. Nach dem dialektischen Erkenntnisprinzip – im abendländischen Denken bereits bei Heraklit und Aristoteles angelegt – resultieren Bewegungen, die zu Fortschritten oder Entwicklungen führen, aus dem Aufeinandertreffen von Gegensätzen und deren Auflösung auf einem höheren Niveau.

Nachfolgend wird daher die These vertreten, dass Inhalte und Formen von Erziehung einerseits und von Bildung andererseits solche Gegensätze sind, durch die der Prozess menschlicher Entwicklung erklärbar wird. Die Gegensätzlichkeit besteht darin, dass der Mensch einerseits danach strebt, freier und unabhängiger zu werden, unabhängiger beispielsweise von der Hilfe und Unterstützung durch andere Menschen, von Bevormundung, Herrschaft und Ausbeutung, von Naturgewalten, von Ängsten, Dogmen und Vorurteilen – diese pädagogischen

Zielsetzungen entsprechen dem Gedanken der Bildung. Andererseits aber zeigt sich menschliche Entwicklung auch darin, dass der Mensch lernt, sich als soziales Wesen in die menschliche Gemeinschaft einzufügen, also Regeln des Zusammenlebens zu beachten, zu kooperieren, erforderliche Hilfen zu geben, Verantwortung für das Zusammenleben der Menschen zu übernehmen und sich für das Überleben der Menschheit zu engagieren. Dies alles sind wichtige Ziele der Erziehung. Jede dieser beiden Richtungen und Zielsetzungen bildet für die jeweils andere ein notwendiges Korrektiv: Ohne den Einfluss der Erziehung würde eine auf individuelle Freiheit ausgerichtete Entwicklung in verantwortungslosen Individualismus ausarten, während eine Erziehung ohne Beachtung individueller Bedürfnisse zu kollektivistischer Hörigkeit führen würde. Bleiben aber beide Orientierungen in ihrer Gegensätzlichkeit gleichzeitig und über lange Zeiträume hinweg wirksam, dann führt dies zu einer Dynamik, welche die gesamte Entwicklung – sowohl im individuellen als auch im sozialen Bereich – fördert und antreibt.

Diese Überlegungen beziehen sich dabei wohlgemerkt auf die Prozesse von Erziehung und Bildung; Erziehung und Bildung werden hierbei also nicht als Ergebnisse pädagogischer Bemühungen aufgefasst, etwa in dem Sinne, dass davon gesprochen wird, jemand „habe" eine wie immer geartete Erziehung oder „sei" allgemein oder auf bestimmten Gebieten mehr oder weniger gebildet.

Die Gegensätzlichkeit von Erziehung und Bildung hat Gamm (1997) sehr prägnant herausgearbeitet: *„Mit Erziehung wird das nicht unbeträchtliche Wortfeld eröffnet, das die Maßnahmen von Schutz, Pflege und elementare Sorge für den Säugling, die konkreten Gebote und Verbote bis zur Pubertät und Adoleszenz umschließt.* [Es umfasst] *sämtliche Formen des erweckenden und helfenden Umgangs, das kulturelle Bündel des Lehrangebots im Sinne der Vermittlung, Billigung und Missbilligung im intersubjektiven Verkehr. Diese weitgefächerten Maßnahmen stehen unter dem Anspruch persönlicher Verantwortung, sind daher sittlich legitimiert, sonst läßt sich der Begriff Erziehung nicht ansetzen ... Bedeutet Erziehung auch immer Zuschliff des Rohlings und darum unverwechselbare Fixiertheit des je Besonderen, so wird im Bildungsprozess die Entgrenzung zum Allgemeinen hin vollzogen ... Am Horizont der Bildung eröffnet sich indessen erst die notwendige Unbeschränktheit der Weltzugänge, junge Menschen sollen ihre Schritte selbständig lenken, für Tun und Unterlassen verantwortlich sein"* (S. 30f).

Mit diesen Begriffsbestimmungen von Erziehung und Bildung lässt sich nun ein Modell für die Dynamik der individuellen Entwicklung entwerfen.

Die Überlegungen gehen davon aus, dass es Aufgabe der Pädagogik ist, die Entwicklung von Menschen in gezielter Weise zu unterstützen. Gezielt bedeutet – und das ist zunächst noch sehr allgemein formuliert –, dass der Prozess der Entwicklung stets Formen und Inhalte annimmt, die als menschenwürdig gelten und das Überleben der Gattung Mensch sichern. Diese Aufgabe der Pädagogik müssen also Menschen wahrnehmen, die selbst Vorstellungen von einem menschenwürdigen Leben und ein Wissen von entsprechenden Gestaltungsmöglichkeiten für den einzelnen Menschen und die Menschheit haben. Ohne diese Mindestvoraussetzungen von Pädagogik – nämlich die bewusste Unterstützung der Entwicklung durch erfahrenere Menschen – gäbe es kein menschliches Leben. Betrachten wir diese These etwas genauer.

Ein Menschenkind wird geboren. Sein Leben ist nur durch ständige Aufsicht und Pflege gesichert. Es befindet sich in totaler sozialer Abhängigkeit, in die es aber seine Pflegeperson, meist die Mutter, über instinktive Signalreize einbindet. Über die Auswirkungen unterschiedlicher Qualitäten dieser ersten sozialen Bezüge ist schon viel geforscht worden.

Individuelles Überleben soll sogar bei Menschen möglich sein, die von Tieren aufgezogen wurden. Doch die so aufgezogenen Menschen dürften kaum in der Lage sein, die Gattung Mensch am Leben zu erhalten. Individuelles Überleben – das haben die Ergebnisse zur Hospitalismus-Forschung gezeigt – erfordert aber neben der notwendigen Pflege und Versorgung auch ein Mindestmaß an Kommunikation. Mit dem Wissen über die Mindestvoraussetzungen für das Überleben von Neugeborenen korrespondiert aber auch ein respektabler Bestand an Erkenntnissen über optimale Entwicklungsbedingungen. Dabei handelt es sich keineswegs nur um medizinisch oder physiologisch bedeutsame Sachverhalte. Formen und Inhalte der Kommunikation sind von höchster Wichtigkeit. Von den verschiedenen Inhalten der Kommunikation, die sich schon in den ersten Lebenstagen ausdifferenzieren, sei nur ein einziger herausgegriffen: Das anfangs total hilflose und abhängige Menschenkind setzt mit seinen Äußerungen nicht nur die Befriedigung seiner vitalen Bedürfnisse durch, sondern es signalisiert auch zunehmend das Bedürfnis nach Eigenständigkeit und Unabhängigkeit. Langfristig gesehen, setzt fast jedes kleine Kind dieses Bedürfnis gegenüber mehr oder weniger großen Widerstand seiner Pflegepersonen auch durch. Wo dieses nicht geschieht, wo also den Bedürfnissen nach Unabhängigkeit und Eigenständigkeit – aus welchen Gründen auch immer – nicht stattgegeben wird, treten erhebliche Störungen des gesamten körperlichen und psychischen Entwicklungsprozesses auf. Umgekehrt deuten viele Untersuchungsergebnisse darauf hin, dass die Unterstützung der Autonomiebestrebungen des Kleinkindes günstige Auswirkungen auf dessen allgemeine Entwicklung hat.

Mit den hier aufgezeigten Prozesskomponenten sind schon die Bedingungen und das Grundmuster menschlicher Entwicklung aufgezeigt, das sich in späteren Lebensphasen wiederholt:

1. Der Mensch bedarf der gezielten und bewussten Unterstützung anderer, kompetenterer Menschen, um sich zu entwickeln. Die Inanspruchnahme bzw. die Gewährung dieser Unterstützung ist die Grundlage von Pädagogik.
2. Die Dynamik des durch Pädagogik unterstützten menschlichen Entwicklungsprozesses resultiert aus zwei gegenläufigen sozialen Bedürfnissen: dem nach sozialer Einbindung und dem nach Autonomie.
3. Die treibende Kraft ist das Menschenkind selbst, es ist das Subjekt seiner Entwicklung, bei der es allerdings auf Unterstützung angewiesen ist.

Auch wenn man in diesem Stadium der frühkindlichen Entwicklung noch nicht an Erziehung und schon gar nicht an Bildung denken mag, so sei dennoch darauf hingewiesen, dass man die entwicklungsförderliche Unterstützung von Bestrebungen nach sozialer Einbindung und Gesellschaftlichkeit als Inhalt von Erziehung bezeichnen kann, während die entwicklungsförderlichen Bestrebungen nach Eigenständigkeit und Autonomie als Inhalte des Bildungsprozesses angesehen werden können.

Wie und unter welchen Bedingungen können solche Entwicklungen nun im Rahmen des Mathematikunterrichts in der Primarstufe unterstützt werden? Im nächsten Kapitel wird versucht, einige Anregungen zur Klärung dieses Fragenkomplexes zu geben.

2 Zum Verständnis von Mathematik für den Unterricht in der Primarstufe

2.1 Was ist Mathematik?

2.1.1 Beschreibungsversuche

Wer Mathematik unterrichten soll, sollte auch eine klare Vorstellung davon haben, was unter Mathematik zu verstehen ist. Sicher wird man sich leicht darauf einigen können, dass Mathematik ein Fachgebiet, ein Gegenstandsbereich oder eine wissenschaftliche Disziplin ist; weiterhin, dass Mathematik gesellschaftlich für so wichtig erachtet wird, dass ihre Grundlagen und ausgewählte inhaltliche Aspekte zum obligatorischen Kanon schulischen Lehrens und Lernens gehören. Mit einer solchen sehr allgemein gehaltenen Aussage ist aber noch keine klare Abgrenzung von anderen Wissensgebieten und schulischen Fächern geleistet. Dazu müssten inhaltliche Festlegungen getroffen werden. Ganz offensichtlich ist dies aber nicht ganz einfach. So schreibt der Mathematikprofessor Beutelspacher (1996): *„Genauso wie bei vielen anderen Erscheinungsformen des Lebens (Philosophie, Musik, Liebe) kann Mathematik nicht eindeutig definiert werden. Jede Definition wäre entweder nichtssagend oder zu einengend. Man kann aber versuchen, Mathematik von verschiedenen Seiten zu beleuchten (S. 3)"*.

Es sind jedoch nicht nur verschiedene Perspektiven des gleichen „Beleuchters", die ein umfassendes Bild der Mathematik ergeben, sondern es müssen dabei auch die unterschiedlichen „Leuchter" von verschiedenen Personen berücksichtigt werden. Immerhin unterscheiden sich die Menschen in unserem Kulturkreis auch in ihrem Verhältnis zu dem Gegenstandsbereich Mathematik. Mathematik kann also sehr unterschiedliche Bedeutungen für verschiedene Menschen haben. Relativ wenige betreiben Mathematik aus freien Stücken und hauptberuflich – und dies auch mit unterschiedlichen Zielsetzungen. Andere Menschen hingegen versuchen, die notwendigen Berührungen mit Mathematik auf ein unvermeidbares Minimum zu beschränken, und einer kleinen Gruppe von Menschen mit starken Beeinträchtigungen ihrer kognitiven Leistungsfähigkeit wird die Beschäftigung mit mathematischen Inhalten nicht zugetraut und daher vorenthalten. Damit sind jedoch nur die Extrempositionen beschrieben, aus denen die Mathematik betrachtet oder auch nicht betrachtet werden kann. So haben sicher die meisten Menschen ihre je eigenen Gründe dafür, dass sie sich in einer bestimmten Weise mit Mathematik befassen oder auf Distanz zu ihr gehen oder keinen Bezug zu ihr

gefunden haben, und diese subjektiven Gründe erklären sich aus ihren persönlichen Erfahrungen mit diesem Gegenstandsbereich. Ihre Erfahrungen wiederum spiegeln sich in ihren Beschreibungsversuchen wider.
So ist es geradezu selbstverständlich, dass Menschen, die Mathematik professionell betreiben, zu differenzierteren Beschreibungen kommen als Menschen, die – aus welchen Gründen auch immer – nur wenig Erfahrung mit Mathematik haben. Gleichwohl sind auch die Definitionen und Beschreibungen der mit Mathematik weniger vertrauten Menschen vor dem Hintergrund ihrer individuellen Erfahrungshorizonte ernst zu nehmen, wie auch ihre jeweiligen subjektiven Perspektiven zu akzeptieren sind. Das schließt aber nicht aus, dass Erweiterungen eingeschränkter individueller Erfahrungshorizonte grundsätzlich möglich sind und dass sich aus solchen Erweiterungen auch neue, differenzierte Perspektiven auf den Gegenstandsbereich Mathematik ergeben könnten.
Wie groß die Vielfalt möglicher Sichtweisen unter Studierenden ist, zeigen die Ergebnisse von Befragungen in Lehrveranstaltungen zum Thema dieser Schrift. Die Studierenden sollten innerhalb weniger Minuten ihre Auffassung oder Vorstellung von Mathematik zu Papier bringen, indem sie den Satzanfang „Mathematik ist .../ bedeutet für mich ...“ fortsetzen. Dabei sollten sie drei verschiedene Antworten formulieren. Ganz bewusst schloss die Aufgabe die mögliche Berücksichtigung auch persönlicher Bewertungen mit ein.
Schon bei einem oberflächlichen Blick auf diese Ergebnisse wird deutlich, dass sich zwei recht gegensätzliche Arten von Aussagen unterscheiden lassen: auf der einen Seite subjektive Bewertungen, die sich offensichtlich auf positive oder negative Erfahrungen gründen und vor allem persönliche Geltung haben, auf der anderen Seite Versuche objektiver Beschreibungen von Merkmalen des Gegenstandsbereichs oder von Tätigkeiten mit diesem, die eine allgemeine, überindividuelle Gültigkeit beanspruchen sollen. Dennoch können auch diese Beschreibungen emotional gefärbt sein.
Zunächst soll auf einige der objektiv fassbaren Aspekte eingegangen werden. Vor diesem Hintergrund werden dann die emotionalen Aspekte etwas besser verständlich.
In vielen Beschreibungen der Studierenden wird die praktische Bedeutung, die Nützlichkeit, der instrumentelle Wert, der Fremd-Zweck oder Werkzeug-Charakter der Mathematik zum Ausdruck gebracht – teilweise verbunden mit positiven Bewertungen: *„Interessant durch praktische Anwendungsmöglichkeiten“*, *„brauche es zum Haushalten“*, *„wichtig auch im Alltag“*, *„eine praktische Fähigkeit, die man zum Leben braucht“*, *„notwendige Grundlage zur Bewältigung des Lebens in der heutigen derart technischen Welt“*, *“Geld zu verwalten“*, vereinzelt auch mit emotional negativ getönten Einschränkungen: *„Ein notwendiges Übel, das ich brauche, um mich in dieser Welt orientieren zu können“*. Beschreibungen dieser Art treffen voll auf

einen der beiden wesentlichen Bereiche der Mathematik zu: auf die Angewandte Mathematik, die in Wissenschaft und Praxis auch den überwiegenden Anteil mathematischer Tätigkeiten ausmacht, die inzwischen in viele unterschiedliche Anwendungsgebiete mit spezifischen Beschreibungen (z. B. Ingenieurmathematik) aufgeteilt ist und immer noch expandiert. Von der Angewandten Mathematik wird die Reine Mathematik abgehoben. Sie wird um ihrer selbst willen betrieben. Offensichtlich finden bestimmte Menschen Freude und Erfüllung daran, sich auf geistiger Ebene mit Aussagen zu befassen und Lösungen theoretischer Probleme zu suchen, die innerhalb eines exakt definierten Rahmens widerspruchsfrei, logisch oder evident sind. Genau dieser Aspekt findet sich in vielen Äußerungen der Studierenden: Mathematik bedeutet *„logisch denken"*, *„Probleme analysieren und lösen"*. Dabei geht es insbesondere um eindeutige Lösungen – *„richtig oder falsch"* – von klar definierten Problemstellungen. Um möglichst exakte Definitionen und in sich widerspruchsfreie Aussagen formulieren zu können, wurde ein spezielles Symbolsystem geschaffen, die Sprache der Mathematik. Ein wesentlicher Teil ihrer Zeichen und deren Bedeutung sind uns mit dem Zahlensystem und den Operationszeichen bekannt. Hierauf heben auch mehrere Beschreibungen der Studierenden ab: *„Mathematik ist der Umgang mit Zahlen"*, *„viele Rechnungen, Zahlen, Formeln"*, *„mit Zahlen arbeiten"*, *„die Bedeutung der Zahlen"*. Ein besonderer Reiz bei der Verwendung dieses abstrakten Systems liegt offensichtlich darin, dass es mit seiner Hilfe gelingt, Merkmale von regelhaften Strukturen oder Mustern zu entdecken und ihre Gesetzmäßigkeiten zu beschreiben. Vielleicht klingt dieser Aspekt der Mathematik in Aussagen an wie: Mathematik sei *„das systematische Verständnis komplexer Zusammenhänge"*, oder *„logisches Denken, mit dem man sich die Welt erklären kann"*. Dabei kann es sich um Gesetzmäßigkeiten handeln, die in der Natur vorfindbar sind oder die sich in Produkten des Menschen zeigen.
Ein Beispiel für die Beschreibung einer Naturgesetzmäßigkeiten ist die Zahlenfolge, die im europäischen Kulturraum Leonardo Fibonacci (ca. 1180-1241) entdeckt hat, und anhand derer sich verschiedene Naturphänomene, z. B. die Wachstumsrate von Kaninchenpopulationen, die Anzahl der Spiralen in Blütenständen bestimmter Pflanzen (siehe Abbildung 2.1) oder die Formung von Schneckenhäusern beschreiben lassen: Die Folge lautet: 0 1 1 2 3 5 8 13 21 34 …

Abb. 2.1: Anzahl der rechtsdrehenden (34) und der linksdrehenden (21) Spiralen bei der Anordnung der Samen im Blütenstand einer Sonnenblume (entnommen www.entwurfsforschung.de/Strukturfor/Fiboncacci01.htm am 13.07.2010)

Ein anderes Beispiel, das sich auf eine kulturelle Produktion bezieht: Will man die systematische Vergrößerung der Anzahl von dreiecksförmig angeordneten Punkten beschreiben (siehe Abbildung 2.2), bedient man sich einer etwas anderen Folge von Zahlen: 1 3 6 10 15 21 28 ... (siehe Abbildung 2.2).

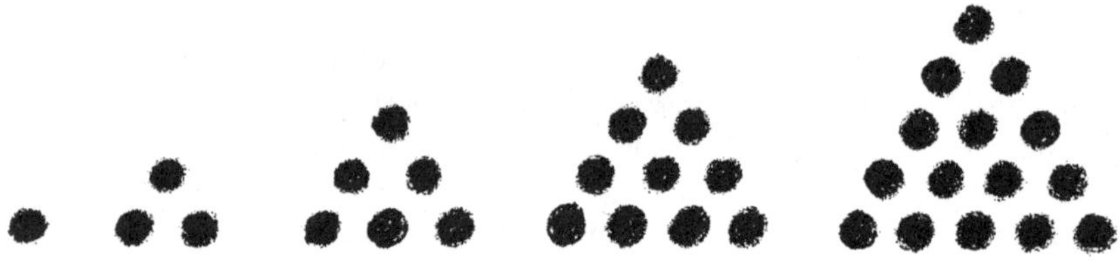

Abb. 2.2: Anordnung von dreiecksförmigen Punktmustern, bei denen jeweils die die äußeren Reihen um einen Punkt vergrößert werden

Manche Beschreibungen der Studierenden verweisen auf die Freude beim Vollzug mathematischer Tätigkeiten: *„Interessant, macht Spaß"*. Werden solche positiven Aussagen noch näher erläutert, dann finden sich durchweg Hinweise auf die erfolgreiche Lösung: *„Ein gutes Gefühl, wenn man es verstanden hat"*, *„Spaß, wenn ich es versteh"*, *„Spaß, wenn ich den Lösungsweg einer Aufgabe verstehe und auf das richtige Ergebnis komme"* – diese Erläuterungen entsprechen den vielen Aussagen, wonach Mathematik *„eine Herausforderung"* sei, *„für mich schwer"* oder *„kompliziert"*. Es gibt offensichtlich mehrere Ursachen solcher positiven Emotionen. Zunächst wären hier die ganz üblichen Erfolgserlebnisse zu nennen, also die Freude darüber, dass man eine Aufgabe, die einem gestellt wurde oder die man sich selbst gestellt hat, gelöst hat. Oft werden solche Erfolge durch besondere Rückmeldungen, also durch Anerkennung, Lob oder materielle Belohnungen unterstrichen. Wiederholte Erfahrungen dieser Art bewirken längerfristig, dass bestimmte Tätigkeiten allein aufgrund der damit verbundenen Erfolgserwartung gern ausgeführt, aber auch – umgekehrt – wegen Misserfolgserwartungen gemieden werden. Auf den konkreten Inhalt der Aufgaben kommt es dabei nicht an, er ist austauschbar: Entscheidend ist der Erfolg. So kann auch Mathematik deswegen von bestimmten Menschen bevorzugt werden, weil es gerade das Gebiet ist, auf dem sie sich besonders ausgezeichnet haben und aus dem sie ein positives Selbstwertgefühl gewinnen: *„Mag ich sehr gern, mein Lieblingsfach, kann ich sehr gut"*. Eine solche Bedeutung könnte aber auch jeder andere inhaltliche Bereich einnehmen.

Die Freude an der Mathematik als Mathematik hingegen wird sicherlich durch das Erleben beim Gewinn neuer Erkenntnisse auf mathematischem Gebiet ausgelöst, etwa – um die beiden obigen Beispiele aufzugreifen – wenn man das Prinzip erkannt hat, nach dem die jeweilige Zahlenfolge aufgebaut ist, oder wenn man entdeckt, dass sich diese Zahlenfolgen in bestimmten Naturphänomenen oder ästhetischen Gestaltungsprinzipien wiederfinden. Auch diese Erkenntnisse werden als Erfolge erlebt, doch unterscheiden sie sich von den üblichen Erfolgserlebnissen darin, dass die Entdeckerfreude unmittelbar mit der Mathematik verbunden ist und darin ihre besondere und unverwechselbare Qualität findet.

Diese „reine Form" der Freude an der Mathematik kommt in den Beschreibungen der Studierenden allerdings nicht so klar zum Ausdruck, und es ist anzunehmen, dass die positiven Äußerungen sich häufiger auf die üblichen Erfolgserlebnisse mit Mathematik beziehen und eher von solchen Studierenden stammen, die Mathematik deswegen gern betreiben, weil sie es gut können und dafür auch Anerkennung gefunden haben. Es ist ebenfalls zu vermuten, dass die schulischen Erfahrungen es mehr oder weniger stark verhindert oder zumindest erschwert haben, die „Entdeckerfreude" als positiven Aspekt der Mathematik zu erleben und zu erkennen. So werden die Lernenden im Unterricht vor allem auf die Produktion oder Reproduktion von Lösungen fixiert, die sich eindeutig als „richtig" oder „falsch" klassifizieren lassen und dadurch als objektive Kriterien für die konkurrenzorientierte Leistungsbewertung dienen. Dadurch wird den Lernenden aber zugleich der Blick auf die inhaltliche Seite der Mathematik verstellt. Auf diese Weise können sie die Mathematik nur noch abstrakt, also losgelöst von den konkreten Inhalten, als Mittel zur Erlangung von Anerkennung beziehungsweise zur Abwertung ihrer Leistungen, wahrnehmen. Dies spiegelt sich dann in einer recht gleichmäßigen Verteilung der Abstufungsgrade von positiven und negativen Urteilen über die Mathematik wider.

2.1.2 Emotionale Aspekte

Aus den vorangegangenen Aussagen wurde der enge Bezug zwischen Mathematik und menschlichen Bedürfnissen – sowohl solchen nach Verbesserung der alltäglichen Lebensbedingungen als auch solchen nach dem Streben um das „Wahre und Schöne" – deutlich. Bedürfnisse selbst sind nun wiederum eng mit Emotionen verbunden. Im Rahmen tätigkeitstheoretischen Denkens ergeben sich Emotionen aus der subjektiven Bewertung von Zuständen der eigenen Befindlichkeiten (z. B. „mir geht es gut", „ich fühle mich unwohl") im Zusammenhang mit bestimmten konkreten und aktuellen Situationen (Obuchowski, 1982). Der Bewertungsmaßstab, der letztlich lebenserhaltende Funktion hat und somit wohl allen Lebewesen eigen ist, ist zweipolig angelegt:

- positiv: Der Zustand kann so bleiben; Konsequenz: Wenn überhaupt etwas zu tun ist, dann nur etwas, das den Erhalt dieses Zustands sichert –
- negativ: Der Zustand muss sich im Hinblick auf bessere Lebensbedingungen ändern; Konsequenz: Es muss etwas getan werden, damit günstigere Lebensbedingungen eintreten, die dann auch positiv bewertet werden können).

Klix (1980) hat für diesen zweipoligen Bewertungsmaßstab den prägnanten Begriff „hedonalgisches Differenzial" eingeführt (griechisch: ἡδονή hedone = das Vergnügen, αλγός algos = der Schmerz). Mathematik wird also immer vor dem Hintergrund einer emotional gefärbten Situationsbewertung betrieben. Dabei geht es bei alltäglichen und praktischen Problemen um konkrete Verbesserungen von Lebensbedingungen und bei wissenschaftlichen und theoretischen Problemen um die Suche nach noch eleganteren und einfacheren Lösungen auf formalem Niveau. Die jeweils eingebrachten kognitiven Leistungen des lösungsorientierten Denkens beruhen also auf Zuständen des Individuums, die als Emotionen bezeichnet werden. Sehr deutlich sind diese emotionalen Komponenten bei formalen mathematischen Aktivitäten zu erkennen, dann nämlich, wenn spielerisch, etwa bei bestimmten Denksportaufgaben, optimale Lösungen angestrebt werden. Wie oben schon dargelegt, zeigen viele Äußerungen der Studierenden, dass Gedanken an Mathematik mit starken Emotionen verbunden sind. Ein großer Teil dieser geäußerten Emotionen ist negativ und wird explizit in einen Zusammenhang mit massiven Misserfolgserlebnissen im Mathematikunterricht gebracht: Mathematik ist ...

eine grausame Erinnerung an die Schulzeit; Angst, dass ich die Thematik nicht verstehe; Langeweile, da ich meistens nicht verstehe, wozu ich sie brauche; manchmal Ärger (wegen Noten!); Stress, viele quälende Stunden des Lernens; die Hölle;
ein Haufen schlechter Noten & Erinnerungen an miesen Unterricht von inkompetenten Lehr-/Leerkräften; mein absolutes Angstfach früher; für mich respekteinflößend; nichts, was mir sehr viel Freude bereitet; für viele Menschen das „Grauen"; manchmal eine Qual; in der Schulzeit oft langweilig; langweilig; Thema, das ... sehr schlecht

und langweilig unterrichtet wird; das Horrorfach meiner Kindheit; teilweise der totale Frust; ein notwendiges Übel; oft eine Horrorvorstellung; Scheiße; für Kinder manchmal entmutigend; das wahrscheinlich unbeliebteste Schulfach; beängstigend; ein Fach, zu dem ich keinen unbelasteten Zugang mehr habe.

Solche Aussagen entsprechen den Ergebnissen, die Schütte (1994, S. 13-15) und Kornmann (1996) auf der Grundlage schriftlicher Stellungnahmen von Studierenden gewonnen haben.

Wie schon im vorigen Abschnitt herausgestellt wurde, sind auch viele Bewertungen der Studierenden positiv oder vermitteln zumindest Ahnungen davon, dass auch positive Seiten der Mathematik denkbar sind. So werden auch Möglichkeiten artikuliert, wie sich ein positives Bild von der Mathematik gewinnen lässt. Mathematik ist ...

ein Fach, bei dem man durch Erklären eines Anderen gut lernen kann; verstehbar, wenn man einen guten Lehrer hat; abhängig vom Lehrer; erlernbar; wenn man sie verstanden hat, logisch; Mathe muss interessieren, um es zu können; in der Primarstufe oft lebensnah umgesetzt; muss den Kindern schmackhaft gemacht werden; vielleicht interessant; habe die Erfahrung gemacht, dass man sich mit entsprechender Unterstützung normalerweise die wichtigsten Grundlagen erarbeiten kann.

Es fällt auf, dass viele Bewertungen positiver wie negativer Art auch in Zusammenhang mit der Unterrichtsqualität gebracht werden. Die entsprechenden Zusammenhänge, die sich auf der Grundlage der studentischen Äußerungen erkennen ließen, soll Abbildung 2.3 veranschaulichen.

Wie schon einleitend dargelegt worden ist, ist es ein Ziel erfolgreichen Mathematikunterrichts, den Kindern einen emotional positiven Zugang zur Mathematik zu verschaffen. Dies ist wohl nur dann möglich, wenn die Lehrerin oder der Lehrer selbst ein gutes Verhältnis zu diesem Gegenstandsbereich hat. Mit dieser wichtigen und grundlegenden Voraussetzung ist aber ganz offensichtlich bei vielen zukünftigen Lehrpersonen nicht immer und fest zu rechnen. Dabei ist die Wahrscheinlichkeit sehr groß, dass zumindest denjenigen, die ein negatives Bild von der Mathematik haben, während ihrer Schulzeit nur unvollständig, unzureichend und pädagogisch unqualifiziert in diesem Fachgebiet unterrichtet wurden und dementsprechend sehr einseitig und unzureichend informiert sind. Eine solche entlastende Erkenntnis mag es den Betreffenden vielleicht erleichtern, sich trotz ihrer gut verständlichen Vorbehalte, Ängste und Aversionen um ein anderes, zutreffenderes Bild von Mathematik und Mathematikunterricht zu bemühen. Einer in diesem Sinne geplanten Erweiterung der Denkmöglichkeiten und des Erfahrungshorizonts können vielleicht einige Bücher dienlich sein, die genau zu diesem Zweck geschrieben worden sind – beispielsweise:

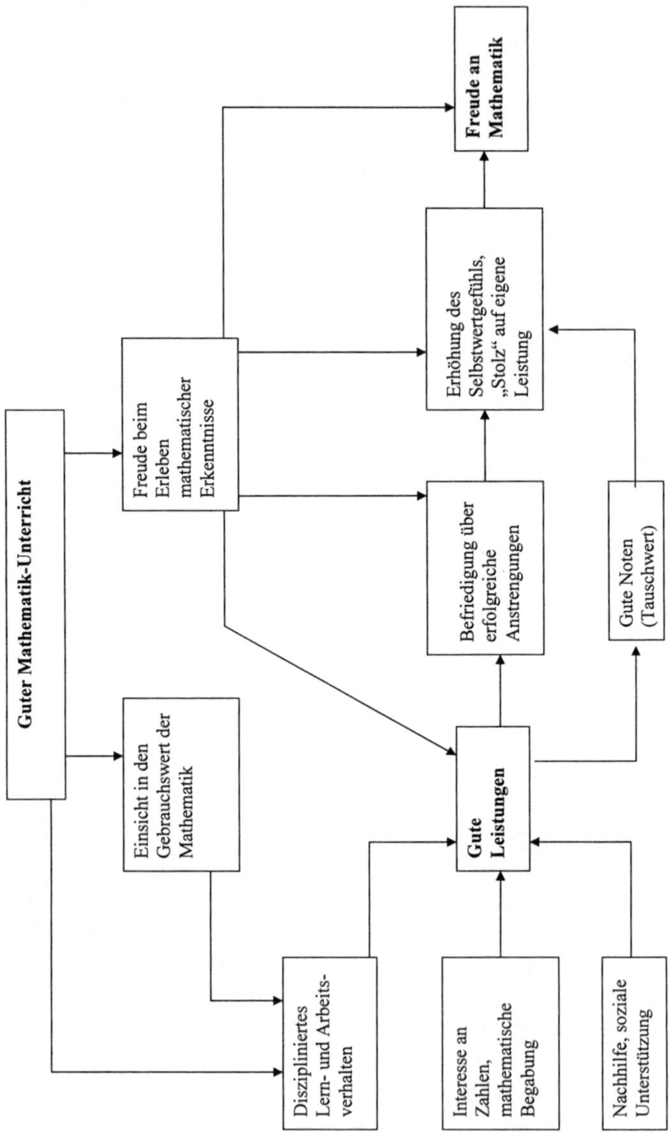

Abb. 2.3: Hypothetisches Bedingungsmodell zur Erklärung von habitueller Freude an Mathematik

- Albrecht Beutelspacher (1996): „In Mathe war ich immer schlecht ...". Geschrieben hat es der Autor für jeden Menschen, *„der Mathematik liebt, Mathematik haßt, oder einfach in Mathe immer schlecht war" (S. vii).*
- Hartmut Spiegel & Christoph Selter (2003): Kinder & Mathematik. Was Erwachsene wissen sollten. Geschrieben wurde dieses Buch *„für alle, denen Kinder am Herzen liegen, die Kinder besser verstehen wollen, die Kinder so ernst nehmen wollen, wie es ihnen gebührt, und für jene, die wissen wollen, was man richtig und was man falsch machen kann, wenn man Kindern beim Lernen von Mathematik helfen will"* (S. 5).
- Hans Magnus Enzensberger (1997): Der Zahlenteufel. Ein Kopfkissenbuch für alle, die Angst vor Mathematik haben. *„Mathematik? Um Himmelswillen! Schon bei dem Gedanken gehen bei vielen die Rolläden runter. Auch Robert, dem Jungen im blauen Schlafanzug ist es so ergangen. Doch eines Nachts träumt er unverhofft von einem Zahlenteufel – und der jongliert zwölf Nächte lang so spannend und unterhaltsam mit den verflixten Zahlen, dass Robert – und den Lesern – ein Licht nach dem anderen aufgeht"* (Beschreibung auf dem Einbandrücken).

Empfehlenswert für solche Studierende, die kein gestörtes Verhältnis zur Mathematik haben, aber wahrscheinlich längst nicht alle spannenden, interessanten und überraschenden Aspekte der Mathematik kennen, sind die Bücher von

- John D. Barrow (1994): Ein Himmel voller Zahlen. Der Verfasser *„versucht, den Leser in die Geheimnisse der Nützlichkeit und Allgemeingültigkeit der Mathematik einzuführen, um die mögliche Sinnhaftigkeit der Mathematik zu erkunden. Deshalb ist dies ein Buch über Mathematik, ohne ein Mathematikbuch zu sein"* (S. 11f.).

und

- Keith Devlin (5. Aufl. 2006): Das Mathe-Gen oder Wie sich das mathematische Denken entwickelt + Warum Sie Zahlen ruhig vergessen können. Der Autor verdeutlicht, dass *„Mathematik nicht nur aus Zählen und Rechnen besteht, sondern eine spezielle Form unseres Sprachvermögens ist"* (Beschreibung auf dem Buchrücken).

2.1.3 Kulturhistorische Zugänge

Ein anderer Versuch, sich den Gegenstand „Mathematik" begrifflich zu erschließen, besteht darin, seine Entstehungsgeschichte zu rekonstruieren. Einen überzeugenden Ansatz hierzu finden wir in dem schon erwähnten tätigkeitstheoretisch orientierten Werk von Klix (1980, 2. Aufl. 1993). Hierauf bezieht sich zum Teil auch Zimpel (2008), der in seiner Analyse herausarbeitet, *„was Emotionen mit Mathematik zu tun haben"* (Untertitel). Sehr schön liest sich auch eine inhaltlich mit Klix (1980) und Beutelspacher (1996) durchaus übereinstimmende Zusammenfassung von Wember (1999), die sich auf ein Zitat aus dem Buch von Barrow (1994, S. 456) bezieht: *„Das Zählen begann mit praktischen und zeremoniellen Handlungen. Aber aus diesen natürlichen Zahlen ist ein Baum des Wissens erwachsen, der die Mathematik als Lebewesen erscheinen lässt. Dieser Baum der Mathematik hat mit den Besonderheiten der uns umgebenden Welt zu tun und umschreibt diese Welt, ist aber größer geworden als die Welt, in der er entstand. Und bei diesem Wachstum hat er wie ein Schmetterling alles irdisch auf Anwendung bezogene abgestreift und sich zu etwas völlig anderem gewandelt: schöner, umfassender, weniger belastet, als er es je in seinem Jugendstadium war"*. Wember (1999, S. 271) greift diesen metaphorischen Faden dann auf:

„Der Schmetterling der hohen Mathematik unserer Tage schillert zwar in bunten Farben, was die Vielfalt seiner Fragen, Probleme und Theorien angeht, aber der Flug dieses Schmetterlings ist nur schwer zu verfolgen, denn er setzt äußerst abstraktes und streng logisches Denken voraus. Im Zitat von Barrow wird jedoch bereits angedeutet, dass sich ein anderes, alltagsnahes Verständnis von Mathematik auftut, wenn man diese Disziplin von ihren Ursprüngen her betrachtet, nämlich das Verständnis von Mathematik als Instrument lebenspraktischer Problemlösung. Der Ursprung der Mathematik liegt in zentralen Bedürfnissen des alltäglichen Lebens begründet, etwa dem Bedürfnis nach Berechenbarkeit von natürlichen Ereignissen zur gezielten Handlungsplanung, dem Bedürfnis nach Gliederung und Aufteilung von vorgegebenen Landschaften oder dem Bedürfnis nach objektiver Bestimmung der Mengen und Werte beim Warentausch. Die Ägypter beispielsweise entwickelten mathematische Verfahren zur Landvermessung und Zeitberechnung, weil dies zentrale Lebensprobleme im Nildelta waren, während die Handel treibenden Phönizier Verfahren des kaufmännischen Rechnens sowie ein für diese Zwecke geeignetes Zahlensystem entwickelten. Erst später entstanden die die moderne Mathematik kennzeichnenden Erkenntnisse formaler Art, und zwar immer aus einer kritischen Reflexion der praktischen Methoden heraus."

Die frühesten historisch sicher belegten Hinweise darauf, dass sich Menschen mit Mathematik beschäftigt haben, gehen auf Funde zurück, die etwa 25.000 bis 30.000 Jahre alt sind. Bei Klix (1980, S. 190) findet sich die Abbildung der Speiche eines jungen Wolfes, in der regelmäßige Einkerbungen in Fünferbündelung zu erkennen sind (siehe Abbildung 2.4). Offensichtlich wurde diese Speiche als

Hilfsmittel zur Feststellung oder Beschreibung der Anzahl von bestimmten Objekten verwendet: Jedem einzelnen Element wurde eine Kerbe zugeordnet. Andere, ebenfalls schon aus frühen menschheitsgeschichtlichen Stadien nachgewiesene Hilfsmittel sind Tonkügelchen, die von einem Gefäß in ein anderes gelegt werden und dadurch die Anzahl der Elemente einer bestimmten Menge genau abbilden können. Zählen und Zahlen sind dafür nicht erforderlich. So verwenden Volksstämme, die in der heutigen Zeit noch auf einem frühen menschheitsgeschichtlichen Niveau leben und kein leistungsfähiges Zahlensystem haben, Schnüre, in die sie für jedes zu bestimmende Element einen Knoten binden.

Abb 2.4: Speiche eines jungen Wolfes mit Einkerbungen zur Bestimmung der Anzahl von Elementen einer Menge (aus Klix, 1980, S. 190, bzw. Klix, 1993, S. 279)

Bei den Einkerbungen, Tonkügelchen, Knoten oder anderen sogenannten „protoarithmetischen Hilfsmitteln“ handelt es sich um abstrakte Symbole. Sie sind insofern schon abstrakt, als aufgrund ihres Aussehens nicht zu erkennen ist, welche konkreten Dinge mit ihnen bezeichnet wurden. Bevor Menschen überhaupt in der Lage waren, solche Abstraktionen zu vollziehen, mussten sie noch elementarere Stadien des Symbolerwerbs durchlaufen haben. Ein sicherlich früheres Stadium ist durch konkrete oder gegenständliche Abbildungen vor allem von Menschen, Tieren, Pflanzen und Werkzeugen gekennzeichnet. Solche Kennzeichnungen dienten wahrscheinlich der Selbstvergewisserung dessen, was man kennt, beherrscht oder beherrschen möchte, was einem zugehörig ist, und wahrscheinlich wollte man damit auch Bewunderungen zum Ausdruck bringen oder Beschwörungen vornehmen.

Anzunehmen ist, dass es sich in diesem frühen Stadium der Produktion und des Gebrauchs bildlicher Symbole zunächst nur um Unikate, also Einzeldarstellungen handelte. Erst als die Menschen sesshaft wurden, machten sie die Erfahrung, dass „Gleichheiten“ für ihr Leben bedeutsam wurden: so etwa die sich in gleicher Weise wiederholenden Ereignisse wie die Jahreszeiten, die aus einzelnen Früchten bestehenden, sparsam zu verwaltenden Vorräte oder die sorgsam zu hütenden und zu züchtenden Nutztiere ihrer Herden. Auf diesem Stand der Entwicklung wurde es sinnvoll, Oberbegriffe einzuführen: Nicht mehr jedes einzelne Tier wurde mit seinem Namen bezeichnet, sondern für alle Tiere der Herde gab es die gleiche Bezeichnung, z. B. Schaf. In analoger Form erhielten gleiche Zeitabschnitte und Früchte ihre Bezeichnungen, die von den singulären Merkmalen abstrahierten. Erst mit der Schaffung und Verwendung von Oberbegriffen – sicherlich eine wesentliche Etappe der geistigen Entwicklung – wurde die Tätigkeit des Zählens bedeutsam. Zahlen selbst mussten dafür noch nicht verwendet werden, solange es genügte, die konkrete Anzahl der Elemente einer Menge anhand der Anzahl von übersichtlich angeordneten Symbolen zu erschließen und dabei erkennen zu können, um wie viele Elemente sie sich von einer anderen Menge unterscheidet. Solche Vergleiche können sich beispielsweise auch auf die Feststellung von Veränderungen innerhalb gleicher Grund- oder Ausgangsmengen beziehen: Um wie viele Tiere ist die Herde im Verlaufe eines bestimmten Zeitabschnittes größer oder kleiner geworden?

Zahlen sind nun selbst wieder sehr abstrakte Oberbegriffe: Für jeweils die gleiche Anzahl einzelner Elemente einer Menge wird die gleiche Zahl verwendet, unabhängig davon, um welche Menge es sich handelt und wie die Elemente angeordnet sind – wichtig ist nur, dass sie zur gleichen Grundmenge gehören, also unter dem gleichen Oberbegriff fassbar sind.

Dass eine solche nivellierende Abstraktionsleistung bezüglich bestimmter Objekte manchen Kindern schwer fällt, verdeutlicht eine kleine Episode. Ein Schulanfänger, von der Lehrerin gefragt, wie viele Geschwister er denn habe, gab zur Antwort: *„Gezählt habe ich die noch nicht, aber ich kann Ihnen sagen, wie sie heißen!"* In Untersuchungen an Naturvölkern finden sich auch Beispiele dafür, dass für verschiedene Objekte unterschiedliche Mengenbezeichnungen bei jeweils gleichen Anzahlen verwendet werden (Beispiele hierfür finden sich bei Hasemann, 2007, S. 4). Bis zur Mitte des letzten Jahrhunderts haben sich Reste eines solchen differenzierten Gebrauchs von Zahlen auch in der deutschen Sprache gehalten: Die Bezeichnungen Dutzend (12), Schock (60), Gros (144) wurden für bestimmte Handelswaren verwendet. Und noch immer unterscheidet man in einer kleinen Ortschaft in der Umgebung von Heidelberg sprachlich etwas aufwändig zwischen „zwo Männer", „zwu Fraue(n)" und „zwee Kinn(d)er".

Ein weiterer interessanter Befund aus Untersuchungen an Naturvölkern betrifft den Nachweis von Zählgrenzen. Sie bezeichnen die größte, jeweils noch sicher zu bestimmende Anzahl von Objekten. Größere Mengen, deren Anzahl jenseits der Zählgrenzen liegt, werden dann einfach als „viele" bezeichnet. Für Völker mit niedrigen Zählgrenzen besteht oder bestand keine Notwendigkeit, größere Zahlen zu verwenden. Dementsprechend wurden differenzierte und leistungsfähige Zahlensysteme in solchen Kulturen entwickelt, bei denen es vor allem auf effizientes Planen und Wirtschaften ankam. Diese sollten

- gleich große (gleich mächtige) Mengen mit jeweils dem gleichen Symbol (oder Zeichen), und unterschiedlich mächtige Mengen mit jeweils einem anderen Symbol abbilden,
- dabei vor Möglichkeiten von Irrtümern und Täuschungen geschützt sein,
- für alle denkbar großen (und kleinen) Mengen jeweils ein Symbol bereit halten,
- dabei mit möglichst wenigen Zeichen auskommen, also ökonomisch sein,
- lehr- und lernbar sein.

Bei Ifrah (1989) finden wir eine sehr schöne Veranschaulichung der Idee, die zu unserem modernen Zahlensystem geführt haben könnte. Um eine Menge bis zu 999 zählen zu können, benötigt man drei Zähler oder Helfer.

Abb. 2.5: Zählvorgang mit Zehnerbündelung durch die Finger (aus Ifrah, 1989, S. 57)

„Der erste Helfer hebt seinen ersten Finger, sobald das erste Tier vorbeikommt, seinen zweiten beim nächsten, und so weiter, bis der zehnte Hammel an ihm vorbeigetrabt ist. Genau in diesem Augenblick wird ein zweiter Helfer, der seine Augen ständig auf die Hände des ersten gerichtet hat, seinen ersten Finger erheben, während der erste seine Finger wieder schließt. Geht der elfte Hammel vorbei, hebt der erste Helfer erneut seinen ersten Finger und fährt damit fort bis zum zwanzigsten Tier. Der zweite Helfer hebt nun auch den zweiten Finger, während der erste erneut seine Finger schließt. Beim Durchgang des hundertsten Tieres hebt ein dritter Helfer, der auf die Hände des zweiten achtet, seinen ersten Finger, während die zwei vorherigen ihre schließen, und er verharrt in dieser Stellung bis zum Durchgang des zweihundertsten Tieres, bei dem er seinen zweiten Finger hebt ...“ (S. 55 und 57).

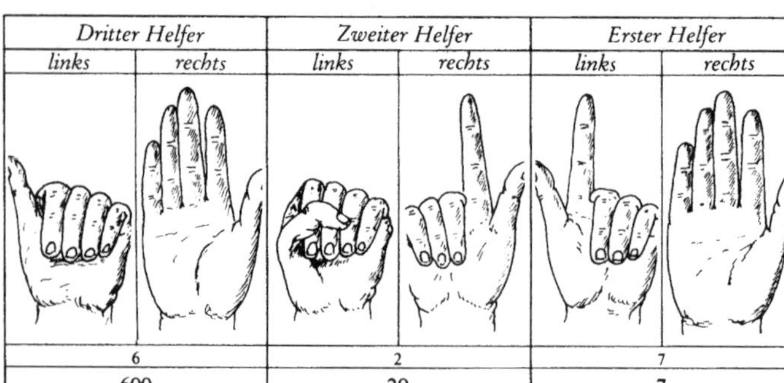

Abb. 2.6: Darstellung der Zahl 627 durch die Finger von drei Zählern (aus Ifrah, 1989, S. 57)

Anstelle der 30 Finger der drei Zähler könnte man die Zahlen bis 999 auch mit 30 Tonkügelchen oder anderen Objekten darstellen, indem man die ersten zehn in eine dafür vorgesehene Rille legt. Ist diese mit 10 Kügelchen voll, wird sie geleert und im gleichen Zuge wird im Sinne eines Tauschvorgangs ein Kügelchen in die benachbarte Rille, links von der ersten, gelegt, während die erste Rille wieder von vorn bei dem Fortgang des Zählvorgangs belegt wird. Dies ist das Prinzip des Abakus, der noch bis in die Neuzeit verwendet wurde. Selbstverständlich lassen sich damit auch wesentlich größere Zahlen darstellen; man braucht bis zur Zahl 9.999 nur vier Rillen und 40 Kügelchen, bis zur Zahl 99.999 fünf Rillen und 50 Kügelchen usw.

In ein solches System sind mehrere Ideen eingeflossen: Es ist positionsabhängig insofern, als gleiche Zeichen in Abhängigkeit von ihrer Position unterschiedlich große Zahlen kennzeichnen; es ist multiplikativ insofern, als die Anzahl der Zeichen in einer bestimmten Position mit dieser multipliziert wird, und es ist additiv insofern, als die zuvor multiplizierten Zahlen zur Gesamtzahl addiert werden:

$$627 = 100 \cdot 6 + 10 \cdot 2 + 1 \cdot 7$$

Obwohl die Anzahl der Zeichen oder Symbole wesentlich kleiner ist als die damit abgebildeten Zahlen, tritt dennoch das Problem auf, dass die Darstellung bei sehr großen Zahlen vor allem an räumliche, aber auch an materielle und zeitliche Grenzen stößt.

Die Lösung dieses Problems gelang durch die Erfindung der Ziffern einschließlich der Null und ihre Verwendung im Positionssystem. Allerdings gab es zuvor schon Ziffern, doch ohne die Erfindung der Null und des Positionssystems sah man sich vor die gleichen Probleme gestellt wie bei der Verwendung konkreter Symbole. Die optimale Leistungsfähigkeit des aus dem indischen Kulturraums stammenden Zahlensystems, das vor etwa 3000 Jahren entwickelt wurde und sich in Europa erst langsam und gegen große Widerstände im 2. Jahrtausend nach Christus durchsetzte, verdeutlicht die nachfolgende Abbildung 2.7.

Während unser aus Indien stammendes Zahlensystem zur Darstellung der Zahl 3754 mit nur vier Zeichen auskommt, werden im ägyptischen Zahlsystem dafür 19, im babylonischen Zahlensystem zehn (eigentlich elf wegen der notwendigen Lücke zur Kennzeichnung der Potenz) und im römischen Zahlensystem neun Zeichen benötigt.

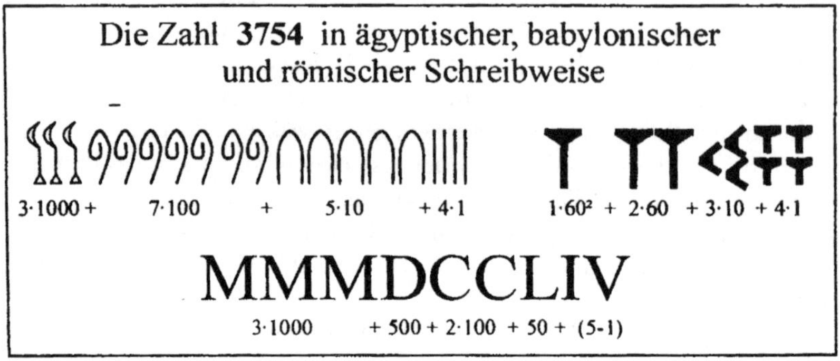

Abb. 2.7: Exemplarischer Vergleich der Schreibweisen der gleichen Zahl in unterschiedlichen Zahlsystemen (Suche zum Nachweis der Quelle blieb leider erfolglos)

2.2 Grundlegende mathematische Sachverhalte

Nach traditionellem Verständnis gilt das Operieren mit Symbolen als ein wesentliches Bestimmungsmerkmal mathematischen Denkens und Handelns. Im Grundschulunterricht sind diese Symbole die Zahlen, die sich aus den zehn Ziffern zusammensetzen, und die Operationszeichen (+ , - , · , : , =). Bei einem solchen Verständnis des Lern- und Gegenstandsbereichs Mathematik wären aber alle Menschen ausgeschlossen, die nicht oder noch nicht auf der symbolischen Ebene tätig sein können. Will man sie nicht ausschließen, dann muss man freilich den mathematischen Lern- und Gegenstandsbereich erheblich weiter fassen und Erfahrungsbereiche einschließen, die individualgeschichtlich noch vor dem Erwerb der Symbole liegen. Entwicklungstheoretische Überlegungen und praktische Beispiele für ein pädagogisches Verständnis von Mathematik, das keinen Menschen ausschließt, wurden bereits in einer früheren Arbeit (Kornmann, 2003a) formuliert. Der Grundgedanke wird nachfolgend kurz skizziert. Die Einordnung in ein Entwicklungsmodell erfolgt im nächsten Kapitel.
Eine zentrale Kategorie, die allen Menschen zugänglich ist, ist die des Erlebens und Erfahrens von Gleichheit. Sie wird je nach inhaltlicher Perspektive auch als Einheit oder Einheitlichkeit, Konstanz, Stabilität, Homogenität, Invarianz, Äquivalenz, Isomorphie, Kongruenz, Sicherheit, Vorhersagbarkeit und Redundanz bezeichnet. So werden für die Bestimmung von Mengen und Größen immer vergleichbare Einheiten, die sich zählen lassen, verwendet. Das Erleben und Erfahren von Gleichheit bildet sich aber nur in Verbindung mit seinem Gegenteil heraus,

für das auch die Begriffe Ungleichheit, Verschiedenheit, Unterschiedlichkeit, Heterogenität, Variabilität, Instabilität, Unsicherheit oder Chaos verwendet werden. Das Erleben von Gleichheit und Verschiedenheit ist an die Tätigkeit des Vergleichens gebunden. Die Begriffe Gleichheit und Verschiedenheit sowie die Tätigkeit des Vergleichens bilden im Rahmen des traditionellen fachlichen Zugangs der Mathematik die Grundlage für ein in sich stimmiges, geschlossen erscheinendes Denksystem, nämlich das der Arithmetik. Dieses System kann aber sinnvoll erweitert werden, indem es auch die frühesten Stadien menschlicher Entwicklung berücksichtigt. Als ein aussichtsreicher Versuch, dies auf individualgeschichtlicher Ebene zu leisten, ist die Schrift von Schmitz & Scharlau (1985, 8. Aufl. 1994) anzusehen.[1] Unter menschheitsgeschichtlicher oder kulturhistorischer Perspektive hat Klix (1980) gezeigt, dass die Anfänge mathematischen Denkens weit vor der Erfindung und dem Gebrauch mathematischer Symbole liegen. Die Inhalte dieser Schriften werden aber in den fachwissenschaftlichen Diskursen zum Verständnis der Entwicklung mathematischen Denkens – sei es unter allgemeiner entwicklungstheoretischer Perspektive oder im Zusammenhang mit speziellen Problemen, die den erschwerten Zugang mancher Menschen zur Mathematik betreffen – selten berücksichtigt. Daher soll an späterer Stelle versucht werden, die Grundlagen des traditionellen Verständnisses von Mathematik auf die Elemente zurückzuführen, die allen Menschen gemeinsam sind. Begonnen wird mit einer knappen Darstellung von grundlegenden Aspekten der Mathematik, die sicherlich dem traditionellen Verständnis entsprechen. Danach werden dann die Entwicklungslinien skizziert, die zu diesem Niveau mathematischen Denkens hinführen.[2]

2.2.1 Erkennen und Herstellen von Gleichheit bezüglich der Merkmale und Relationen von Mengen als Grundlage der Arithmetik

Beim Anwenden der Grundrechenarten kommt es darauf an, Gleichheit zu erkennen und herzustellen. Gleichheit kann sich dabei entweder auf Merkmale und Merkmalsklassen oder auf Merkmalsrelationen beziehen. Dies soll an einem einfachen Beispiel erläutert werden, das durch die Untersuchungen von Gottschaldt (1933) angeregt wurde[3].

1 Es handelt sich dabei um die Aufbereitung mathematischer Inhalte für die pädagogische Förderung von Menschen mit geistiger Behinderung.

2 Über einen im Kern ähnlichen Versuch, allerdings auf der Grundlage der Entwicklungstheorie von Piaget und demonstriert anhand statistisch verarbeiteter empirischer Daten, die an einer Stichprobe von 103 Schülerinnen und Schülern einer Schule für Geistigbehinderte gewonnen wurden, hat Schmitz (1994) berichtet.

3 Der Autor führte seine Untersuchungen an jungen Menschen mit deutlich geminderter kognitiver Leistungsfähigkeit durch.

Zwei unterschiedlich hohe, aus gleich großen Würfeln zusammengesetzte Säulen sollen auf gleiche Höhe gebracht werden, damit sie dann durch einen waagrechten Balken miteinander verbunden werden können. Angenommen, die Türme seien 3 und 5 Würfeleinheiten hoch, und es lägen noch weitere Würfel, sowie andere Klötze, bereit. So könnten die Kinder beispielsweise die niedrigere Säule um zwei Würfel erhöhen – symbolisch ausgedrückt:

$$3 + 2 = 5$$

Es wäre auch möglich, die höhere Säule um einen und die niedrigere Säule um drei Würfel zu erhöhen – symbolisch ausgedrückt:

$$5 + 1 = 3 + 3$$

Die Kinder könnten auch die höhere Säule um zwei Würfel erniedrigen – symbolisch ausgedrückt:

$$5 - 2 = 3$$

Möglich wäre auch, die höhere Säule um drei Klötze und die niedrigere Säule um einen Klotz zu erniedrigen – symbolisch ausgedrückt:

$$5 - 3 = 3 - 1$$

Schließlich könnten sie auch die eine Säule um einen Würfel erniedrigen und die andere um einen Würfel erhöhen – symbolisch ausgedrückt:

$$3 + 1 = 5 - 1$$

Es wären aber noch viele weitere Lösungen für dieses Problem möglich.

Dieses Beispiel, das sich auf das Addieren und das Subtrahieren bezieht, lässt sich auch ausdehnen auf das Multiplizieren und Dividieren.
Vor dem Kind liegen ungeordnet sechs Würfel und drei Schalen. Die Aufgabe besteht darin, auf jede Schale gleich viele Würfel zu verteilen. Je nach Perspektive kann man dann zu verschiedenen Beschreibungen des gleichen Sachverhalts kommen.
Die Menge der sechs Würfel wurde aufgeteilt auf drei gleich große Teilmengen – symbolisch ausgedrückt:

$$6 : 3 = 2$$

Möglich ist aber auch die Aussage, dass die sechs Würfel in Gruppierungen zu je zwei Würfeln angeordnet wurden – symbolisch ausgedrückt:

$$6 : 2 = 3.$$

Betrachtet man nun nicht den Prozess der Aufteilung, sondern den der Zusammensetzung der sechs Würfel, dann kann man sagen, dass sich diese aus drei Haufen zu je zwei Würfeln bilden lassen – symbolisch ausgedrückt:

$$6 = 2 + 2 + 2$$

oder

$$6 = 3 \cdot 2$$

Möglich ist aber auch die Aussage, dass sich sechs Würfel aus zwei Haufen zu je drei Würfeln ergeben – symbolisch ausgedrückt:

$$6 = 2 \cdot 3$$

oder

$$6 = 3 + 3.$$

Diese Beispiele zeigen, dass das Herstellen von Gleichheit auf mehreren Handlungsebenen erfolgen kann: auf der konkret-handelnden oder enaktiven und auf der abstrakt-symbolischen. Weitere beobachtbare Ebenen sind die sprachliche, wenn das Vorgehen handlungsvorbereitend, handlungsbegleitend oder handlungsabschließend verbalisiert wird, und die ikonische, wenn das Vorgehen zeichnerisch oder sonstwie anhand eines Modells, etwa mit den Fingern, abgebildet wird (vgl. Bruner, 1971; Galperin, 1972). Oft ist die ikonische Abbildung nicht eindeutig zu interpretieren. Deshalb betont Krummheuer (1994), dass die Bedeutung der ikonischen Zeichen per Absprache festgelegt werden müsse. Hinzu kommt noch eine weitere, „unsichtbare" Ebene, die des Denkens ganz ohne materielle Hilfe. Wichtig ist hierbei das Denken und Handeln (oder Operieren) mit und in Einheiten: Jeder einzelne Würfel, der im Zusammenhang mit den beschriebenen Aufgaben verwendet wird, bildet eine Einheit; ebenso ist jede Handlung, mit der ein Würfel bewegt wird, als eine Einheit anzusehen. Dabei ist es aber nicht erforderlich, dass die verwendeten Einheiten auch physikalisch gleich sind. So kann Gleichheit beispielsweise auch hergestellt werden, wenn aus einer größeren Menge unterschiedlicher Objekte jeweils gleich viele auf zwei oder mehrere Behälter verteilt werden. Entscheidend ist nur, dass die einzelnen Objekte als jeweils gleich zu behandelnde Einheiten einer Grundmenge angesehen werden. Also *„müssen die Objekte einer Menge fraglicher Mächtigkeit als zusammengehörig klassifiziert und von anderen nicht zugehörigen Objekten unterschieden sein. Dies ist die Homogenisierung des zu Zählenden"* (Probst & Waniek, 2003, S. 67; Hervorhebung im Original). Für die hier beschriebenen Möglichkeiten, Gleichheit herzustellen, sind auf der konkret-handelnden Ebene keine Zahlen erforderlich, das Operieren mit den einzelnen Elementen kann aber durch den Vorgang des Zählens abgebildet werden. Bei solchen Abbildungen gleicher Sachverhalte – etwa die Konstruktion gleich hoher Türme oder die Herstellung von Mengen mit jeweils gleich vielen Elementen[4] – auf unterschiedlichen Handlungs- und Darstellungsebenen wird nun ebenfalls Gleichheit (im Sinne von Äquivalenz) hergestellt. In diesem Zusammenhang spricht man von Mathematisieren dann, wenn empirische Beziehungen, die empirisch feststellbar oder konkret beobachtbar sind, in numerische Beziehungen transformiert werden (vgl. Eberle, 1996).

2.2.2 Abbildung der Merkmale und Merkmalsrelationen von Ausdehnungen (Längen) und Anordnungen als Grundlage der Geometrie

Wenn es nun nicht darauf ankommt, Gleichheit herzustellen, sondern Gleichheit und Ungleichheit eindeutig abzubilden, dann wird von Messung gesprochen. Messungen richten sich in ihrer elementaren Form auf die Ausdehnung (Dimensionen der Länge, Breite, Höhe) einzelner Objekte, die miteinander verglichen werden.[5] Es handelt sich hierbei um kontinuierliche Merkmale. Im Unterschied dazu beziehen sich arithmetische Operationen auf einzelne zählbare Elemente oder diskrete Merkmale einer Menge. Die kontinuierlichen Merkmale der räumlichen Dimensionen sind hingegen Gegenstandsbereich der Geometrie. Bei Berücksichtigung von nur einer Dimension beziehen sich die Abbildungen auf gerade Linien (Strecken); bei Berücksichtigung von zwei Dimensionen auf Flächen und bei Berücksichtigung von drei Dimensionen auf Körper.
Grundlegend für Messungen sind drei Erkenntnisvorgänge:

a) Erkennen von Gleichheit: $a = a$
b) Spezifizierung der Ungleichheit nach dem quantifizierenden Kriterium größer / kleiner bzw. mehr / weniger: $a > b$
c) Erkennen der Transitivität durch Vergleiche: wenn $a > b$ und $b > c$, dann $a > b > c$ und $a > c$.

Neben der Messung von Ausdehnungen befasst sich die Geometrie auch mit der Beschreibung und dem Vergleichen von Anordnungen und Formen der Linien, Flächen und Körper.

---

4 Man spricht auch von „Mengen gleicher Mächtigkeit".
5 Den Unterschied zwischen zählenden und messenden Operationen hat Schinköthe (2000) anschaulich herausgearbeitet.

2.2.3 Wiederholen, Klassifizieren und Vergleichen – Rechnen und Messen: verschiedene Zahlaspekte

Für die inhaltlich entscheidenden Bestimmungsmerkmale „Erkennen und Herstellen von Gleichheit" und „Erkennen und Bestimmen von Unterschieden" ist das formale und restriktive Bestimmungsmerkmal „Operieren auf symbolischer Ebene" zwar nicht notwendig, wird aber pädagogisch angestrebt.
Mit dieser Erweiterung der Perspektive ist jetzt noch zu klären, worauf sich im Bereich der Mathematik der Begriff der Gleichheit beziehen soll. Die angeführten Beispiele stehen für solche Operationen, in denen Gleichheit von Merkmalen und die Möglichkeiten ihres Zustandekommens erkannt werden: z. B.

$$3 + 2 = 5$$

$$5 = 1 + 1 + 1 + 1 + 1$$

$$1 + 1 + 1 + 1 + 1 = 3 + 2$$

Die symbolisch gefassten Ziffern repräsentieren dabei einen bestimmten Zahlaspekt, nämlich den der Rechenzahl. In diese Operationen fließen weitere Formen des Erkennens und Herstellens von Gleichheit ein. Diese ermöglichen ebenfalls bestimmte Operationen, nämlich die des Wiederholens, der Klassenbildung und des Vergleichens. Werden diese Tätigkeiten auf symbolischer Ebene vollzogen und die Resultate numerisch, also mittels Ziffern, bestimmt, dann kommen weitere Zahlaspekte ins Spiel:

- Ordnungszahlen, um die Anzahl jeweils nacheinander vollzogener Handlungseinheiten und deren Positionen in einer Reihenfolge zu bestimmen: beispielsweise beim Auftürmen der einzelnen Würfel oder um festzustellen, welche Position ein einzelner Würfel im Turm einnimmt („der erste, ... vierte, ..."),
- Kardinalzahlen, um die Ergebnisse solcher Bestimmungen klassifizierend zusammenzufassen: beispielsweise, um Türme jeweils gleicher Höhe zu identifizieren („diese Türme sind alle vier Würfel hoch"),
- Maßzahlen, um Vergleiche durchzuführen: beispielsweise, um zu bestimmen, welcher von zwei Türmen der jeweils höhere ist oder ob beide gleich hoch sind („der Turm mit fünf Würfeln ist höher als der mit ..."),
- Relationalzahlen, um Veränderung und Konstanz von Unterschieden zu beschreiben: beispielsweise, um anzugeben, ob durch eine vorgenommene Erhöhung beider Türme die zuvor bestandenen Unterschiede gleich geblieben oder verändert worden sind („Wenn wir jetzt beide Türme gleich hoch machen wollen, genügen immer noch zwei Würfel" oder: „... brauchen wir jetzt nur noch einen Würfel" oder: „... brauchen wir nun drei Würfel").

Tätigkeiten des Wiederholens, der Klassenbildung und des Vergleichens sind jedoch – wie schon das Beispiel des Bauens der Türme gezeigt hat – nicht an die symbolische Form gebunden. Sie sind auch nicht – wie in diesem Beispiel – auf konstruktive und zielbezogene Handlungen beschränkt, sondern lassen sich auch schon – wenngleich in anderer Form – in früheren Stadien der kindlichen Entwicklung beobachten. Dies soll im nächsten Kapitel ausführlicher dargestellt werden.
Zusammengefasst und ergänzt um den praktischen Anwendungsbezug ergeben sich somit folgende Erfahrungsfelder und Gegenstandsbereiche für den elementaren Mathematikunterricht:

1. Präsymbolischer (pränumerischer) Erfahrungsbereich:
Wahrnehmung von Gleichheit und Verschiedenheit
bezüglich
subjektiver Eindrücke sowie
objektiver Merkmale
von
Mengen ↙ Größen Ausdehnungen (Längen) ↘
als Grundlage von
2. Arithmetik und 3. Geometrie
mit ihren jeweiligen Anwendungsfeldern; den
→ 4. Sachaufgaben ←

2.3 Zur Bedeutung der Mathematik für Bildung und Erziehung

Wie lassen sich nun die Aufgaben des Mathematikunterrichts auf die Prozesse von Bildung und Erziehung beziehen, wie sie in Kapitel 1 dargestellt wurden?
Prozesse der Erziehung werden durch Mathematik etwa dadurch unterstützt, dass hier in zunehmendem Maße eine Disziplinierung des Denkens, Beachtung von Ordnung und Genauigkeit (etwa beim Notieren von Zahlen und insbesondere von Zahlenkolonnen), Kenntnis und Einhaltung formaler Regeln, nachvollziehendes Denken, Systematik des Vorgehens, oft auch Fleiß, Beharrlichkeit, Konzentration und Frustrationstoleranz (etwa bei notwendigen Übungsaufgaben) gefordert sind: Anforderungen, die in gleichem Maße für alle gelten, die erfolgreich

Mathematik betreiben und ihre entsprechenden Fähigkeiten weiter entwickeln wollen.
Prozesse der Bildung unterstützt ein Mathematikunterricht, der zu Originalität und Kreativität (schöpferischem Denken) anregt, dabei die Vielfalt möglicher Denkwege zulässt und das Entdecken bisher unbekannter Möglichkeiten herausfordert, der Diskussionen und Bewertungen unterschiedlicher Lösungswege vorsieht, der also die individuellen Denkhorizonte erweitert und von Momenten des Staunens und der Entdeckerfreude begleitet ist.
Wie die Prozesse von Bildung und Erziehung mit Mathematik zusammenhängen können, soll anhand eines einfachen Beispiels verdeutlicht werden. In verschiedenen Lehrwerken und Übungsmaterialien finden sich Zahlenmauern. Es handelt sich um ein ebenso klar strukturiertes wie in sich flexibles Aufgabenformat zur Vermittlung von Einsichten in Regeln der Addition (ggf. auch der Subtraktion). Die leeren „Bausteine“ sind so mit Zahlen zu füllen, dass die Summe aus den jeweils zwei unteren die darüber liegende Zahl ergibt; in dem nachfolgenden Beispiel ist also der leere Baustein rechts in der mittleren Reihe festgelegt (= 5),

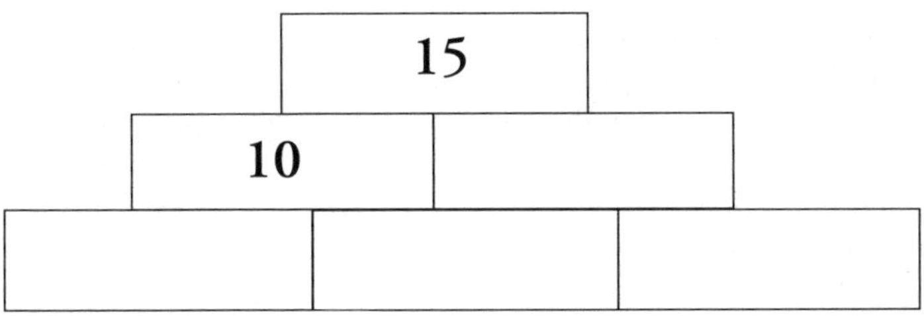

hingegen bestehen mehrere Möglichkeiten, die drei unteren Bausteine zu füllen (9 / 1 / 4 oder 8 / 2 / 3 oder 7 / 3 / 2 oder 6 / 4 / 1 oder 10 / 0 / 5).

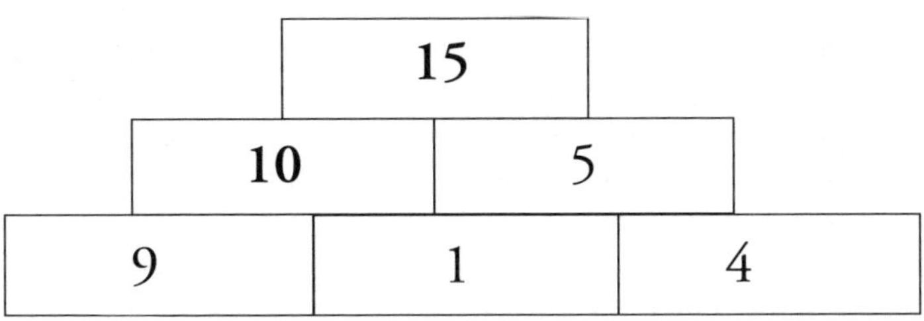

Selbstverständlich lässt sich diese Aufgabe in vielfacher Hinsicht variieren und individuell verschieden einsetzen, so dass sowohl leistungsstarke wie leistungsschwache Kinder in angemessener Weise angesprochen und herausgefordert sind. An eine solche Aufgabe lassen sich folgende Fragen stellen, die mit den Kindern gemeinsam geklärt werden können:

- Wie viele verschiedene Möglichkeiten lassen sich finden?
- Lassen sich hierbei bestimmte Gesetzmäßigkeiten entdecken?
- Welches ist die größtmögliche Zahl in den unteren Bausteinen links, in der Mitte und rechts?

Fragen dieser Art sind geeignet, den Denk- und Erfahrungshorizont der Kinder zu erweitern, ihnen Freude am Entdecken zu vermitteln, kurz: Sie entsprechen durchaus – wenn auch auf sehr einfachem Niveau – dem Gedanken der Bildung. An dem Beispiel der Zahlenmauer lassen sich aber auch die oben beschriebenen Anforderungen an regelgeleitetes, zielbezogenes und diszipliniertes Vorgehen, also Aspekte der Erziehung, aufzeigen. So sind die Vorgaben des Aufgabenformats strikt zu beachten.

Ein guter Mathematikunterricht darf keine der beiden beschriebenen Aufgaben der Pädagogik vernachlässigen.

Im fachlichen Diskurs zu Fragen des Mathematikunterrichts, also der Fachdidaktik, wird der Zusammenhang von Mathematik und Pädagogik eher selten thematisiert. Zu dieser Thematik finden sich neben der großen Studie von Heymann (1996) mehrere Einzelveröffentlichungen von Graumann (vgl. Graumann, 2002). Sie liefern wichtige Kategorien, die es den Lehrkräften erlauben würden, sich bei der Planung, Durchführung und Auswertung konkreten Mathematikunterrichts über die damit verbundenen pädagogischen Zielsetzungen bewusst zu werden. Wahrscheinlich ist nämlich vielen Lehrkräften nicht genügend bewusst, welche tatsächlichen Wirkungen ihre konkreten Unterrichtskonzepte haben, welches also die „heimlichen Lehrpläne" ihres Unterrichts sind. Ein solches Bewusstsein würde beispielsweise helfen zu erkennen, dass nicht wenige Konzepte und Materialien für den Mathematikunterricht stark erziehungsförmig angelegt sind und dem Gedanken der Bildung wenig Rechnung tragen. Es ist dann auch verständlich, dass sich nicht wenige Schülerinnen und Schüler gegen einen solchen Unterricht innerlich oder äußerlich auflehnen und ein negatives Verhältnis zu dem Lerngegenstand entwickeln. Im Sinne dieser Vermutung könnte das Zustandekommen vieler negativer Erfahrungen von Schülerinnen und Schüler mit dem Mathematikunterricht erklärbar sein.

Vor dem Hintergrund dieser Vermutung soll in dieser Schrift der Aspekt der Bildung möglichst viel Raum gegeben werden. Mit dem oben beschriebenen unterrichtsbezogenen Beispiel wurde schon Überlegungen vorgegriffen, auf die in Kapitel vier ausführlicher eingegangen wird.

3 Zum Erwerb der Grundlagen mathematischer Kompetenzen im Kleinkind- und Vorschulalter

Im Mittelpunkt des vorangegangenen Kapitels standen Aspekte der Mathematik, die im Hinblick auf einen erfolgreichen Unterricht zu beachten sind. Dabei lag der Schwerpunkt der Betrachtung auf der Mathematik selbst. Die Frage, wie die Kinder einen Zugang zur Mathematik finden, welche Bedingungen den kindlichen Erwerbsprozess mathematischer Kompetenzen erleichtern oder erschweren, wurde dabei noch zurückgestellt. Sie soll nun in diesem Kapitel geklärt werden. Anknüpfungspunkt sind zwei der Thesen, die am Ende des ersten Kapitels dargelegt wurden:

1. Der Mensch bedarf der gezielten und bewussten Unterstützung anderer, kompetenterer Menschen, um sich zu entwickeln.
2. Die treibende Kraft dabei bleibt aber das Menschenkind selbst, es ist das Subjekt seiner Entwicklung.

3.1 Exkurs zu Theorien und Modellen menschlicher Entwicklung

Nun sind diese Thesen nicht oder nur teilweise vereinbar mit den gängigen Modellvorstellungen und Theorien zur Entwicklung menschlichen Lernens und menschlicher Entwicklung, die heute als Lehrmeinung vertreten werden und die die Einstellungen sowie das Denken und Handeln all derer bestimmen, die für die pädagogische Förderung von Kindern verantwortlich sind. Daher erscheint es sinnvoll, in einem kurzen historischen Rückblick nachzuzeichnen, wie sich die in dieser Schrift vertretene Position in den zurückliegenden Jahrzehnten aus dem Zusammenspiel beziehungsweise der Auseinandersetzung mit unterschiedlichen theoretischen Einflusssphären herausgebildet hat.

Die erste der beiden oben formulierten Thesen wäre – für sich allein genommen – der Position des Behaviorismus zuzurechnen, die zweite These – ebenfalls für sich allein genommen – würde im Einklang mit konstruktivistischen und kognitivistischen Theorien stehen.

Der Behaviorismus, ein sehr pragmatisch ausgerichtetes psychologisches Konzept, das nach dem ersten Weltkrieg in den USA entwickelt wurde und dort großen Einfluss gewann, betont die weitgehende Abhängigkeit der Lernerfolge von äußeren, prinzipiell beobachtbaren und kontrollierbaren Bedingungen (vgl. Bruder, 1984). Bei den behavioristischen Konzepten lassen sich ganz grob zwei Klassen von Bedingungen unterscheiden: Zum einen sind es Stimuli oder Reize, welche die individuellen Lernvorgänge im Sinne von Reaktionen auslösen, und zum anderen sind es Konsequenzen, die auf individuelle Reaktionen folgen.

Lernvorgänge, die an auslösende Reize gekoppelt sind, werden als bedingte Reaktionen bezeichnet. Ihr Nachweis geht auf die Forschungen des sowjetrussischen Neurophysiologen I. P. Pawlow (1849-1936) zurück, der gezeigt hat, dass auch neutrale Reize bestimmte, vorhersagbare Reaktionen auslösen. Voraussetzung dafür ist allerdings, dass die neutralen Reize nur oft genug in räumlicher oder zeitlicher Nähe zu den Reizen dargeboten werden, die die Reaktionen immer (also „unbedingt") nach sich ziehen. Das Auftreten der bedingten Reaktionen gilt als Lernprozess, und das Lernarrangement wird auch als „Klassisches Konditionieren" oder „Instrumentelles Lernen (Konditionieren)" bezeichnet.

Nun können Lernvorgänge auch darin bestehen, dass zunächst mehr oder weniger zufällig aufgetretene Verhaltensweisen deswegen häufiger oder intensiver auftreten, weil auf sie positiv erlebte Konsequenzen („Belohnungen", „positive Verstärker") folgen. Ebenso kann die Wahrscheinlichkeit oder Intensität ihres Auftretens dadurch systematisch verringert werden, dass auf sie negativ erlebte oder gar keine Konsequenzen folgen. Diese Lernvorgänge werden als „Lernen am Erfolg" oder „Operantes Konditionieren" (auch „Lernen nach Versuch und Irrtum") bezeichnet und gehen auf tierexperimentelle Forschungen des Amerikaners E. L. Thorndike (1874-1949) zurück. Ihre praktischen Anwendungsmöglichkeiten – vor allem auch im Bereich von Therapie und Pädagogik – hat vor allem B. F. Skinner (1904-1990) aufgezeigt. Dies förderte einen großen pädagogischen Optimismus, der die Bildungsreform während der ausgehenden 60er Jahre des vergangenen Jahrhunderts in besonderer Weise prägte (siehe etwa Corell, 1965).

Nach behavioristischer Auffassung kommt also den äußeren Bedingungen, die in hohem Maße als pädagogisch beeinflussbar gelten, das entscheidende Gewicht für die individuellen Lernerfolge zu. Diese milieutheoretische oder umweltdeterministische Sichtweise bedeutete einen radikalen Bruch mit den erbdeterministischen Theorien, die bis dahin im pädagogischen Diskurs der Bundesrepublik Deutschland nahezu ausschließlich vorherrschten und die Epoche des Nationalsozialismus unbeschadet überdauert hatten. Sie ließen die Wirksamkeit pädagogischer Kräfte nur sehr gering erscheinen. Vor diesem historischen Hintergrund ist es verständlich, dass die behavioristischen Ansätze von den reformorientierten und gesellschaftspolitisch engagierten Kräften gern aufgegriffen und in pädagogisch ambitionierte Konzepte umgesetzt wurden. Dies belegen besonders eindrucksvoll

die von Heinrich Roth (1968) für den Deutschen Bildungsrat herausgegebenen Gutachten und Studien.
In der Anfangsphase der damaligen Bildungseuphorie wurde aber in der Bundesrepublik Deutschland ein entscheidender Mangel der behavioristischen Ansätze übersehen: Ebenso wie die erbdeterministischen Theorien messen sie den Kräften des lernenden Subjekts nur geringe Bedeutung bei. Genau in diesem Punkt unterscheiden sie sich aber von den konstruktivistischen Theorien, die als Gegenbewegung zu dem Behaviorismus entstanden sind und sich weitgehend auf die Arbeiten von Piaget (z. B. 1974) berufen. Danach ist die geistige Entwicklung vor allem als eine Eigenleistung des Kindes anzusehen, das sich seine Weltsicht und seine Erkenntnisse im Zuge eigener Aktivitäten selbst konstruiert. Bei seinen Tätigkeiten gewinnt das Kind neue Erfahrungen über sich und seine Umwelt, wobei sich diese Erfahrungen in den kognitiven Strukturen des Kindes abbilden. Im Laufe seiner geistigen Entwicklung gleicht es seine Denk- und Handlungsmuster (oder Schemata) ständig an die Merkmale und Gegebenheiten seines Erfahrungsbereichs an. Dieser Vorgang wird als Adaptation bezeichnet. Dies geschieht durch zwei verschiedene Prozesse: Macht das Kind bei seinen Tätigkeiten neue Erfahrungen, die mit seinen bis dahin geltenden Überzeugungen, Annahmen oder Erklärungen über sich und seine Umwelt übereinstimmen, dann erweitert sich lediglich das inhaltliche Spektrum seines Wissens um weitere Beispiele. Seine kognitiven Strukturen und Handlungsmuster bleiben bei diesem Vorgang, der als Assimilation bezeichnet wird, unverändert. Gelingt eine solche Angleichung jedoch nicht, gerät das Kind in den Zustand einer Unsicherheit. Diesen versucht es dadurch auszugleichen, dass es seine bisherigen Überzeugungen, Annahmen und Erklärungen so lange verändert, bis sie mit den neuen Erfahrungen übereinstimmen. Das Ergebnis dieser Aktivitäten wird als Akkomodation bezeichnet. Treibende Kraft dabei ist das Streben des Kindes nach Übereinstimmung oder Gleichgewicht zwischen den eigenen kognitiven Strukturen und den Strukturen seiner von ihm wahrgenommenen Welt. Die Bemühungen, die individuellen Konzepte mit der erfahrenen Realität in Übereinstimmung zu bringen, erfolgen in einem als Äquilibration bezeichneten Prozess.
Der konstruktivistische Ansatz von Piaget konzentriert sich sehr stark auf Aspekte der individuellen Entwicklung, die sich in der aktiven Auseinandersetzung mit der Umwelt vollzieht. Einflüsse der Umwelt haben in dieser Theorie zwar eine modifizierende Wirkung, das Verhältnis des einzelnen Menschen zu seiner Umwelt ist aber nicht systematisch berücksichtigt. Demgegenüber hebt Bruner (1971) hervor, dass es möglich sei, „*die kognitive Entwicklung durch eine strukturierte Aufbereitung des Lerngegenstandes beschleunigen und verbessern zu können*“ (Schmidt, 1981, S. 637). Dabei betont Bruner – ebenso wie Piaget – die Bedeutung des aktiv-entdeckenden Lernens. Noch umfassender werden Lernen und Entwicklung von den Vertretern der Kulturhistorischen Schule konzipiert. So hat

Wygotski (1934, deutsch 1964) die Bedeutung der Kooperation und Kommunikation zwischen den Angehörigen verschiedener Generationen als konstitutiv für die menschliche Entwicklung und für menschliches Lernen in Ontogenese und Phylogenese herausgestellt. In Weiterführung dieses Ansatzes hat sein Schüler A. N. Leontjew (1977) gezeigt, dass alle Inhalte menschlichen Lernens Produkte spezifisch menschlicher Tätigkeit seien, und dass Lernen als menschliche Tätigkeit wiederum der individuellen Aneignung der gesellschaftlich produzierten Erfahrungen oder des kulturellen Erbes diene. In dieser dialektischen Sichtweise verbinden sich beim Lernen die inneren Kräfte des Individuums mit den Einflüssen anderer Menschen und den vergegenständlichten Kräften oder Produkten der jeweiligen Gesellschaft. Gemeint sind damit auch kulturelle Medien wie Lernmaterialien, Lehrbücher und sprachliche Konventionen. Daher verwenden Gerster & Schultz (2004, S. 35) hierfür den Begriff der soziokulturellen Sichtweise (oder des soziokulturellen Lernens).
In Abbildung 3.1 sind diese verschiedenen Positionen systematisch zusammengefasst.

<table>
<tr><td></td><td></td><td colspan="2">Einflüsse der Umwelt</td></tr>
<tr><td></td><td></td><td>gering, unbedeutend</td><td>stark, wichtig</td></tr>
<tr><td rowspan="2">Einfluss des Individuums</td><td>gering, unbedeutend</td><td>endogenistische Theorien
Erbdeterminismus</td><td>exogenistische Theorien
Milieutheorien, Behaviorismus</td></tr>
<tr><td></td><td colspan="2">(mechanistisches Menschenbild)</td></tr>
<tr><td></td><td>stark, wichtig</td><td>konstruktivistische Theorien
oder Selbstgestaltungstheorien
(organismisches
Menschenbild)</td><td>interaktionistische
(soziokulturelle) Theorien
(dialektisches Menschenbild)</td></tr>
</table>

Abb. 3.1: Typologie von Entwicklungstheorien und von grundlegenden Auffassungen zum Menschenbild (vgl. Schneewind, 1982, 1984; Montada, 1995)

Die hier skizzierten Auffassungen von menschlichem Lernen und menschlicher Entwicklung entsprechen unterschiedlichen Annahmen zum Menschenbild, die von großer Wichtigkeit für die Pädagogik und die Entwicklung pädagogischer Professionalität sind. Die wesentlichen Grundaussagen sind wiederholt von verschiedenen Autoren in zwar vereinfachter, aber doch recht instruktiver Form – ähnlich wie in Abbildung 3.1 – systematisiert worden.

3.2 Die Theorie von der Abfolge der dominierenden Tätigkeiten und ihr Bezug zum Erwerb basaler mathematischer Kompetenzen

Ein Schwerpunkt dieser Schrift wird sich mit der Frage befassen, wie mögliche Erfahrungsdefizite und Lernrückstände einzelner Kinder bei Schulanfang und in den ersten Schuljahren zu erkennen sind und wie diesen mit geeigneten pädagogischen Mitteln zu begegnen sei. Ansatzpunkte für entsprechende Hilfen bietet das von Wygotski (1964) formulierte Prinzip, das Lernen an der „Zone der nächsten Entwicklung" zu orientieren. Dafür muss auch die „Zone der aktuellen Leistung" erkundet werden. Die „Zone der aktuellen Leistung" wird bestimmt durch solche Aufgaben, die völlig selbstständig und angemessen bewältigt werden können. Die „Zone der nächsten Entwicklung" hingegen beinhaltet Aufgaben mit einem leicht erhöhten Schwierigkeitsgrad, die zunächst nur in Kooperation mit einem kompetenteren Partner gelöst werden können, aber bald darauf in den Bestand der selbstständig zu lösenden Aufgaben, also in die „Zone der aktuellen Leistung" übergehen. Eine gute Grundlage für dieses praktische Vorgehen bietet die Theorie von der Abfolge der dominierenden Tätigkeiten, die Jantzen (1980) von verschiedenen Vertretern der sowjetrussischen Tätigkeitstheorie bzw. Kulturhistorischen Schule aufgenommen und in Richtung auf die ontogenetisch frühesten Phasen menschlicher Entwicklung ausdifferenziert hat. Ähnliche Ansätze finden sich bei Schmidt-Kolmer (1984) und in sehr origineller Bearbeitung bei Radigk (2006). Zur Konzeption, Planung und Evaluation integrativer pädagogischer Prozesse, also für gemeinsames Spielen und Lernen von Kindern mit und ohne Behinderungen, wurde dieser theoretische Ansatz für den Elementarbereich von Feuser (1987), Kornmann (1993), Fritz (1995) sowie Flämig, Musketa & Leu (2009), für den Grundschulbereich von Feuser & Meyer (1987) sowie für die Pädagogik Geistigbehinderter von Pitsch (2002) aufgegriffen und genutzt.

Dieser theoretische Entwurf ist besonders gut geeignet, um Merkmale und Bedingungen günstiger und ungünstiger Entwicklungen, beginnend bei den ersten Anzeichen individuellen Lebens bis über das Schuleintrittsalter hinaus zu konkretisieren. Solche Konkretisierungen können auch auf Merkmale der Entwicklung mathematischer Kompetenzen bezogen werden und liefern begründete Hinweise, um verfestigte Rechenschwierigkeiten von Schulkindern im Kontext ihrer individuellen Lerngeschichte verständlich zu machen.

Tätigkeit wird im Rahmen der Kulturhistorischen Schule als lebensnotwendiger Austausch eines jeden Organismus mit seiner belebten oder unbelebten Umwelt aufgefasst und gilt als Merkmal allen Lebens. Bei jeder Tätigkeit lassen sich drei Komponenten unterscheiden und beschreiben:

1. der Organismus selbst,
2. seine Lebensäußerungen oder Aktivitäten sowie
3. die Objekte, auf die sich die Tätigkeiten richten oder die auf den Organismus einwirken.

Schon auf den elementarsten Stufen des Lebens ist Erfahrungsbildung aufgrund von Tätigkeiten möglich. Erfahrungen können die Organisation des Organismus und damit auch die Voraussetzungen für seine weiteren Tätigkeiten verändern. Die Fähigkeit zur Erfahrungsbildung ist somit ein Merkmal, das der Mensch zwar mit anderen Lebewesen teilt, aber speziell zum Verständnis der menschlichen Entwicklung ist dieses Merkmal ganz zentral. Nach dem tätigkeitstheoretischen Entwicklungskonzept werden Entwicklungsprozesse von Erfahrungen beeinflusst und Erfahrungen nur aufgrund von Tätigkeiten gewonnen.

Oben wurde schon angedeutet, dass sich dieser Denkansatz von den meisten Entwicklungstheorien westlicher Provenienz unterscheidet. Für die nachfolgend dargestellte Argumentation sind dabei zwei Punkte wichtig:

1. Der Ansatz berücksichtigt die im jeweiligen historischen Kontext vorfindbaren realen Lern- und Entwicklungsmöglichkeiten der verschiedenen menschheitsgeschichtlichen Epochen,
2. er wendet sich den konkreten Bedingungen der Erfahrungsbildung eines jeden Individuums in seiner realen Lebenssituation zu.

In beiden Punkten ist der Gegenstandsbezug entscheidend. Dieser ist jedoch *„lange Zeit in der westlichen Psychologie unbeachtet“* geblieben (Oerter, 1999, S. 4). Im Rahmen der Tätigkeitstheorie kann Entwicklung auch als Veränderung des Gegenstandsbezugs verstanden werden (Kornmann, 1991). Im Allgemeinen erweitern solche Veränderungen des Gegenstandsbezugs die Möglichkeiten menschlichen Handelns und Denkens sowie das Spektrum von Qualitäten des Erlebens und sind daher identisch mit den Zielen von Pädagogik.

Die Erweiterung von Denk- und Handlungsmöglichkeiten zeigt sich – tätigkeitstheoretisch gedacht – ganz konkret

- in der zunehmenden Anzahl von Gegenständen, auf die sich die Aktivitäten des Individuums richten (quantitativer Aspekt),
- in einer charakteristischen Veränderung des Gegenstandsbezugs in Richtung auf größere Variabilität, Vielfalt und Situationsunabhängigkeit (qualitativer Aspekt).

„Gegenstände“ oder „Objekte“ in diesem Sinne können dabei auch Lebewesen oder Personen sein. Bei der Abfolge der dominierenden Tätigkeiten werden sechs Stufen oder Etappen voneinander unterschieden, in denen sich der Bezug des gleichen Subjekts zum jeweils gleichen Gegenstand, also seine Tätigkeit, im Rahmen der Lebensspanne charakteristisch verändert (vgl. auch Kornmann, 1991). Die Bezeichnungen dieser Stufen lauten:

1. sensorische oder perzeptive Tätigkeit (Wahrnehmungstätigkeit),
2. manipulierende Tätigkeit,
3. gegenständliche Tätigkeit,
4. symbolische Tätigkeit (Spieltätigkeit),
5. Lerntätigkeit,
6. produktive Tätigkeit (Arbeit).

Auf jeder dieser Stufen werden mit dem gleichen Gegenstand unterschiedliche Erfahrungen gewonnen, die ihrerseits auf jeweils spezifische Tätigkeiten zurückgehen. Dabei bilden die Erfahrungen, die auf der vorangegangenen Stufe gewonnen worden sind, wichtige Voraussetzungen für die Tätigkeiten auf der nächst folgenden Stufe. Es handelt sich dabei allerdings um keine Phasentheorie! Zwar dominieren in bestimmten Altersabschnitten bestimmte Tätigkeitsformen, doch hängt es stark vom jeweiligen Gegenstand, den individuellen Erfahrungsmöglichkeiten, den konkreten Situationen und der subjektiven Befindlichkeit ab, welche Tätigkeitsform jeweils bevorzugt wird. Auch sind mit jeder Stufe des Gegenstandsbezugs spezifische Lernformen verbunden, die auch auf den nachfolgenden Stufen erhalten und wirksam bleiben.

Die Stufenfolge entspricht keiner generellen chronologischen Abfolge; sie gilt nur immer in Bezug auf einen bestimmten Gegenstand: Bei einfachen und häufig verwendeten Objekten erfolgt der Durchgang schneller als bei komplizierten und selten gebrauchten Objekten.

Auf jeder Stufe kann das Kind Erfahrungen gewinnen, die für den Erwerb mathematischer Kompetenzen grundlegend sind.

Diese These soll nachfolgend erläutert werden.

Wie schon im vorigen Kapitel (Abschnitt 2.2.) dargelegt, ist die Wahrnehmung oder das Erkennen von Gleichheit (und Verschiedenheit) grundlegend für den Erwerb mathematischer Kompetenzen. Auf dieser Fähigkeit bauen die mathematisch bedeutsamen Tätigkeiten des Vergleichens, des Ordnens, Sortierens und Klassifizierens, des Zählens sowie des Bündelns und Rechnens auf. Worauf sich diese Gleichheit bezieht, wie sich das Erkennen von Gleichheit zeigt und welche Konsequenzen dies für die weitere Entwicklung – gerade auch für die Ausbildung der darauf aufbauenden mathematisch bedeutsamen Tätigkeiten – hat, ist auf jeder dieser Stufen unterschiedlich. Dies soll nachfolgend gezeigt werden. Nicht weiter beschrieben wird die produktive Tätigkeit, da sich diese auf das Berufsleben bezieht und für die kindliche Entwicklung nicht relevant ist. Ihre entwicklungsförderliche Bedeutung für Menschen mit geistiger Behinderung hat aber Pitsch (2005a) überzeugend aufgezeigt.

Sensorische Tätigkeit

Der Gegenstandsbezug der sensorischen Tätigkeit ist durch Reaktionen gekennzeichnet, die entweder als Zuwendung (im Sinne einer Aufnahme von Reizen) oder als Abwendung (im Sinne einer Abschirmung von Reizen) interpretiert werden können. Solche Reaktionen herrschen in der ersten Lebensphase (bis etwa zum vierten Monat) vor. Sie können aber auch noch im Erwachsenenalter auftreten. So üben völlig unbekannte, unerwartet auftretende und ungefährlich wirkende Geschehnisse einen faszinierenden Reiz auf die gesamte Sinnestätigkeit aus, so dass man in einer puren Zuwendungsreaktion zunächst nur schauen, hören, fühlen, riechen kann. Die gegenteilige Reaktion der Abwendung tritt als Schreckreaktion bei unerwartet eintretenden Geschehnissen auf, die bedrohlich wirken und die Sinnesorgane überstark strapazieren. Diese sensorische Tätigkeit teilen die Menschen mit allen Lebewesen, und sie ist beim Menschen auch schon vor der Geburt zu beobachten. Im Leben des Fötus wechseln sich Phasen ungerichteter Aktivitäten und von Ruhe ab. Diese Phasen richten sich sehr stark an den Aktivitäten und Lebensgewohnheiten der Mutter aus. Eine regelmäßige und stressfreie Lebensführung, Gesundheit und weitgehender Verzicht auf den Genuss von Substanzen, die die Funktion des Nervensystems beeinträchtigen, sind gute Bedingungen dafür, dass die Phasen von Ruhe und Aktivitäten ungestört, also quasi natürlich ablaufen und harmonisch ineinander übergehen. Unter solchen günstigen Bedingungen verwertet der Fötus bereits körperliche Signale der Mutter, welche den Phasenwechsel anzeigen, stellt sich darauf ein und bildet erste Gewohnheiten. Unterbrechungen dieser Phasen erfolgen aufgrund äußerer Störreize, z. B. durch laute Geräusche oder plötzliche Lageveränderungen. Geschehen diese Störungen in Phasen der Aktivität, dann stellt der Fötus oft alle Bewegungen ein, was als Schreckreaktion bezeichnet wird. In Phasen der Ruhe hingegen bewirken solche Störreize oft ein Einsetzen von Bewegungen. Föten, die häufiger solchen Störmomenten ausgesetzt sind, bilden daher einen instabileren Schlaf-Wach-Rhythmus aus.

Somit werden bereits im vorgeburtlichen Stadium bedeutsame Erfahrungen gewonnen. Im Falle eines stabilen Schlaf-Wach-Rhythmus hat sich der Organismus auf eine als gesichert erlebte Folge von inneren und äußeren Signalen eingestellt, die ihm eine klare Unterscheidung zwischen zwei verschiedenen Lebenszuständen ermöglichen und von Indikatoren emotionaler Stabilität begleitet sind. Im Falle eines instabilen Schlaf-Wach-Rhythmus ist eine solche Unterscheidung erschwert und wird von Indikatoren emotionaler Unsicherheit begleitet. Ähnliches gilt auch für die Wahrnehmungen anderer Unregelmäßigkeiten im mütterlichen Tagesablauf.

Halten wir also fest: Die ontogenetisch frühesten Hinweise auf die Wahrnehmung von Gleichheit und Verschiedenheit finden sich bereits im vorgeburtlichen Stadium und beziehen sich auf Veränderungen im vitalen Geschehen. Je nach Qualität dieser Veränderungen werden sie von Indikatoren positiver oder negativer Emotionen begleitet.

Schon unmittelbar nach der Geburt erweitert sich das Tätigkeitsspektrum erheblich. Der Säugling kann nun erkennbare Zeichen des Wohlbefindens und des Unbehagens äußern. Entsprechend differenziert muss er seine Befindlichkeit wahrnehmen können. Zeichen des Unbehagens äußern sich vor allem durch die Tätigkeit des Schreiens. Es ist als Reaktion auf solche Zustände zu verstehen, die auf Dauer nicht mit dem Leben vereinbar sind (z. B. fehlende Nahrung, unerträgliche Temperaturen). Durch das Schreien soll daher eine Veränderung des aktuellen Zustands, nämlich ein Zustand des Wohlfühlens, angestrebt und sichergestellt werden. Voraussetzung dafür ist jedoch, dass die Pflegepersonen die entsprechenden Signale beachten und angemessen auf sie reagieren.
Erfolgen diese Reaktionen der Pflegepersonen konsequent und wirkungsvoll, dann fördert dies die Erfahrungsbildung. Grundlage der Erfahrungsbildung könnte beispielsweise die mehrfache Wiederholung des folgenden Geschehensablaufs sein:
Wahrnehmung des Hungergefühls ⇒ Schreien ⇒ Wahrnehmung der herbeieilenden Mutter ⇒ Wahrnehmung der Vorbereitungen zum Stillen ⇒ Vorgang des Stillens ⇒ Wahrnehmung des Wohlbefindens. Nach einiger Zeit wird der Säugling in der Lage sein, den Zustand des Wohlbefindens bereits dann zu antizipieren, sobald er die nahende Mutter wahrnimmt, und sich dann schon beruhigen und auf das Stillen einstellen. Er hat also im Sinne des „Klassischen Konditionierens" gelernt oder ein „kognitives Schema" ausgebildet, und dabei ist sein Tätigkeitsspektrum um eine Wahrnehmungs- und Verhaltenseinheit erweitert worden.
Je klarer und differenzierter die Pflegepersonen auf unterschiedliche Mangelzustände reagieren, desto schneller lernt der Säugling auch, zwischen diesen zu unterscheiden. Dies wiederum regt ihn dazu an, differenzierte Signale zu geben. Solche elementaren Achtsamkeiten der Pflegepersonen tragen dazu bei, bereits in sehr frühen Stadien der individuellen Entwicklung die Anzahl unterschiedlich erlebter Gleichheiten oder Erlebenseinheiten und der damit verbundenen Tätigkeitseinheiten oder Schemata zu vergrößern. Dadurch werden dem jungen Menschenkind grundlegende Erfahrungen für seine weitere Entwicklung vermittelt. Treten die antizipierten Geschehnisse und Situationen, die mit positiven Emotionen verbunden sind, auch tatsächlich ein, dann gewinnen die auf sie hinweisenden orientierenden Signale eine positive Valenz, weil sie dem Säugling das Gefühl der Sicherheit vermitteln. Dadurch bilden sich emotional positiv besetzte Wahrnehmungsmuster heraus, die es dem Säugling ermöglichen, bestimmte Einheiten oder Gleichheiten in ihren jeweiligen situativen Kontexten als solche zu erkennen und sich hierauf einzustellen.
In Zuständen des Wohlbefindens und des Wachseins sind die Säuglinge empfänglich für verschiedene akustische und optische Reize, insbesondere für die menschliche Stimme. Diesen Reizquellen wenden sie sich mit großer Aufmerksamkeit

und oft auch mit großer Ausdauer zu, sofern die Qualität dieser Reize ihrer Aufnahmefähigkeit angemessen ist und solange sie noch relativ großen Neuigkeitswert haben. Auch aus diesen Tätigkeiten gehen – insbesondere bei angemessener Unterstützung durch die Pflegepersonen – zunehmend differenzierte Diskriminierungsleistungen hervor. Dies kann daraus erschlossen werden, dass die Säuglinge lernen, auf unterschiedliche Reize in vorhersagbarer Weise differenziert zu reagieren.
Häufig werden in diesem Zusammenhang experimentelle Untersuchungen zitiert, die auf Arbeiten von Karen Wynn (1992) zurückgehen. Grundlage ihrer Untersuchungen ist die Tatsache, dass Säuglinge auf neue Reize deutlich aufmerksamer, länger und mit Anzeichen erhöhter Aktivität reagieren als auf Reize, die ihnen schon mehrfach dargeboten wurden und an die sie sich schon gewöhnt haben. Vor dem Hintergrund dieser Erkenntnis und mit entsprechenden Versuchsanordnungen ließ sich nun zeigen, dass bereits wenige Tage alte Kinder zwischen einem, zwei und drei jeweils gleichen Objekten, Tönen und Bewegungsfolgen (z. B. Sprünge einer Puppe) unterscheiden können. Besonders interessant ist in diesem Zusammenhang der experimentelle Nachweis, dass Säuglinge auf rechnerisch unmögliche, also auf erwartungswidrige Ergebnisse von Operationen mit bis zu drei Objekten deutlich anders reagieren als auf erwartungsgetreue, korrekte Ergebnisse. Weißhaupt & Peucker (2009), die verschiedene Untersuchungen dieser Art referieren, interpretieren die Befunde dahingehend, dass die von den kleinen Kindern gezeigten Verhaltensweisen auf Vergleichsprozessen beruhen müssen. Hierbei würden die Kinder – da die Mengen nicht gleichzeitig, sondern zeitlich nacheinander dargeboten werden – offensichtlich auf (innere) Repräsentationen des jeweils gewohnten Reizes zurückgreifen. Die Bildung und Nutzung solcher Repräsentationen kann also durchaus als eine Vorstufe des Symbolgebrauchs angesehen werden. Dieser gilt als charakteristisch für das mathematische Denken, und es ist anzunehmen, dass der Aufbau weiterer mathematischer Fähigkeiten auf solchen elementaren Vergleichsprozessen beruht. Allerdings bilden sich die entsprechenden Repräsentationen nur im Zusammenhang mit konkreten Erfahrungen aus, und solche Erfahrungen können Kindern bereits auf dieser frühen Stufe der sensorischen Tätigkeit gewinnen. Hierbei kommt den kleinen Menschenkindern allerdings zugute, dass sie über eine angeborene und schon kurz nach der Geburt wirksame Sensibilität für unterschiedliche Anzahlen, einen „Zahlensinn" (Dehaene, 1999), verfügen. Ähnlich, wie die menschlichen Sinne auf bestimmte Unterschiede bezüglich Helligkeit, Temperatur, Lautstärke, Geschmack, Geruch usw. von Objekten ihrer Umgebung ansprechen, sind sie auch für Unterschiede von Anzahlen bis zu drei – zumindest im visuellen Bereich – sensibel. Diese Sensibilität teilt der Mensch offensichtlich mit einer ganzen Reihe von Tieren, was bereits der Verhaltensbiologe und Tierpsychologe Otto Koehler (1889-1974) in seinen Untersuchungen nachgewiesen hat (z.B. Koehler 1937).

Als charakteristisch für die Stufe der sensorischen Tätigkeit gilt aber das reichhaltige Repertoire an strukturierten motorischen Verhaltensmustern (früher Reflexe genannt), die lebenswichtige Funktionen haben – beispielsweise das Saugen für die Ernährung oder das Greifen zur Sicherung des Halts beim Transport. Diese Verhaltensmuster gehen nach ausreichender Betätigung in willkürliche Bewegungen über (Rauh, 2002). Die willkürlichen Greifbewegungen, koordiniert mit der bis dahin schon geübten visuellen Wahrnehmungsfähigkeit, ermöglichen dann neue Qualitäten von Tätigkeiten und des Gegenstandsbezugs und damit neue Erfahrungen.

Manipulierende Tätigkeit

Mit dem Gelingen der Auge-Hand-Koordination beginnt eine neue Tätigkeitsstufe. Sie ist durch eine zunächst weitgehend gleichförmige Betätigung mit allen Objekten, die dem Kind zugänglich sind und die es greifen kann, gekennzeichnet. Mit zunehmender Fertigkeit des Greifens bildet sich eine weitgehend feste Folge einzelner Teiltätigkeiten heraus: Zunächst ergreift das Kind das gesehene Objekt, führt es sodann mit beiden Händen vor seine Augen, betastet und manipuliert es, steckt es in den Mund, schüttelt es oder schlägt es gegen ein anderes Objekt, verliert es aus den Händen, ergreift es erneut, und wiederholt den beschriebenen Vorgang mehrfach.

Diese Tätigkeiten laufen bei verschiedenen Objekten weitgehend gleich ab, sind also nicht oder nur wenig gegenstandsspezifisch. Durch diese sehr komplexen Tätigkeiten an unterschiedlichen Objekten verschafft sich das Kind vielfältige und mit jedem neuen Objekt immer wieder neue Sinneseindrücke. Es gewinnt dadurch in den Sinnesmodalitäten des Sehens, Fühlens, Schmeckens, Riechens und Hörens feste Kategorien, mit denen es seine Umwelt differenziert wahrnehmen kann. Diese Kategorien sind wiederum als neue Einheiten oder Gleichheiten aufzufassen, anhand derer sich die Dinge der Umwelt später ordnen und beschreiben lassen.

In diesem Sinne sind auch die oft als stereotyp und sinnlos eingeschätzten, sehr lang anhaltenden Wiederholungen der gleichen Tätigkeitsabläufe zu interpretieren: Offensichtlich bilden und überprüfen die Kinder bei ihren vielseitigen Betätigungen des Objekts bestimmte Erwartungen hinsichtlich ihrer Sinneseindrücke. Bei ihren Tätigkeiten bestätigen sie ihre Erwartungen jedes Mal aufs Neue. Je öfter sie nun ihre Tätigkeitsabläufe am gleichen Objekt wiederholen, desto prägnanter werden für sie sowohl die Sinneseindrücke als auch die Erwartungen. Die selbst herbeigeführten Bestätigungen von Erwartungen verschaffen dabei ein Gefühl der Sicherheit, das – ganz im Sinne des „Lernens am Erfolg" – verhaltensverstärkend wirkt. Dabei vermitteln sich dem Kind zwei wichtige Erfahrungen, die grundlegend für das Erlernen des Zählens sind:

- Zum einen verfestigt sich das Erleben konstanter Ereignisfolgen (Wenn-Dann-Prinzip), das schon auf der Stufe der sensorischen Tätigkeit zugänglich war und als Prinzip der festen Folge („auf Eins folgt Zwei") zu einer wichtigen Regel des Zählens hinführt.
- Zum anderen bildet das Kind die Erfahrung, dass sich gleiche Tätigkeiten mit dem gleichen Objekt wiederholen, dass es also Einheiten von Objekten, Tätigkeiten und Ereignissen gibt, die in gleicher Form mehrfach vorkommen und somit eine prinzipiell zählbare Menge gleicher Elemente bilden.

Mit zunehmender Zahl solcher Tätigkeiten werden auch die einzelnen Bewegungsabläufe sicherer und differenzierter. Auch werden diese immer besser den Qualitäten der Objekte angepasst: Beispielsweise verzichtet das Kind nach einiger Zeit darauf, Sand in den Mund zu nehmen, wühlt dafür dann aber wesentlich länger in Sandhaufen herum, später dann häuft es den Sand um, wobei es noch immer die Hände, und noch keine Schaufel, benutzt. Auf diese Weise differenzieren sich zahlreiche Einheiten oder Gleichheiten von Tätigkeitsformen heraus, die vorwiegend mit den Händen ausgeführt werden und den Qualitäten der Objekte angemessen sind – beispielsweise plantschen im Wasser, Nahrungsmittel in den Mund nehmen, einzelne kleinere Objekte im Raum verlagern, Papier und Stoffe zerknüllen und zerreißen, an größeren und festen Objekten rütteln, Knöpfe drükken usw.

Diese manipulierenden Tätigkeiten werden durchaus gern und ausgiebig allein ausgeführt. Ist aber eine weitere Person dabei, dann lässt sich bald die Bereitschaft der gemeinsamen Betätigung beobachten – beispielsweise das Geben und Nehmen bestimmter Objekte. Auch können die älteren Bezugspersonen dem Kind viele neue und daher interessante Objekte anbieten. Nicht zu unterschätzen ist hierbei auch die Bedeutung, welche die sprachliche Begleitung der Tätigkeiten des Kindes durch die Erwachsenen hat. Entsprechende Kommentare beziehen sich bevorzugt auf die Tätigkeiten sowie auf die Objekte und die damit verbundenen Wahrnehmungs- und Erlebensqualitäten der Kinder. Bezüglich der Tätigkeiten werden sicher auch Verbote und Warnungen ausgesprochen, die – insbesondere beim Übertreten – dem Kind neue Erfahrungen über die Konsequenzen seines Tuns vermitteln. Beziehen sich die Kommentare auf die Objekte und die dabei vermuteten Erlebnisqualitäten des Kindes, so lernt es die entsprechenden Bezeichnungen kennen. Auch dies ist ein weiterer Schritt zum Erwerb und Gebrauch von Symbolen. Dabei können auch Begriffe für solche Qualitäten verbalisiert werden, die einen deutlichen Gegensatz haben und somit eine bipolar angelegte Qualität bezeichnen wie beispielsweise „leicht – schwer", „laut – leise", „schnell – langsam", „lang – kurz", „groß – klein", „hoch – tief", „dick – dünn", „hell – dunkel", „warm – kalt", „viel – wenig". Solche bipolaren Begriffe bilden die Grundlage für quantitativ abgestufte Vergleiche, die – auf einem späteren Entwicklungssta-

dium – zur Tätigkeit des Messens führen. Beim präzisen Messen werden jeweils Zähleinheiten verwendet, wobei die Menge dieser Zähleinheiten auf symbolisch-abstraktem Niveau durch den Vorgang des Zählens bestimmt und durch Zahlen ausgedrückt wird.
Insbesondere das Begriffspaar „viel – wenig" führt zum Zählen hin, dient es ja der Kennzeichnung solcher Mengen, die aus einzelnen, jeweils als gleich geltenden Elementen bestehen. Diese Elemente können übrigens trotz erkennbarer Unterschiede auch als gleich gelten, nämlich dann, wenn sie für das jeweilige Subjekt gleich sind, also subjektiv gleiche Bedeutung haben (z. B. „Das gehört alles mir!") und unter einem gemeinsamen Oberbegriff (z. B. „meine Schätze") gefasst werden.
Im Zusammenhang mit der manipulierenden Tätigkeit ist die Entwicklung der *Objektpermanenz* zu sehen. Der Begriff selbst und zahlreiche Untersuchungen dazu gehen auf den Entwicklungspsychologen und Erkenntnistheoretiker Jean Piaget (1896-1980) zurück. Wird ein Objekt, mit dem sich ein Kind manipulierend beschäftigt hat, plötzlich zum Verschwinden gebracht (versteckt), dann versucht das Kind, dieses Objekt wieder zu finden. Im Laufe seiner Entwicklung gewinnt es dafür immer mehr effektive Handlungsstrategien, so dass ihm auch das Wiederauffinden bei komplizierteren Anordnungen der Verstecke gelingt. Offensichtlich ist das Suchen und Finden eine Tätigkeit, die für Kinder sehr reizvoll ist. Daher wurde und wird sie auch für die Untersuchung entwicklungspsychologischer Fragen genutzt.
Weißhaupt & Peucker (2009) referieren nun einige solcher Untersuchungen, die das Suchen und Auffinden versteckter oder verdeckter Objekte nutzten, um Aussagen über so genannte protoquantitative Schemata zu gewinnen. *„Protoquantitative Schemata umfassen grundlegendes Wissen über Mengen (= konzeptuelles Wissen über arithmetische Prinzipien), ohne dass hierfür eine genaue Anzahlerfassung notwendig ist"* (Weißhaupt & Peucker, 2009, S. 56.) Mit Resnick (1992) werden drei protoquantitative Schemata unterschieden:

- Mengenvergleich (gleich groß oder größer/kleiner?),
- Mengenveränderung (Vergrößern durch Hinzufügen, Vermindern durch Wegnehmen) und
- Aufteilbarkeit (Zusammensetzung aus kleineren Teilmengen).

Für Untersuchungen des Mengenvergleichs wurden Kindern, die noch nicht zählen konnten, kurzfristig zwei Dosen mit einer unterschiedlichen Anzahl von Keksen gezeigt. Dann wurden die Dosen geschlossen und in einiger Entfernung vor die Kinder gestellt. Es zeigte sich, dass schon sehr junge Kinder zu der Dose krabbelten, welche die größere Anzahl der Kekse enthielt. Allerdings gelang diese Leistung nur bei bis zu vier Objekten pro Dose. So können schon kleine Kinder – kaum anders als Erwachsene – Anzahlen von bis zu vier auf einen Blick erkennen und sicher von anderen Mengen unterscheiden. Dieses simultane Erfassen von

Anzahlen „auf einen Blick“ wird in der angloamerikanisch dominierten Fachsprache als „Subitizing“ bezeichnet.
Bei den Untersuchungen zur Mengenveränderung wurden den Kindern zwei Dosen gezeigt, welche die gleiche Anzahl von Keksen – ebenfalls bis zu vier – enthielten, dann wurden entweder in eine der Dosen weitere Kekse gelegt oder es wurden aus einer der Dosen Kekse herausgenommen, danach wurden die Dosen sofort verschlossen. Die beiden Dosen enthielten also unterschiedlich viele Kekse. Es zeigte sich, ähnlich wie beim Mengenvergleich, deutlich, dass die Kinder die Dose mit der größeren Menge identifizieren konnten.
Suchen ist wohl keine gegenstandsspezifische Tätigkeit, weil grundsätzlich alles gesucht wird, was zuvor versteckt worden ist oder verloren gegangen ist, und das kann prinzipiell jedes Objekt sein. Insofern wäre das Suchen der manipulierenden Tätigkeit zuzuordnen. Da es aber zugleich auch eine zielbezogene und geplante Tätigkeit ist, bildet es einen Übergang zur nächsten Stufe der dominierenden Tätigkeit.

Gegenständliche Tätigkeit
Die gegenständliche Tätigkeit ist dadurch gekennzeichnet, dass die verschiedenen Objekte nun nicht mehr unspezifisch, sondern gemäß ihrer objektiven Bedeutung behandelt werden. Diese Bedeutung ergibt sich bei kulturellen Produkten aus ihrem funktionsgerechten Gebrauch, bei Objekten der belebten und unbelebten Natur aufgrund von Lebensnotwendigkeiten und aufgrund kultureller Normen. Das Kind lernt diese objektive Bedeutung kennen, indem es seine eigenen Tätigkeiten mit denen seiner Bezugspersonen vergleicht und sich den funktionsgerechten Gebrauch durch Imitationslernen (oder Modelllernen) aneignet (Bandura, 1969). Gegenständliche Tätigkeiten werden auch als *Handlungen* bezeichnet. Bei Handlungen richtet das Subjekt seine Tätigkeit auf ein bestimmtes Ziel, es agiert also intendiert und geplant, und der Ablauf der Handlung bestimmt sich von der Zielsetzung her, die mit dem Gegenstand verbunden ist. Handlungen haben somit einen Anfang und ein Ende. Durch die gegenständlichen Tätigkeiten soll Einfluss auf die Realität genommen werden – sei es in bewahrender, kontrollierender oder verändernder Absicht. Gegenstände können dabei entweder als Mittel oder als Werkzeuge dienen oder sie können selbst zu Objekten werden, auf die sich die Tätigkeiten richten. Meistens werden bei der gegenständlichen Tätigkeit mehrere Objekte und Teilhandlungen systematisch miteinander verknüpft. Die gegenständliche Tätigkeit ist also eine spezifische Handlung, die dem Gegenstand und dem Ziel angemessen ist. Hierbei lernt das Kind drei wichtige Aspekte der Tätigkeit kennen:

1. die objektive Bedeutung des Gegenstandes,
2. den subjektiven Sinn der hierauf bezogenen Tätigkeiten,
3. den Verweis auf den jeweiligen Akteur.

Die Spezifizierung dieser drei Aspekte ermöglicht begriffliche Unterscheidungen. Die Fähigkeit zur begrifflichen Unterscheidung ist wiederum eine wichtige Voraussetzung für die sprachliche Entwicklung und die weitere Festigung des Symbolverständnisses. Diese geht Hand in Hand mit den Erfahrungen, die auf der Stufe der gegenständlichen Tätigkeit gewonnen werden.

Von Anfang an ist das kleine Kind stets in gemeinsame Tätigkeiten mit seinen Pflegepersonen eingebunden und stellt sich in der Regel zunehmend hierauf ein: etwa beim Füttern oder beim Windeln. Dabei macht es in der Regel die Erfahrung, dass bestimmte Objekte, beispielsweise Löffel, Teller, Becher, Waschlappen, Kleidungsstücke, stets in gleicher Weise, entsprechend ihrer spezifischen Funktion, gebraucht werden und dass für die Gegenstände der Tätigkeiten, für die Tätigkeiten selbst und für die Akteure der Tätigkeiten stets die gleichen verbalsprachlichen Bezeichnungen verwendet werden. So lernt das Kind, dass bestimmte Tätigkeiten (z. B. bellen = „wau-wau") an bestimmte Akteure („Wau-Wau" = Hund) gebunden sind und es verwendet in diesem Sinne spezifische, wenn auch bisweilen übergeneralisierende Begriffe. Auf der Stufe der gegenständlichen Tätigkeit wird die Verbalsprache im unmittelbaren Handlungskontext verwendet. Unter günstigen Bedingungen, also bei vielfältigen und positiv erlebten Erfahrungsmöglichkeiten, gekoppelt mit der teilnehmenden Anwesenheit älterer Bezugspersonen, die die Tätigkeiten des Kindes sprachlich begleiten, baut das Kind seine aktiven Sprachproduktionen schnell und umfänglich aus – etwa in Form von Fragen, Bitten, Wünschen und Kommentaren, die sich auf zunächst zeitlich und räumlich präsente Objekte und Geschehnisse richten. Eine deutliche Erweiterung der Denk- und Handlungsmöglichkeiten tritt dann ein, wenn das Kind Inhalte anspricht, die nicht unmittelbar vorhanden sind, aber durch sprachliche Symbole repräsentiert werden.

Im Zuge dieser Entwicklung lernt das Kind auch die Verwendung von Adjektiven, Adverbien und Präpositionen, um damit Merkmale von Akteuren, Objekten, Tätigkeiten sowie deren Relationen genauer zu kennzeichnen. Dabei kann es – je nach Erfahrungsbereich – auch Bezeichnungen für quantifizierbare Merkmale und Relationen gebrauchen:

- Verschiedene Akteure können Elemente von Mengen bilden (z. B. alle Tiere, die fliegen),
- verschiedene Akteure und Objekte können durch quantifizierbare Merkmale ausgezeichnet sein (z. B. große und kleine Tiere, Pflanzen mit vielen und wenigen Früchten),
- vergleichbare Tätigkeiten können durch quantitative Merkmale genauer beschrieben werden (z. B. oft, wenig oder gar nicht husten),
- Bezeichnungen für räumliche Beziehungen (z. B. oben auf dem Berg, unten im Tal) können sich auf alle Komponenten von Tätigkeiten beziehen, und damit ein Vorverständnis für geometrische Sachverhalte ermöglichen.

Auf dieser Grundlage und mit weiteren Erfahrungen im Bereich der gegenständlichen Tätigkeit gewinnt das Kind auch weitere mathematische Kategorien. Für viele Zwecke ist es beispielsweise sinnvoll, Objekte zu klassifizieren: Fasst das Kind alles, was es – trotz gewisser Unterschiedlichkeit – dennoch in irgendwie gleicher Weise wahrnimmt oder handhabt, unter einem gemeinsamen Begriff zusammen, dann verwendet es das Schema der Klassifikation. Alle unter einem übergeordneten Begriff klassifizierten Objekte sind prinzipiell zählbar. Zunächst können die Kinder zwar noch keine Anzahlen zählbarer Objekte durch Abzählen bestimmen, aber sie beginnen, verschiedene Mengen miteinander zu vergleichen. Dazu übernehmen die Kinder die unpräzisen Bezeichnungen für Mengen (wenige, viele, sehr viele) und vielleicht auch schon die präzisen Bezeichnungen für Anzahlen (eins, zwei, acht, ... hundert, tausend). Auch der Gebrauch von Pluralformen deutet darauf hin, dass die Kinder Vorstellungen von Mengen bilden. Die präzisen Zahlbezeichnungen werden auch dann schon verwendet, wenn die Kinder noch kein entsprechendes Zahlverständnis erworben haben. Doch wenn sie die unpräzisen Bezeichnungen für Mengen angemessen verwenden können, werden sie bald auch die Zahlwörter mit Größenrelationen in Verbindung bringen, etwa, wenn sie beispielsweise meinen, dass tausend sehr viel, hundert viel, und eins oder zwei wenig sei.

Weiterhin bietet die Sprache auch die Möglichkeit, innerhalb einer bestimmten Klasse von Objekten (z. B. „Tiere“) Unterklassen zu bilden (z.B. Hunde, Elefanten, ...). Die sprachlich gestützte Erfahrung bei der Bildung von Unterklassen bildet die gedankliche Grundlage für den Erwerb des Teile-Ganzes-Schema, das auf ein wesentliches Merkmal von Zahlen hinführt: ihre *Zerlegbarkeit.* Zur Kennzeichnung solcher Unterklassen von Objekten eignen sich ebenfalls die Eigenschaftswörter. Einige solcher Adjektive ermöglichen Unterscheidungen in quantitativ abstufbarer Form (z. B. groß – klein). Entsprechende Erfahrungsgrundlagen können schon im Zuge der manipulierenden Tätigkeiten gewonnen werden. Sind die Kinder in der Lage, drei Abstufungsklassen (z.B. groß – mittel – klein; groß – größer – am größten) zu bilden und zu kennzeichnen, dann haben sie bereits eine wichtige kognitive Voraussetzung für das *Messen* erworben: die Einsicht in die *Transitivität von Zahlen* (wenn $A < B$ und $B < C$, dann $A < C$).

Auch gleiche Tätigkeiten selbst lassen sich sprachlich spezifizieren (etwa durch den Gebrauch von Adverbien: z. B. schnell oder langsam laufen), und solche Spezifizierungen können dann wieder mit den jeweiligen Akteuren in Zusammenhang gebracht werden (z. B. Tiere, die schnell – langsam laufen).

Manche häufig ausgeübte Tätigkeiten bestehen aus einer Abfolge von einzelnen sich gleichförmig wiederholenden Operationen (z. B. den Brei mit dem Löffel essen, von der einen Wand des Raumes zur anderen laufen). Dabei kann die Anzahl der Wiederholungen endlich (oder begrenzt) sein und eindeutig bestimmt (gezählt) werden, nämlich dann, wenn ein bestimmtes Ziel oder Ergebnis erreicht

worden ist (z. B. ein leerer Teller nach einer Reihe gegessener Löffelportionen; die Ankunft an der Wand gegenüber nach einer Reihe von Schritten). Die Anzahl solcher Wiederholungen kann aber auch als unendlich gedacht werden (z. B. bei allen sich wiederholenden Tätigkeiten, die willkürlich abgebrochen werden, wie etwa das Händeklatschen). Auf jeden Fall erschließt sich den Kindern mit den versprachlichten Erfahrungen bei ihren entsprechenden Tätigkeiten (z. B. noch ein Löffel, noch ein Schritt) das Prinzip der Zahlenfolgen und des Gebrauchs von Kardinalzahlen. Die gleichförmig sich wiederholenden Operationen sind im Prinzip untereinander austauschbar (jeder gegessene Löffel – gleich an welcher Stelle im Rahmen der Handlung – vermindert den Brei um die gleiche Menge; jeder Schritt – gleich an welcher Stelle in der Schrittfolge – bringt das Kind dem Ziel um die gleiche Strecke näher). Andere Handlungen wiederum setzen sich aber aus unterschiedlichen Operationen (oder Teilhandlungen) zusammen, deren Reihenfolge weitgehend eingehalten werden muss (z. B. beim Ankleiden). Für diese Ordnung werden wieder eindeutige Bezeichnungen verwendet (zuerst, dann, ... und jetzt noch), die die Position im Handlungsprozess abbilden und zu dem Prinzip der *Ordinalzahlen* hinführen (der erste, zweite ... bzw. erstens, zweitens ...).
Die Entwicklung der Verbalsprache verweist bereits auf die Stufe der symbolischen Tätigkeit, die auf den Erfahrungen mit der gegenständlichen Tätigkeit aufbaut. So repräsentieren die Wörter bestimmte Gegenstände, Tätigkeiten und Akteure und sind insofern Symbole.

Symbolische Tätigkeit (Spiel)

Durch die symbolische Repräsentation können Handlungen aus ihrem unmittelbaren situativen Kontext gelöst werden: Man kann über vergangene Handlungen ebenso sprechen und nachdenken wie über zukünftige Handlungen und dabei Personen einbeziehen, die mit der konkreten Handlung nichts zu tun hatten oder haben. Damit lassen sich einerseits Erfahrungen festhalten, bewerten und tradieren, und es lassen sich anderseits Pläne für die Zukunft formulieren, an denen sich künftige Handlungen orientieren sollen. Solche Dekontextualisierungen erweitern also die Denk- und Handlungsmöglichkeiten ganz erheblich und bilden ein wesentliches Spezifikum der Gattung Mensch. Nun ist es den Menschen, die die gesprochene Sprache gebrauchen, oft gar nicht bewusst, dass sie dabei über ein System von Zeichen oder Symbolen verfügen, ist dieses System doch ganz eng mit ihren konkreten Handlungskontexten verbunden. Eine souveräne Verfügung über verschiedene Symbole gewinnt der junge Mensch jedoch beim Spiel. Hierüber hat Oerter (1999) eine differenzierte Abhandlung geschrieben, die sich gut in den Rahmen der Theorie von der Abfolge der dominierenden Tätigkeiten einfügt. Beim symbolischen Spiel ersetzen die Kinder in ihrer Vorstellung bestimmte Akteure durch sich selbst, und sie ersetzen bestimmte Gegenstände durch andere;

auf einer fortgeschrittenen Stufe der Entwicklung brauchen die Gegenstände gar nicht mehr vorhanden zu sein, sie werden im Zuge der Handlung lediglich imaginiert. Der Ablauf der gespielten Handlung ist dagegen recht nahe an dem Geschehen in der Realität orientiert. Die Kinder nehmen dabei eine bestimmte Rolle ein. Dabei bilden sie ihre Beobachtungen ab, die aus ihrem realen Erlebens- und Erfahrungsbereich stammen, und verarbeiten diese weiter. Anders als bei den Handlungen in der Realität bleiben die Spielhandlungen ohne Konsequenzen, daher können sie auch problemlos abgebrochen, unterbrochen, weitergeführt oder in vielfältiger Weise variiert werden. Gerade der Wechsel zwischen der imaginierten Welt im Spiel und der realen Welt im tatsächlichen Leben verschafft dem Kind die Erfahrung des Symbolgebrauchs. Es kann sich dabei als Konstrukteur seiner ihm eigenen Welt, in der es freizügig nach eigenen subjektiven Vorstellungen agiert, erleben und erfahren. Diese Erlebnisse und Erfahrungen dürften sich umso günstiger auf die kognitive und emotionale Entwicklung auswirken, je vielfältiger und komplexer die gespielten Rollen werden und je differenzierter und abstrakter die dabei verwendeten Objekte ausfallen. Weiterhin: Die Konstruktionen und Abstraktionen im Spiel gelingen umso besser, je vielfältiger die realen Erfahrungen der Kinder sind.

Ein ganz entscheidender Schritt im Rollenspiel, der die nächste Stufe, die der Lerntätigkeit, vorbereitet, erfolgt dann, wenn zwei oder mehr Kinder gemeinsam am gleichen Thema oder Gegenstand spielen. Ein solches Spiel kann nur gelingen, wenn sich die am Spiel beteiligten Kinder auf bestimmte Rollen und ihre Ausgestaltung einigen. Sie müssen also ihre Rollen und Requisiten definieren und sich an diese Definitionen halten. Dies dürfte besonders solchen Kindern leicht fallen, die schon reichhaltige Erfahrungen mit dem Definieren in ihren Einzelspielen gewonnen haben. Die verwendeten Symbole gehören zu einem mehr oder weniger großen und variablen Repertoire. Aus diesem werden sie nach bestimmten Kriterien ausgewählt und sollen für die Dauer des Spiels nach festgelegten Regeln in eindeutiger, kontrollierbarer Weise beibehalten werden. Solche Festlegungen oder Regeln, die symbolisch unterstrichen werden, sind oft durch die Sache selbst einsichtig, sie können aber auch – insbesondere im gemeinsamen Spiel – auf der Grundlage von Absprachen erfolgen, z. B. wer als erster, zweiter, ... an der Reihe ist. Auf frühen Stufen des Symbolgebrauchs ändern die Kinder sehr willkürlich (nach „egozentrischen" Maßstäben) die Regeln ihres Spiels. Zahlen und andere Bezeichnungen für Mengen und Größen haben daher für sie noch keinen verbindlichen Charakter. Diese Kinder müssen erst noch erfahren, dass Festlegungen oder Definitionen von Symbolen im Interesse des Spiels sinnvoll und lohnenswert sind. In bestimmten Spielen können die Kinder dann auch erkennen, dass definierte und fixierte Symbole durchaus auch lebenspraktische Bedeutung haben, etwa als Notation von Vorschriften, Bestandsaufnahmen, Spielanleitungen, Orientierun-

gen oder Merkhilfen. Die inhaltliche Nähe zu einem der beiden grundlegenden Gegenstände schulischen Lernens, zur Schriftsprache, ist damit offensichtlich. Der andere grundlegende Gegenstand schulischen Lernens ist die Mathematik. Hierbei müssen die Kinder einerseits die genauen Regeln des Symbolgebrauchs akzeptieren und einhalten (etwa die Beachtung der festgelegten Zahlenfolge und das Prinzip der Eins-zu-Eins-Zuordnung beim Abzählen), andererseits findet der Symbolgebrauch aber keine Grenzen seiner Flexibilität (Zahlen können für die unterschiedlichsten Mengen verwendet werden). Einen spielerischen Zugang zu grundlegenden mathematischen Kategorien finden die Kinder vor allem in regelgeleiteten Wettspielen (Kornmann, 2007), in manchen Konstruktionsspielen (Fritz & Stratmann, 1995) sowie im Herstellen von Mustern mit unterschiedlichen Materialien und Techniken (Hülswitt, 2006; Wollring 2006).
Voraussetzung für solche fortgeschrittenen Formen des Spielens ist jedoch, dass die Kinder – im Umgang mit älteren Spielgefährten und Erwachsenen – gelernt haben, sich an gemeinsam festgelegte Regeln zu halten. Dies ist insbesondere bei Rollen-, Konstruktions- und Gewinnspielen notwendig. Hierbei gewinnen die Kinder eine für die weitere Entwicklung sehr wichtige Erfahrung: Es lohnt sich, gemeinsame Festlegungen zu beachten und sich an symbolisch fixierte Regeln zu halten. So können festgelegte Symbole mit eindeutigem Inhalt die Orientierung im sozialen Raum erleichtern und die Denk- und Handlungsmöglichkeiten in Richtung auf die Teilhabe am gesellschaftlichen Reichtum und kulturellen Erbe erweitern. Auf die entsprechenden Möglichkeiten des Spielens als besonders entwicklungsförderliche symbolische Tätigkeit wird im nächsten Abschnitt eingegangen.

Lerntätigkeit

Die Lerntätigkeit richtet sich auf Lernaufgaben, und sie wird durch eine Folge von Lernhandlungen realisiert (Jung & von Staehr, 1985, S. 79). Die wichtigsten schulischen Lernaufgaben der Kinder bis zum Alter von acht Jahren beinhalten sicherlich den Erwerb und die regelgerechte Verwendung schriftsprachlicher und mathematischer Symbole. Sie sind grundlegend für nahezu alle darauf aufbauenden Lerntätigkeiten (vgl. etwa Dawydow, Lompscher & Markowa, 1982). Diese Symbole beruhen zwar ebenfalls auf Vereinbarungen und Festlegungen, unterscheiden sich aber von den Symbolen der Rollen- und Regelspiele in zwei wichtigen Punkten:

- Sie beruhen auf gesellschaftlichen Vereinbarungen, die einen hohen Grad an Verbindlichkeit haben.
- Ihre Bedeutungen und die Regeln ihres Gebrauchs erschließen sich nicht unmittelbar aus ihrer Form oder dem jeweiligen situativen Kontext. Es handelt sich um sogenannte arbiträre, also willkürlich festgelegte Zeichen.

Die Aneignung dieser Codes erfordert daher intentionales Lernen und gezielte pädagogische Vermittlung (siehe auch Kapitel 4). Es spricht nun manches dafür, dass Kinder umso eher bereit und in der Lage sind, sich auf solche Lehr-Lern-Prozesse einzulassen und dabei Aussicht auf Erfolg zu haben, je intensiver und vielfältiger sie in den Jahren zuvor spielerisch mit Symbolen tätig sein konnten und je umfassender und besser dabei ihre Erfahrungen mit vereinbarten Regeln und festgelegten Rollen waren.

3.3 Einflüsse der Erziehung in Familie und Kindergarten auf den Erwerb pränumerischer und numerischer Fähigkeiten

Mit zunehmender Veränderung der Gegenstandsbezüge in Richtung auf gegenständliche und symbolische Tätigkeitsformen lassen sich immer mehr Operationen und Handlungen beobachten, mit denen – zumindest implizit – grundlegende mathematische Einsichten verbunden sind. Dabei ist anzunehmen, dass die Vielfalt und Erlebensqualität der gegenständlichen und symbolischen Tätigkeiten jeweils von den Erfahrungen auf den vorangegangenen Stufen des Tätigkeitsbezugs abhängen: Ein Kind, das bei seinen sensorischen und manipulierenden Tätigkeiten viele positiv erlebte Erfahrungen mit unterschiedlichen Gegenständen sammeln konnte, wird sich neuen Objekten schneller, aufgeschlossener, intensiver und neugieriger auf der gegenständlichen Ebene zuwenden als ein Kind, dessen natürliche explorative Tätigkeiten aufgrund von Verboten eingeschränkt wurden oder das sich aufgrund von traumatisierenden Erfahrungen verängstigt zurückzieht und das daher seine Wahrnehmungsdefizite zunächst kompensieren muss. Diese Kinder fallen im Kindergarten und in der Schule dadurch auf, dass sie – insbesondere in Überforderungssituationen – mit Gegenständen, die im Unterricht gebraucht werden (z. B. Schreibmaterialien), im Sinne der manipulierenden Tätigkeit umgehen und damit ganz offensichtlich ihr Erfahrungsdefizit kompensieren. Es betrifft – allein bezogen auf mathematisch relevante Voraussetzungen – auf der Stufe der sensorischen Tätigkeit:

- die Reichhaltigkeit der möglichen Sinneseindrücke, die als stets gleiche Einheiten aufgenommen und wiedererkannt werden,
- das emotional stabilisierende Erleben fester Folgen von je gleichen Ereignissen (Ausbildung bedingter Reaktionen im Sinne der „Klassischen Konditionierung“, siehe vorigen Abschnitt)

und auf der Stufe der *manipulierenden Tätigkeit*:

- das Erleben von sich wiederholenden Ereignisketten durch eigene explorative Tätigkeiten,
- die Herausbildung unterschiedlicher Objekterfahrungen, welche die Grundlage für einfache Vergleiche (z.B. leicht vs. schwer; groß vs. klein usw.) liefern.

Alltagsverrichtungen

Eine Erfahrungsquelle, deren Bedeutung nicht zu unterschätzen ist, aber in der Fachliteratur nur selten ausreichend gewürdigt wird, stellen die ganz gewöhnlichen Alltagsverrichtungen dar. Solche Alltagsverrichtungen werden gewöhnlich in Kooperation mit Erwachsenen oder älteren Kindern durchgeführt. Sie führen zu *gegenständlichen Tätigkeiten* hin und vermitteln den Kindern dabei einige grundlegende mathematische Erfahrungen.

Das An- und Auskleiden erfolgt beispielsweise im Idealfall stets zu bestimmten Tageszeiten, die für das Kind durch bedeutungshaltige Signale gekennzeichnet sind (z. B. nach dem Aufwachen und dem Waschen) und diese Tätigkeit läuft – ebenfalls im Idealfall – stets nach einer festen Folge von Teilhandlungsschritten ab, die ihrerseits von den Erwachsenen verbalisiert werden können *(„als erstes ..., als zweites ...“)*. Auch beim Füttern lassen sich entsprechende Erfahrungen mit Handlungsfolgen und mit den dabei erzielten Ergebnissen so verbalisieren, dass den Kindern grundlegende mathematische Erfahrungen transparent werden (z. B.: *„Noch ist der Teller ganz voll, jetzt kommt der erste Löffel, und dann der nächste Löffel, und noch einer ... jetzt nur noch zwei Löffel, jetzt nur noch einer, und dann ist der Teller leer!“*). Auf diese Weise erhalten die verschiedenen Bezeichnungen für Mengen (viel, wenig,) und für Rauminhalte (voll, leer) sowie die damit verbundenen Operationen des schrittweisen Hinzufügens und des Wegnehmens eine umfassende und konkrete Erfahrungsbasis. Dies dürfte später den Erwerb eines umfassenden Zahlbegriffs mit all seinen wichtigsten Bedeutungen erheblich erleichtern.

Lieder und Reime

Handlungseinheiten, die sich bei den Alltagsverrichtungen wiederholen, werden oft in Form von Liedern und Reimen begleitet und abgebildet. Hieraus ergeben sich Verse, in denen die Kinder die kulturell festgelegte Zahlenfolge (im Sinne des Ordinalzahlenprinzips) kennen lernen und aufsagen.

Erste Handarbeiten

Viele gegenständliche Tätigkeiten erfordern fortgeschrittene feinmotorische Fertigkeiten, die oft erst ausgebildet sind, wenn die Kinder auch schon mit vielen Gegenständen auf der Stufe der symbolischen Tätigkeit spielen. So lernen die Kinder

– bevorzugt im Kindergarten – Techniken des Faltens, Schneidens und Webens, wobei sie bestimmte regelhafte Anordnungen und Muster (Wiederholungen von Reihen jeweils gleicher Form- oder Farbelemente) sowie geometrische Formen herstellen können. Bei der Betrachtung und Kommentierung solcher Produkte werden die Kinder auch mit verschiedenen geometrischen Prinzipen wie Symmetrie und Spiegelung sowie mit räumlichen Begriffen (oben, unten, innen, außen, usw.) vertraut. Zur Vertiefung (und Erweiterung!) dieser Thematik sei nochmals auf die Arbeiten von Hülswitt (2006) und Wollring (2006) verwiesen.

Räumliche und zeitliche Orientierung
Mit dem Besuch des Kindergartens verbinden sich viele Lernanforderungen an die räumliche und zeitliche Orientierung. Beispielsweise werden die Kinder auf dem Weg dorthin oder bei Erkundungsgängen im Umfeld des Kindergartens erfahren, wie viele Straßen sie zu überqueren haben, an welchen Stellen und in welcher Reihenfolge entweder nach rechts oder nach links um die Ecke zu gehen ist, an wie vielen Häusern oder Wegemarkierungen sie in welcher Reihenfolge vorbei zu gehen haben. Diese räumlich erfahrbaren Sequenzen vermitteln zugleich auch das Erleben von der zeitlichen Folge und der Stabilität beider Aspekte: Immer kommt ein bestimmter Baum zuerst und dann der gelbe Briefkasten ...
Bei einem gut strukturierten und für die Kinder transparenten Rahmen zur Gestaltung des Tagesablaufs im Kindergarten lassen sich vergleichbare Erfahrungen zur zeitlichen Orientierung machen. Im Zusammenhang mit der Verwendung räumlicher Begriffe erleichtert eine Garderobe (Modell in Abbildung 3.2) die räumliche Orientierung, weil sie sehr geschickt eine mathematisch relevante Struktur nutzt:[1] Jedes Kind braucht sich nur jeweils zwei Positionsmerkmale zu merken: zum einen die Position der in Fünfer-Gruppen gebündelten Haken – diese wären außen (oder unten) links oder rechts, in der Mitte, neben der Mitte (oder oben) links oder rechts, zum anderen innerhalb eines jeden Bündels die gleichen Relationen.

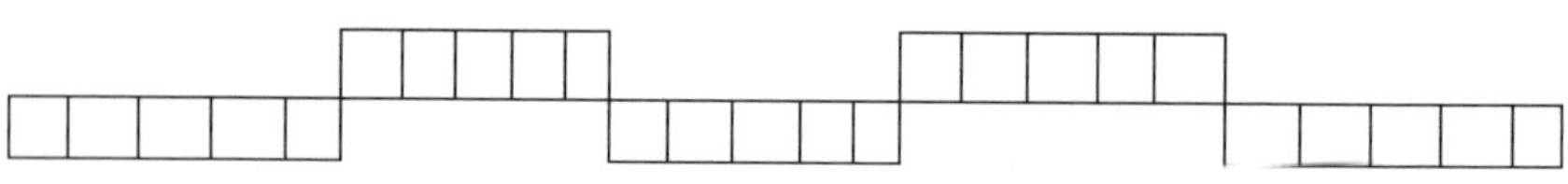

Abb. 3.2: Anordnung von Kleiderhaken

Auf diese Weise kann den Kindern bereits frühzeitig der Nutzen von Bündelungen und das grundlegende Ordnungsprinzip beim Aufbau des Zahlensystems nahe gebracht werden. Möglich wird dies allein schon dadurch, dass sich der Erzieher oder die Erzieherin mit ihren Kindern darüber unterhalten, wie und warum sie

[1] Ich entdeckte sie in einem Kindergarten, dessen innovative Arbeit ich wissenschaftlich begleite.

denn so treffsicher und schnell ihre jeweiligen Haken finden und die Frage stellen, ob es denn – insbesondere bei den Kindern mit Haken im Mittelbereich – auch so gut gelinge, wenn die Haken in einer ununterbrochenen Reihe angeordnet wären.

Anlegen von Sammlungen

Eine der einfachsten Formen selbstständig durchführbarer gegenständlicher Tätigkeit ist das Sammeln. Kinder, die positive Objekterfahrungen haben machen können, gewinnen leicht eine Bindung an solche Objekte, die ihnen gefallen und von denen sie daher immer mehr haben wollen. Solche Objekte mögen aus der Perspektive des jeweiligen Kindes zunächst insofern alle gleich sein, als sie ihm gefallen und daher von ihm als gleich behandelt, also gesammelt werden.
Beim Betrachten der eigenen Sammlungen werden die von Resnick (1992) herausgearbeiteten protoquantitativen Schemata relevant.

- Mengenvergleich:

Gern vergleichen die Kinder ihre Sammlungen und stellen dabei Unterschiede fest, die sie mit mehr oder weniger kennzeichnen. Solche Vergleiche können dabei auf räumlich-simultaner oder auf zeitlich-sukzessiver Grundlage erfolgen. Bei räumlich-simultanen Vergleichen sind mindestens zwei verschiedene Sammlungen präsent. Bei zeitlich-sukzessiven Vergleichen wird beurteilt, ob sich die Sammlung selbst verändert hat, ob sie größer oder kleiner geworden ist, ob sie mehr oder weniger Elemente als zuvor enthält.

- Mengenveränderung:

Der zeitlich-sukzessive Vergleich führt zu dem Schema der Mengenveränderung hin. Das Kind kann nun die Unterschiede erklären, wenn es weiß, dass die ursprüngliche Menge durch Hinzufügen größer oder durch Wegnehmen kleiner geworden ist.

- Aufteilbarkeit:

Durch qualitative Vergleiche der einzelnen Elemente und ihre unterschiedlichen Benennungen (z. B. durch Farben) kann das Kind systematische Unterteilungen bilden und erkennt dabei, dass sich die Gesamtmenge aus mehreren, mindestens zwei Teilmengen, die ihrerseits wieder miteinander verglichen werden können, zusammensetzt.

Beim Umgang mit ihren Sammlungen können die Kinder auch schon lernen, dass die Menge der einzelnen Elemente ihrer Sammlungen zählbar ist. Wenn ältere Kinder oder Erwachsene diese Objekte im Beisein des Kindes zählen, dann kann es dabei auf dem Wege des beiläufigen (oder inzidentellen) Lernens vielleicht schon einige wichtige Techniken und Regeln erwerben, um die Anzahl der Objekte genau zu bestimmen und dabei weitere grundlegende Einsichten über Zahlen gewinnen. Voraussetzung dafür ist allerdings, dass das Kind die Zahlwortreihe in ihrer konventionell vorgegebenen stabilen Folge gelernt hat und aus dem Gedächtnis abrufen kann:

- Jedes einzelne Zahlwort muss als einzelner Bestandteil einer Kette hintereinander aufgereihter Zahlwörter wahrgenommen und verwendet werden.
- Jedem einzelnen Element wird dabei nur ein Zahlwort zugeordnet (Eins-zu-Eins-Zuordnung zwischen Objekten und Zahlwörtern).
- Die Position oder Anordnung der Objekte ist beliebig, es muss lediglich sichergestellt sein, dass kein Objekt übersehen und keines mehrfach gezählt wird. Deswegen ist es sinnvoll, die Objekte in eine Reihe zu legen, sie beim Zählen anzutippen oder jedes gezählte Objekt sofort beiseite zu legen.
- Das zuletzt genannte Zahlwort repräsentiert die Anzahl der Elemente oder die Größe der Menge.
- Der Anzahl der verwendeten Zahlwörter entspricht die Menge der gezählten Elemente: Je länger die Zahlwortreihe ist, desto größer ist auch die Anzahl der Elemente in der Sammlung.

Auf dieser Grundlage kann das Kind auch die Erfahrung machen, nach welchem Prinzip sich die Zahl der Objekte verändert: Bei jedem neu in die Sammlung aufgenommenen Objekt vergrößert sich die Menge der Zahlen um eine weitere Zahl, bei jedem verlorenen oder verschenkten Objekt verringert sie sich um jeweils eine Zähleinheit.

Mit zunehmender Erfahrung wird es für das Kind sinnvoll, zwischen den verschiedenen Objekten seiner Sammlung zu differenzieren: Entweder legt es sich mehrere Sammlungen zu, in denen jeweils solche Objekte vereinigt sind, die nach Maßgabe des Kindes zusammengehören, die also aus seiner Sicht gleich sind, oder es sortiert die Objekte nach dem gleichen Prinzip innerhalb seiner Sammlung, bildet also Gruppierungen oder Teilmengen. Beide Tätigkeiten begründen Vergleiche, die auf qualitativer Ebene angestellt werden, die aber auch schon Impulse für Beschreibungen ihrer Menge mit entsprechenden Begriffen liefern (z. B.: „Dies hier sind die größeren, und von diesen habe ich mehr als von jenen"). Im Austausch mit älteren Kindern und Erwachsenen lernt das Kind dann auch, die Bildung von Vereinigungsmengen und Teilmengen nach objektiven Kriterien vorzunehmen und seine ursprünglich subjektivistische oder egozentristische Sichtweise zu überwinden.

Eindrucksvolle Beispiele hierfür finden sich bei Schinköthe (2000, S. 43-45). Die nachfolgende Abbildung 3.3 regt dazu an, Objekte aus dem Erfahrungsbereich der Kinder aufzugreifen und sie zusammen mit ihnen nach verschiedenen Gesichtspunkten zu sortieren.

Menge	Einteilungsgesichtspunkt	Merkmale der Elemente der Teilmengen
Spielzeugautos	Farbe Werkstoff Funktion	rot, blau, gelb, ... Holz, Blech, Plast Lkw, Pkw
Herbstblätter	Baumart Beschaffenheit des Randes Farbe Größe	Eiche, Buche, Kastanie, ... glatt, gezackt rot, braun, grün groß, klein
Kinder der Gruppe	Geschlecht Geburtsmonat Anwesenheit Aufenthaltsdauer im Kindergarten	Junge, Mädchen Januar, Februar, ... anwesend, fehlt ganztags, nur vormittags

Abb. 3.3: Anregungen für Zusammenstellungen von Gesamtmengen (Sammlungen), Einteilungsgesichtspunkten und unterscheidbaren Merkmalen von Teilmengen (aus Schinköthe, 2000, S. 43)

Abbildung 3.4 schematisiert den Erkenntnisgang, der sich in zwei einander ergänzenden Alltagshandlungen vollzieht, und Abbildung 3.5 verdeutlicht den Unterschied zwischen dem Bilden und Vereinigen von Mengen im Rahmen konstruktiver Spieltätigkeit.

Zumindest die Abbildungen 3.4 und 3.5 spiegeln eine sehr stark steuernde, strikt auf das Erkenntnisziel ausgerichtete Lehrtätigkeit wider. Auf eine solche kann aber durchaus verzichtet werden, wenn sich Eltern und pädagogische Fachkräfte gemeinsam mit den Kindern den jeweiligen Objekten zuwenden und beim spielerischen Umgang mit denselben auf die verschiedenen Tätigkeiten der Kinder achten. Wenn die Bezugspersonen dabei erkennen, dass die Kinder die hier beschriebenen Operationen vollziehen, dann können sie diese auch mit den entsprechenden Begriffen sprachlich begleiten. Voraussetzung dafür ist jedoch, dass die Bezugspersonen über die dafür erforderlichen Kenntnisse und Beobachtungskategorien verfügen.

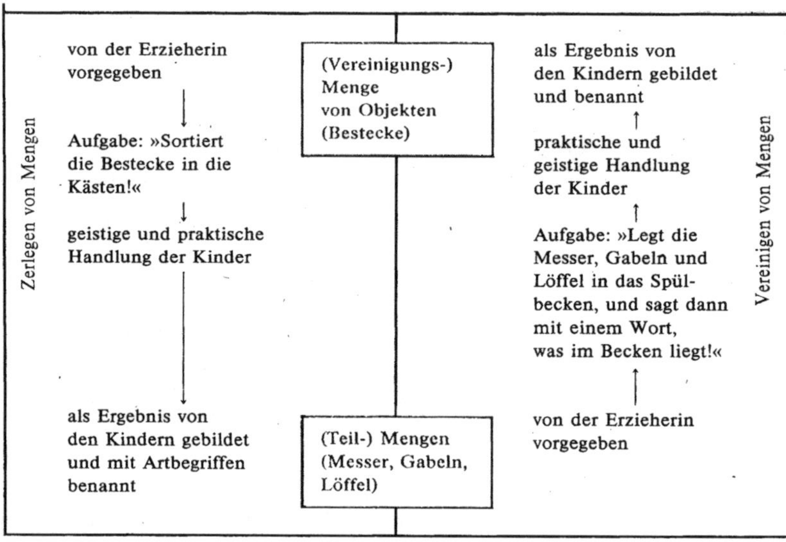

Abb. 3.4: Zerlegen und Vereinigen von Mengen als Umkehrhandlungen (aus Schinköthe, 2000, S. 45)

Unterschied zwischen Bilden und Vereinigen von Mengen nach Merkmalen					
Verfahren	Ausgangssituationen	Aufgabe	Tätigkeit der Kinder	Lösung	Sprachliche Darstellung
Bilden einer Menge	Grundbereich 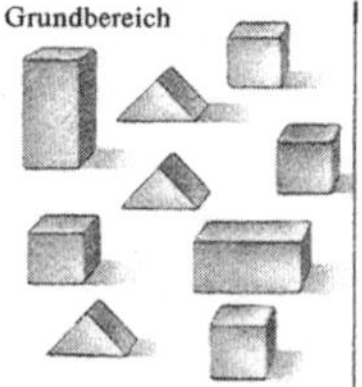	„Baut aus allen Würfeln einen Turm!"	Objekte auswählen (und zusammenfassen)	Menge 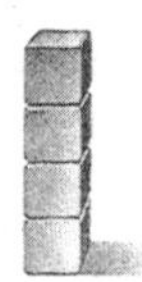	„Ich habe aus den Würfeln einen Turm gebaut."
Vereinigen von Mengen	Menge 1 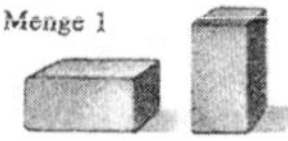 Menge 2  Menge 3 	„Ladet die Würfel, Dächer und Ziegelsteine auf den Lkw, und sagt dann mit einem Wort, was aufgeladen ist!"	Mengen zusammenfassen	Vereinigungsmenge 	„Ich habe die Würfel, Dächer und Ziegelsteine aufgeladen. Der Lkw kann die Bausteine jetzt wegfahren."

Abb. 3.5: Unterschied zwischen Bilden und Vereinigen von Mengen nach Merkmalen (aus Schinköthe, 2000, S. 44)

Naturbetrachtungen
Bestimmte Sammlungen lenken die Aufmerksamkeit auch auf Merkmale von Pflanzen und Tieren oder der unbelebten Natur. Richtet sich beispielsweise die Aufmerksamkeit auf die unterschiedliche Anzahl der Beine verschiedener Tiere, dann führen entsprechende Vergleiche zum Kardinalzahlbegriff. Gleiches gilt auch, wenn die Anzahl der Punkte auf dem Rücken von Marienkäfern oder die Anzahl der Sterne in Sternenbildern festgestellt wird. Auf andere Vergleiche (etwa bezüglich Größe, Gewicht und Temperatur) ist schon im Zusammenhang mit der Darstellung der manipulierenden Tätigkeit hingewiesen worden. Regelmäßigkeiten bei der Bildung von Merkmalen verschiedener Pflanzen können erkannt und beschrieben werden, wenn die Kinder verschiedene Zahlen zueinander in Beziehung setzen. Auf diese Thematik wurde bereits im Zusammenhang mit der Bildung von Mustern (Kapitel 2) hingewiesen, und sie ist auch ein geeigneter Inhalt für den Anfangsunterricht (Kapitel 6).

Konstruktionen
Konstruktionen – etwa mit Bauklötzen oder vorgefertigten Teilen (Baufix, Lego) – sind zwar gegenständliche Tätigkeiten, dabei müssen aber bestimmte Regeln und Pläne beachtet werden, die das Niveau der symbolischen Tätigkeit kennzeichnen. Symbolisch sind die Tätigkeiten auch insofern, als lediglich Abbildungen von realen Bauwerken, Fahrzeugen usw. geschaffen werden und die Kinder spielerisch so tun, als ob sie tatsächlich Konstrukteure wären und sich in der realen Arbeitswelt befänden.
Exemplarisch sollen hier mathematisch relevante Anforderungen und Erfahrungsmöglichkeiten mit Baufix und einfachen Bauklötzen aufgegriffen werden.
Mit dem Material von Baufix können Modelle von Fahrzeugen und ähnlichen Objekten nach jeweils genau festgelegten Plänen nachgebaut werden. Die Pläne enthalten konkrete Abbildungen des jeweils benötigten Materials und der schrittweise vorgegebenen Abfolge einzelner Teiloperationen mit ihren jeweiligen Zwischenergebnissen. Sie können als ein Musterbeispiel der tätigkeitstheoretisch begründeten „operativen Abbild-Systeme" (OAS) für die Abfolge sogenannter „Vergleichs-Veränderungs-Rückkopplungseinheiten" (VVR) dienen: Vor Einsetzen einer Handlung wird zunächst deren Ziel bestimmt. Von diesem Ziel her wird dann die Abfolge der einzelnen Teilziele genau festgelegt. Diesen Teilzielen sind Teilhandlungen (oder „Operationen") zugeordnet. Dabei werden genaue Kriterien für das Erreichen eines jeden Teilziels angegeben. So kann für jedes Teilziel durch Abgleich mit dem Plan sukzessive entschieden werden, ob es erreicht worden ist, ob es also dem Plan entspricht und die Teilhandlung somit erfolgreich war. Führt der Abgleich zu einem solchen positiven Ergebnis, kann das nächste Teilziel angestrebt werden. Anderenfalls ist zu überlegen, ob und wie die ent-

sprechende Teilhandlung im Hinblick auf das Ziel noch zu verbessern ist (siehe Hacker, 1980, S. 92ff.). Mit ähnlicher Intention wurden auch die sogenannten TOTE-Einheiten („Test-Operate-Test-Exit“) der amerikanischen Autoren Miller, Galanter & Pribram (1960) formuliert. Eine differenzierte Darstellung dieses Ansatzes mit besonderer Ausrichtung auf die Pädagogik Geistigbehinderter findet sich bei Pitsch (2005b).

Bei solchen Rekonstruktionen nach einem vorgegebenen, strukturierten Plan erfahren die Kinder den Sinn und die Notwendigkeit, ihr Tun an einer Abfolge einzelner Handlungsschritte zu orientieren, also eine Reihenfolge einzuhalten, deren einzelne Schritte sich auf abstraktem Niveau durch Ordinalzahlen (1. Schritt, 2. Schritt usw.) darstellen lassen.

Bei dem ersten Schritt von Baufix müssen die benötigten Materialien ausgesucht und mit dem Plan abgeglichen werden. Auswahlkriterien der einzelnen Teile sind neben Form und Farbe ihre Größe oder Länge (vor allem bei den Schrauben und den Streben) und die jeweils benötigte Anzahl. Die Größe oder Länge lässt sich durch paarweise Vergleiche der in Betracht kommenden Teile bestimmen, so dass entsprechende Teilmengen der benötigten Materialien gebildet werden können. Die Zusammenstellung der jeweils benötigten Teile kann auf zweierlei Weise erfolgen:

- Es werden Eins-zu-Eins-Zuordnungen zwischen den Abbildungen auf dem Plan und den realen Objekten vorgenommen. Dieses Vorgehen födert und erfordert, mathematisch gesprochen, die Einsicht in das Prinzip der Mengen-Invarianz (siehe Abschnitt 3.4.).
- Die Mengen der auf dem Plan dargestellten Teile werden zunächst durch Abzählen bestimmt, damit anschließend jeweils die gleich großen Mengen der konkreten Bauteile aus dem Materialkasten herausgenommen werden können. Mathematisch gesprochen, erfordert dies die Anwendung des Kardinalzahlbegriffs. Hierbei wird also die Menge sowohl der ikonisch dargestellten Teile auf dem Plan als auch der konkreten Teile abstrakt-symbolisch durch eine Zahl eindeutig bestimmt.

Gleiche und zum Teil auch etwas andere Anforderungen sieht die Aufgabe vor, mit vorgegebenen Bauklötzen unterschiedlicher Größe und Form einen möglichst hohen und zugleich stabilen Turm zu bauen. Wichtige Anregungen hierzu, insbesondere für die Diagnostik bei jungen Menschen mit geistiger Behinderung, hat bereits Gottschaldt (1933) gegeben, auf dessen Untersuchungen bereits in Abschnitt 2.2. hingewiesen wurde. Gefordert sind hierbei vor allem exakte Längenvergleiche, die durch Anlegen der Klötze aneinander überprüft werden können. Solche Längenvergleiche sind notwendig, um Klötze jeweils gleicher Länge als Träger eines jeden Stockwerks zusammenzustellen und dabei die längeren Klötze für den vertikalen Aufbau und die kürzeren für die horizontale Stabilisierung auszusuchen. Beim Bauen wird es dann – je nach Anzahl und Länge der Bauklötze – auch erforderlich, Gleichheit der Längen durch eine unterschiedliche Anzahl von Klötzen herzustellen. Hierbei können auch erste arithmetische Erkenntnisse gewonnen werden:

- die Größe der Klötze lässt sich durch die Verwendung von Einheiten exakt bestimmen: 3 = 1 + 1 + 1 ; 2 = 1 + 1,
- es lässt sich angeben, wie vorzugehen ist, um zwei unterschiedlich hohe Säulen gleich hoch zu machen (siehe dazu Kapitel 2, Abschnitt 3),
- 3 = 2 + 1 ist äquivalent zu 3 = 1 + 2 (Kommutativgesetz: die Säule ist jedes Mal gleich hoch, unabhängig von der Anordnung des kleinen und des großen Steines).

Die hier beschriebenen Konstruktionen und Erkenntnisse sind möglich, ohne dass die Kinder Zahlen kennen oder das Zählen können müssen. Allerdings ist davon auszugehen, dass sie diese Kenntnisse und Fertigkeiten im Zusammenhang mit vielen ihrer Tätigkeiten leicht erwerben, wenn ihnen angemessene Erfahrungsmöglichkeiten geboten werden. So ist das Einhalten von Reihenfolgen einzelner Sätze und Wörter beim Vorlesen von schon oft gehörten Geschichten für die meisten Kinder sehr wichtig, weil es offensichtlich eine emotional stabilisierende Wirkung hat. Zugleich werden die Kinder für das Prinzip der Reihenbildung sensibilisiert. Dies dürfte dann auch eine gute Voraussetzung dafür sein, dass die Kinder schnell und mühelos die in vielen Liedern und Reimen enthaltene Zahlenreihe erlernen und dann auch bald die Bedeutung der einzelnen Zahlen im Sinne des Ordinal- und Kardinalzahlbegriffs erkennen.

Würfelspiele

Die Reihe der entwicklungsförderlichen Aktivitäten im Vorschulalter soll nun abgeschlossen werden mit Hinweisen auf eine recht beliebte symbolische Tätigkeit und ihre Bedeutung für die mathematische Förderung, das Würfelspiel.[2]

Nahezu alle Würfelspiele enthalten Anforderungen, die von den Spielern die Berücksichtigung fundamentaler Prinzipien mathematischen Vorgehens abverlangen und ihnen elementare Einsichten in die Strukturen mathematischen Denkens vermitteln. Zielsetzung dieses Abschnitts soll es sein, ein Bewusstsein für diese besonderen Möglichkeiten der Würfelspiele zu wecken. Dies gilt insbesondere für die kompetenten Mitspieler (Spielleiter), denen bei den Spielen wichtige pädagogische Aufgaben zukommen.

Bei allen Würfelspielen müssen bestimmte Regeln eingehalten werden – beispielsweise bezüglich der Reihenfolge, nach der alle Mitspieler würfeln. Auf die Einhaltung dieser Regel und weiterer vorab festgelegter Vorschriften (sie entsprechen

2 Bei diesem Textabschnitt handelt es sich um einen leicht überarbeiteten Vortragstext des Verfassers (Kornmann, 2007).

einem per definitionem geltenden Denkrahmen, wie er auch für alle mathematischen Operationen gilt) muss insbesondere dann geachtet werden, wenn einzelne Mitspieler noch dazu neigen, die Regeln je nach Situation und Belieben flexibel zu handhaben und damit den Sinn des Spiels zu konterkarieren. Neben dieser erzieherischen Funktion, die also durchaus schon mit der Vermittlung fundamentaler mathematischer Prinzipien verbunden ist, können kompetente Mitspieler die Entwicklung der übrigen, weniger kompetenten Mitspieler in mehrfacher Hinsicht fördern:

- durch Äußerungen ihrer eigenen Spielfreude und durch Zeichen der emotionalen Teilnahme am Glück und Pech der Mitspielenden können sie den ästhetischen und sozialen Wert des Spiels unterstreichen,
- durch die verbalsprachliche Wiedergabe (oder Abbildung) der gewürfelten Symbole und der sich daraus ergebenden konkreten Handlungsschritte (etwa dem Setzen der Spielfiguren auf dem Spielplan) können sie die verschiedenen Repräsentationsebenen der Spielhandlung – symbolisch, analog-abbildend (ikonisch), verbalsprachlich, handelnd – miteinander vermitteln und damit einen wesentlichen Beitrag zur Entwicklung und Festigung des Verständnisses von (mathematischen) Symbolen leisten,
- durch verbalsprachliche Äußerungen ihrer eigenen Überlegungen und Beobachtungen zu den Spielhandlungen können sie die pädagogisch ergiebige Technik des „kognitiven Modellierens" anwenden und wichtige Entwicklungsschritte anstoßen,
- durch die – ebenfalls modellhafte – Anwendung alternativer und zugleich besonders effektiver Strategien können sie Impulse zur Erweiterung der Denk- und Handlungsmöglichkeiten innerhalb des gesetzten Spielrahmens liefern,
- durch die pädagogisch geschickte Auswahl von Spielen und Festlegung von Spielvarianten, die dem Entwicklungsstand der weniger kompetenten Mitspieler entsprechen, können sie die Bedingungen für das mathematische Lernen optimieren.

Sicherlich lassen sich diese pädagogischen Möglichkeiten umso besser realisieren, je klarer die Einsicht in die grundlegenden mathematischen Prinzipien und Strukturelemente ist.

Die nachfolgenden Ausführungen nehmen Bezug auf drei Würfelspiele, die zunächst kurz vorgestellt werden sollen. Zwei dieser Würfelspiele sind leider nicht mehr im Handel. Sie werden dennoch vorgestellt, weil sich an ihnen sehr gut wesentliche Prinzipien der mathematischen Förderung erkennen lassen.

1. „Tempo, kleine Schnecke!" (von A. Randolph bei Ravensburger für Euro 17,99)
Auf einem Spielplan steht für jeden Mitspieler eine andersfarbige Schnecke – insgesamt sechs – auf jeweils einer Bahn. Die Bahnen sind parallel zueinander angeordnet. Gespielt wird mit einem Würfel, dessen Flächen die gleichen Far-

ben enthalten wie die sechs Schnecken, mit denen gezogen wird: Wird z.B. blau gewürfelt, darf die blaue Schnecke um ein Feld vorrücken (siehe Abbildung 3.6).

Rot →										Ziel
Grün →										Ziel
Gelb →										Ziel
Blau →										Ziel
Schwarz →										Ziel
Lila →										Ziel

Abb. 3.6: Spielplan „Tempo, kleine Schnecke!"

2. Das lustige Flunderspiel (nicht mehr im Handel)
Es liegen zwölf in jeweils sechs Teile zerschnittene Flundern unterschiedlicher Farbe ausgebreitet auf dem Tisch. Jedes Teil enthält die Abbildung eines der sechs Würfelbilder (siehe Abbildung 3.7). Gewürfelt wird mit zwei Würfeln gleichzeitig. Wer eine 1 würfelt, kann mit dem Zusammensetzen einer Flunder anfangen. Nacheinander müssen dabei die Punkte 2 bis 6 in genau dieser Reihenfolge gewürfelt werden. Nur bei der Kombination von 1 und 6 wird gleich eine ganze Flunder genommen. Gewonnen hat, wer am Schluss die meisten kompletten Flundern gelegt hat.

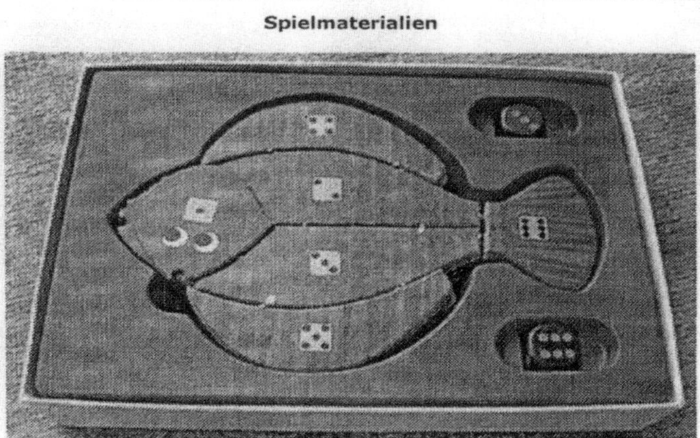

Abb. 3.7: Spielmaterial „Das lustige Flunderspiel"

3. Tacho-Klick (ursprünglich von R. Zellmer, vergriffen; von Kornmann, Frank, Holland-Rummer & Wagner (1999) als „Rundenspiel" veröffentlicht).

Jeder Spieler hat einen eigenen Spielstein, mit dem er entsprechend der gewürfelten Zahlen vorrückt. Begonnen wird bei Null. Beim Übergang über den Zehner erhält der betreffende Spieler ein für ihn vorab schon vorgesehenes Rundenkärtchen, für die erste Runde eines mit der 1 im linken Feld,, für die zweite Runde eines mit der 2, usw. (siehe Abbildung 3.9). Gewonnen hat, wer bei Spielende am weitesten fortgeschritten ist, also die meisten Rundenkärtchen erlangt hat.

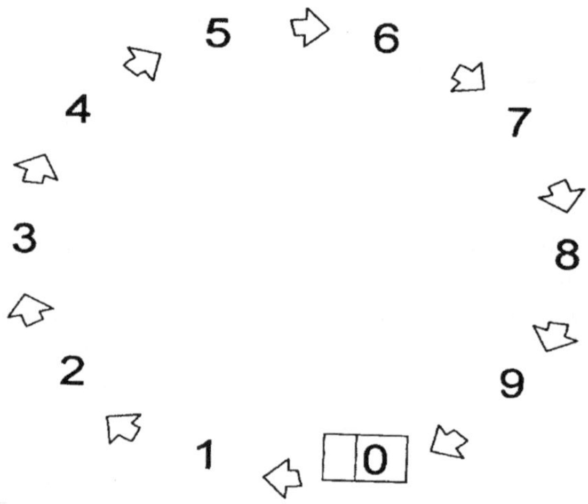

Abb. 3.8: Spielplan „Tacho Klick" („Rundenspiel")

Abb. 3.9: Rundenkärtchen für das „Rundenspiel"

Mit Ausnahme von „Tempo, kleine Schnecke!" müssen die Spielenden eine feste Reihenfolge bei der aktiven Teilnahme am Spielgeschehen einhalten. Diese einfache, aber von jungen Kindern nicht leicht einzuhaltende Regel führt hin zu dem Prinzip der Serialität, also der feststehenden Stufenfolge des Wertes oder der Mächtigkeit der Zahlen innerhalb der Zahlenreihe, und es wird bei allen Brettspielen realisiert, in denen einzelne Schritte auf dem Spielplan hin zu einem Ziel erfolgen. Dabei ist es gleich, ob nun – wie etwa bei „Tempo, kleine Schnecke!" – nach jedem Wurf nur ein einziger Schritt hin zu einem bald erreichbaren Ziel vollzogen wird, oder ob je nach Ergebnis des Wurfs mehrere Schritte zu einem – wie bei „Tacho Klick" (dem Rundenspiel) – in prinzipiell unendlicher Ferne liegenden Ziel angesteuert werden: Immer erfolgt das Setzen nach dem Grundsatz, dass auf jeden Schritt ein weiterer folgt oder folgen könnte. So kann man den Kindern zumindest im Gespräch über das Spiel die Einsicht vermitteln, dass eine unendlich große Anzahl möglicher Schritte oder Handlungseinheiten denkbar ist und dass deren Endlichkeit oder Begrenzung nur aus den Gegebenheiten der konkreten Situation oder den Festlegungen der Spielregeln resultiert.

Den meisten Würfelspielen ist die Abbildung veränderbarer Gleichheit und Verschiedenheit von Merkmalen und Relationen immanent, wenn der aktuelle Stand des Spielgeschehens betrachtet und analysiert wird (etwa: „Der blaue Spielstein liegt ganz vorne, er liegt genau so weit vor dem grünen, wie dieser vor dem gelben und dem roten, die beide gleichauf sind, ganz dicht dahinter folgt dann noch der schwarze Stein"). Für die Beschreibung solcher Merkmale und Relationen drängt sich das System unserer Zahlen geradezu auf, und dies ist sicherlich den meisten Kindern besonders leicht zugänglich. Sind doch die Zahlen hierbei für die Kinder zunächst einmal sprachliche Codes, mit denen sie die Planung, Durchführung und Ergebnisse ihrer spielerischen Handlungen genau und angemessen beschreiben können, und daher prägen sie sich auch – nicht anders als ähnlich bedeutsame Begriffe – unmittelbar ein. Oft werden dabei mehrere wichtige Aspekte des Zahlbegriffs und ihre Verbindungen zugleich angesprochen, was der Festigung des Zahlbegriffs nur förderlich sein kann (Kardinalzahl: das gewürfelte Ergebnis; Ordinalzahl: die schrittweise Umsetzung der gewürfelten Zahl; Relationalzahl: der quantitative Vergleich der Abstände zwischen den einzelnen Positionen; Rechenzahl: die Berechnung der zu würfelnden Zahl, um ein bestimmtes Ziel zu erreichen).

Nur wenige Spiele sprechen den Codierungsaspekt von Zahlen an (etwa „Volles Haus" in „Das kleine Zahlenbuch" von Müller & Wittmann, 2002, oder – recht differenziert – „Kniffel"). Diese Spiele bleiben nachfolgend außer Betracht, weil sie nur begrenzte Variationsmöglichkeiten zulassen und keine direkten Verbindungen zum Ordinal- und Kardinalzahlaspekt aufweisen. Im Hinblick auf die Aneignung und Vermittlung mathematischer Einsichten muss man aber gerade den beiden zuletzt genannten Aspekten besondere Aufmerksamkeit schenken.

Varianten können nun so ausgewählt und Variationen so gestaltet werden, dass die Spielanforderungen angemessene Entwicklungsanreize für die mitspielenden Kinder bieten. Mathematisch relevante Variationsmöglichkeiten lassen sich schaffen durch:

1. die Würfel,
2. die Regeln,
3. die Spielpläne,
4. das Spielverhalten der kompetenteren Mitspieler.

Zu 1: die Würfel

Neben der Anzahl der Würfelflächen (statt 6 sind auch solche mit bis zu 20 möglich) sind insbesondere die Flächen selbst variabel: farbig wie bei „Tempo, kleine Schnecke!“, Würfel mit 0 bis 5 Punkten oder mit zweimal 0, 1 und 2 oder 1, 2 und 3 Punkten, Würfel mit arabischen Zahlen, usw. Soll Kindern die Einsicht vermittelt werden, dass es auf die Anzahl der Punkte unabhängig von deren Anordnung ankommt, kann beispielsweise ein „klassischer“ 6-Punkte-Würfel ersetzt werden durch zwei Würfel, von denen der eine zweimal 0, 1, 2 und der andere zweimal 1, 3 und 4 Punkte enthält. Zugleich können die Kinder dabei entdekken, dass sich gleiche Zahlen in unterschiedlicher Weise zerlegen lassen und dass die Zerlegungsmöglichkeiten mit der Größe der Zahlen zunehmen. Zwei gleiche Würfel können auch verwendet werden, um das Spiel zügiger zu gestalten und dabei den Kindern die Einsicht zu vermitteln, dass sich Zahlen kombinieren und addieren lassen.

Zu 2: die Regeln

Ganz grob lassen sich die Regeln danach unterscheiden, ob sie Strategien vorsehen oder nicht. Bei den Strategien müssen sich die Spieler nach einem bestimmten Plan entscheiden: etwa, um eine bestimmte Zielmarke genau zu treffen, oder den Wurf einer bestimmten Zahl zu vermeiden. Interessant wird es auch, wenn sie sich entscheiden dürfen, einen bestimmten Wurf entweder gelten zu lassen oder ihn zu wiederholen. Solche Regeln führen hin zum Abwägen von Chancen und Risiken unter Berücksichtigung bedingter Wahrscheinlichkeiten. Sind keine Strategien vorgesehen, können die Regeln variiert werden, indem beispielsweise vereinbart wird, dass jeder Wurf doppelt, dreifach usw. zählt.

Zu 3: die Spielpläne

Fast alle Spiele, bei denen gesetzt wird, sehen eine bestimmte Zielmarke vor, die erreicht werden soll. Eine davon abweichende Variante, die den dekadischen Aufbau unseres Zahlensystems gut erkennen lässt, bietet das schon erwähnte Spiel „Tacho Klick“, bei dem die insgesamt 10 Spielfelder im Kreis angeordnet sind, und potenziell endlos durchlaufen werden können. Weitere Varianten betreffen die Möglichkeit, jedes einzelne Feld fortlaufend mit arabischen Zahlen zu nummerieren, jeweils 5 oder 10 Felder durch eine andere Farbgebung zu markieren, usw. Bei dem Spiel „Räuber und Goldschatz“ können die Spielpartner erfahren und erleben, dass die Zählreihe in beiden Richtungen durchlaufen werden kann. „Das lustige Flunderspiel" enthält keinen Spielplan, weil die schrittweise Zusammensetzung der Flundern entsprechend der Folge der gewürfelten Werte gefordert ist. Dies vermittelt die Einsicht in das Prinzip der Ordinalität der Zahlen.

Zu 4: Das Spielverhalten der kompetenteren Mitspieler
Besonders förderlich können die verbalen Kommentare der kompetenteren Mitspieler zum Spielgeschehen sein. Sie sollten sich darauf konzentrieren, beobachtete Fehler bei jüngeren Mitspielern (beispielsweise das Mitzählen des noch besetzten Feldes beim Vorrücken) im Sinne eines guten Modells selbst deutlich zu vermeiden und dies verbalsprachlich zu kommentieren – etwa: „Ich rücke jetzt vor", erst dann wird der Spielstein genommen und mit dem Beginn des Zählens auf das nächste Feld gesetzt. Werden neu erworbene korrekte Verhaltensweisen der jüngeren Spielpartner beobachtet, dann sollten sie verbal verstärkt werden. Weiterhin können die kompetenteren Mitspieler Modell sein für effiziente Spieltechniken (z. B. beim Setzen in Zweier- oder Dreierschritten), und sie können das Spielgeschehen mittels mathematischer Begriffe angemessen kommentieren (z. B. „Wenn Du jetzt eine 6 würfelst, dann hast Du mich überholt ... oh, nur eine 3, da liege ich jetzt noch zwei Schritte vor Dir!").

Abschließende Hinweise
Die hier vorgestellten Tätigkeiten wurden unter der Fragestellung beleuchtet, welche Anregungen sie zur Bildung und Entwicklung grundlegender mathematischer Konzepte bieten. Alle diese Anregungen sind eng mit der kindlichen Lebenswelt verbunden und verstehen sich als soziokulturell vermittelte, authentische Erfahrungen. Gezielte, pädagogisch intendierte Förderung mathematischer Kompetenzen sind damit nicht gemeint.
Bezüglich solcher Erfahrungsmöglichkeiten im Rahmen der familiären Erziehung ist allerdings mit sehr großen Unterschieden zu rechnen. Manche Kinder, vor allem solche, die materiell besser gestellten Familien mit bildungsbewusster familiärer Kultur entstammen, haben in ihren ersten Lebensjahren bereits einen reichhaltigen Erfahrungsschatz gewinnen können, der sich auch mit mathematischen Konzepten verbindet. Demgegenüber weisen andere Kinder, die vorwiegend aus sozial benachteiligten Familien stammen, deutliche Erfahrungsdefizite auf, die ebenfalls den mathematischen Bereich betreffen.
Eine wesentliche Aufgabe der Elementarpädagogik besteht nun darin, die Erfahrungsdefizite mancher Kinder zu kompensieren. Allein durch eine bewusste pädagogische Gestaltung der Tagesabläufe, der Interaktionen und der Spielgelegenheiten im Kindergarten lassen sich den betroffenen Kindern zahlreiche mathematisch relevante Erkenntnisse vermitteln, ohne dass hierfür spezielle Förderpro-

gramme bemüht werden müssten. Dies sollten die vorstehenden Ausführungen gezeigt haben. Gleichwohl sind in der letzten Jahren zahlreiche Konzepte und Programm zur mathematischen Förderung im Vorschulalter entwickelt worden. Über ihre theoretischen Grundlagen, Zielsetzungen und praktischen Umsetzungen informieren die beiden nächsten Abschnitte.

3.4 Psychologische Modelle des Erwerbs mathematischer Kompetenzen

Im vorigen Abschnitt wurde der Erwerb grundlegender mathematischer Kompetenzen in engem Zusammenhang mit den unterstützenden Bedingungen des sozialen und materiellen Lebensumfeldes, also ganz im Sinne des „soziokulturellen Ansatzes“ (Gerster & Schultz, 2004), dargestellt. Psychologische Ansätze abstrahieren nun von solchen ökologischen Bedingungen und versuchen zu klären, wie sich die mathematischen Kompetenzen als individuelle Merkmale entwickeln. Um diese zu erfassen, werden bestimmte Anforderungen oder Aufgaben mit unterschiedlichen Schwierigkeitsgraden – von sehr leicht bis sehr schwer – definiert. Als sehr leicht gelten solche Aufgaben, die sehr viele Menschen lösen können, während sehr schwierige Aufgaben dadurch gekennzeichnet sind, dass sie nur von sehr wenigen Menschen gelöst werden. Prinzipiell lassen sich also für alle Aufgaben Kennziffern ihrer Schwierigkeiten mit mehr oder weniger aufwändigen und exakten empirischen und statistischen Verfahren ermitteln. Dadurch wird es möglich, von der Lösung oder Nicht-Lösung entsprechend gekennzeichneter Aufgaben auf den Entwicklungsstand individueller Kompetenzen zu schließen. Dies wiederum ermöglicht die empirische Überprüfung von Modellen des Erwerbs mathematischer Kompetenzen.
Solchen Modellen liegt die Annahme zugrunde, dass der Erwerb der mathematischen Kompetenzen auf individueller Ebene einer bestimmten hierarchischen Struktur folgt, die dem Aufbau des Denkgebäudes der Mathematik entspricht. Ein frühes Beispiel für die Entwicklung des Zahlbegriffs lieferte Probst (1983) (siehe Abbildung 3.10). Die nach oben gerichteten Striche bedeuten, dass die jeweils darunter stehenden Komponenten als notwendige Voraussetzung für den Erwerb der darüber stehenden gelten, bzw. dass die oben stehenden Komponenten die darunter stehenden einschließen oder umfassen. Insofern liegt diesem Modell der Gedanke zugrunde, dass der Schwierigkeitsgrad der Aufgaben von deren Komplexität bestimmt wird.

Das Modell sieht weiterhin vor, dass neben dem Komplexitätsgrad der Aufgaben auch das Repräsentationsniveau berücksichtigt wird, auf dem die Aufgaben vorgegeben und zu lösen sind. So kann der Schwierigkeitsgrad einer Aufgabe dadurch erleichtert oder erhöht werden, dass man das Niveau ihrer Repräsentation variiert (von konkret-handelnd über anschauungsgebunden-vorstellend hin zu symbolisch-abstrakt). Solche Niveaustufen der Repräsentation wurden bereits in Kapitel 2 im Zusammenhang mit der Aufgabe, Gleichheit bezüglich der Höhe zweier Türme herzustellen, erläutert.

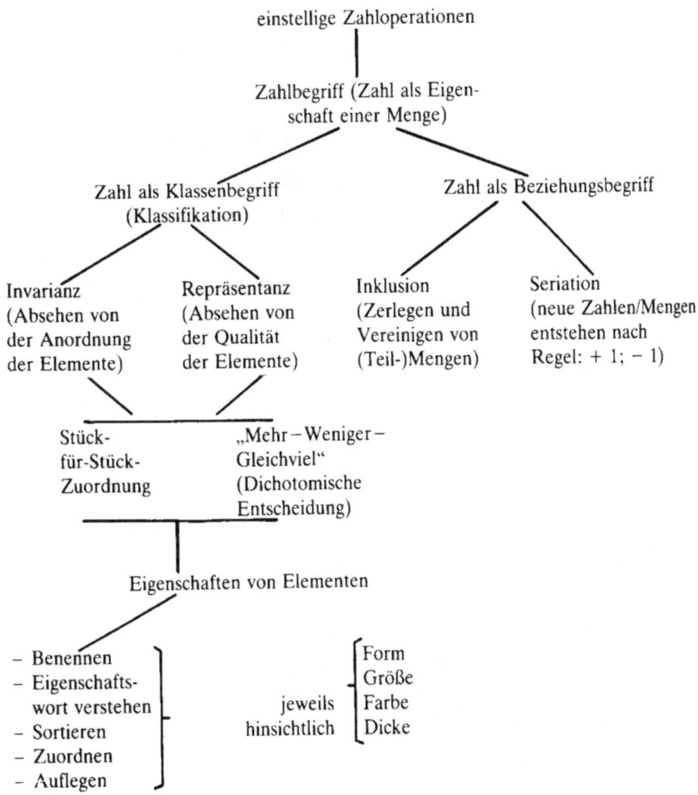

Abb. 3.10: Modell für die hierarchische Struktur beim Erwerb des Zahlbegriffs nach Probst (1983, S. 120)

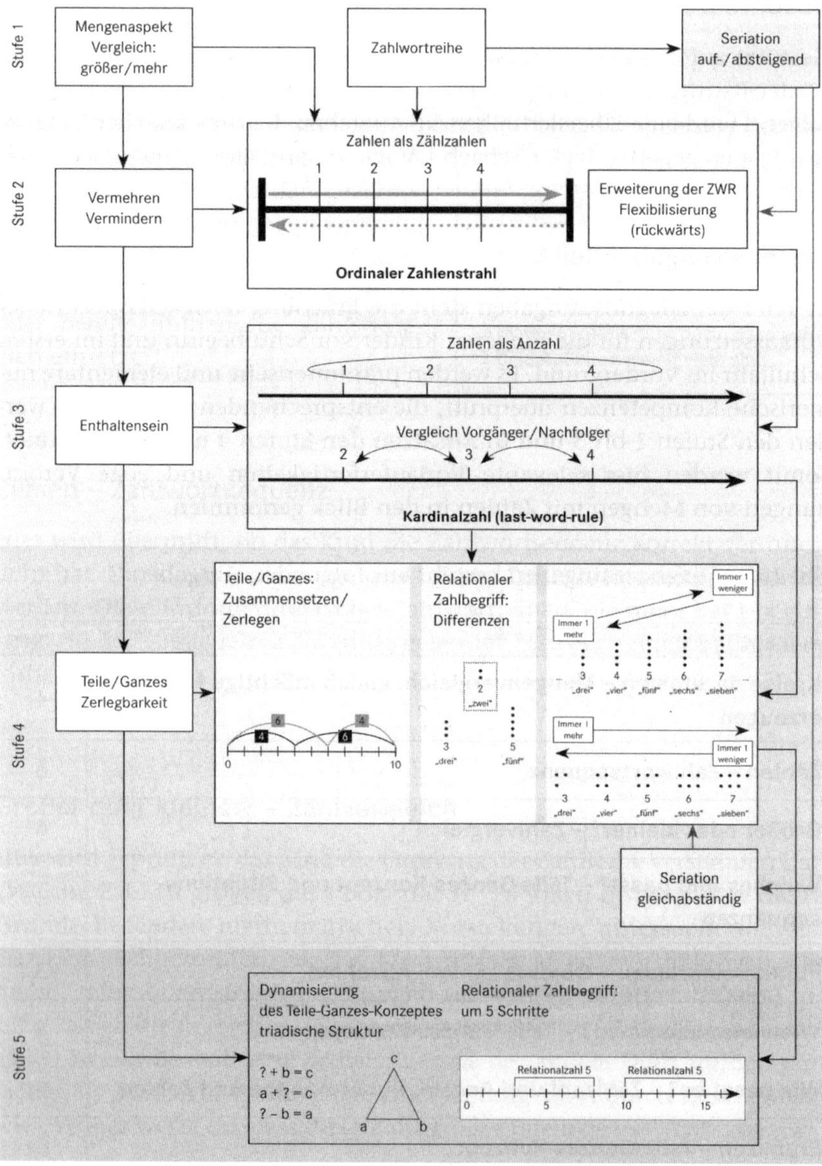

Abb. 3.11: Entwicklungsmodell von Fritz, Ricken & Gerlach (2007, S. 15). (Die zum Teil nicht lesbaren Ausführungen im Kasten zu Stufe 4 finden sich in vergrößerter Form noch einmal als Abb. 3.12 auf der nächsten Siete.)

Das hier vorgestellte Modell von Probst (1983) ist in engem Bezug zu dem didaktischen Ansatz von Kutzer (1979)[3] entstanden und auf diesen zugeschnitten. Es bildet die Grundlage für die Entwicklung von Testaufgaben, mit denen sich der individuelle Lernstand einzelner Schülerinnen und Schüler differenziert feststellen lässt. Dadurch ist es möglich, die „Zone der aktuellen Leistung" als Ansatzpunkt für gezielte und individualisierende pädagogische Hilfen, die in die „Zone der nächsten Entwicklung" führen, zu bestimmen. Mit dieser Intention hat Waniek (1999) eine differenzierte Ausarbeitung und Weiterführung des Modells mit anschaulichen Beispielen geleistet.
In letzter Zeit wurden ähnliche Modelle, die sich vor allem auf Forschungsergebnisse zur kognitiven Psychologie aus dem angloamerikanischen Sprachraum stützen, von Fritz, Ricken & Gerlach (2007), Krajewski (2008) sowie Weißhaupt & Peucker (2009) veröffentlicht (siehe Abb. 3.11).
Die Pfeile bedeuten in dieser Darstellung, dass deren jeweilige Anfangspunkte als Voraussetzungen für die Zielpunkte gelten. Im Unterschied zu Abbildung 3.10 wird hier also die Entwicklung von oben nach unten modelliert.
Vor dem Hintergrund solcher hierarchischer Modelle ließ sich nun zeigen, dass die Beherrschung bestimmter Konzepte eine notwendige Voraussetzung für den Erwerb aller weiteren, darauf aufbauenden Kompetenzen ist. Sie werden daher auch als „Nadelöhre" oder „Hürden" auf dem Weg zum Rechnenlernen bezeichnet (Fritz & Ricken, 2008; Weißhaupt & Peucker, 2009). Als die beiden wichtigsten Entwicklungshürden bezeichnen mehrere Autoren das Anzahlverständnis (Stufe 3 in Abbildung 3.11) und das Teile-Ganzes-Verständnis (Stufe 4 in Abbildung 3.11).

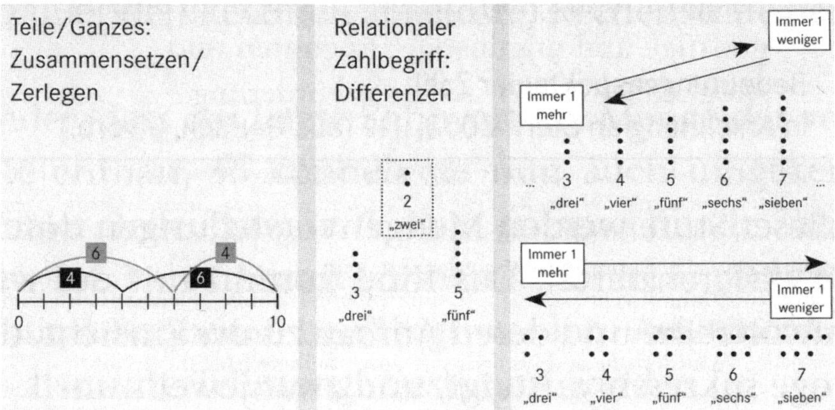

Abb. 3.12: Stufe 4 im Entwicklungsmodell von Fritz, Ricken & Gerlach (2007, S. 15)

3 vgl. nächstes Kapitel

Ein gesichertes Anzahlverständnis zeigt sich darin, dass die Kinder die Anzahl von Elementen einer Menge exakt bestimmen können. Sie müssen also eine Eins-zu-Eins-Zuordnung zwischen jedem Element der Menge und den einzelnen Elementen der Zahlwortreihe vornehmen können. Dabei können sie von der Anordnung der Elemente absehen, wenn sie nur durch ihre Vorgehensweise sichergestellt haben, dass jedes Element berücksichtigt und nur mit einem Zahlwort belegt wurde. Hingegen müssen sie die Zahlwörter in der festgelegten Folge bei der Zuordnung verwenden, also die Zahlwortreihe sicher beherrschen, und dabei müssen sie wissen, dass das von ihnen zuletzt verwendete Zahlwort die Anzahl von Elementen der Menge bezeichnet. Weiterhin müssen sie erkannt haben, dass die so bezeichnete Menge alle kleineren Mengen mit einschließt. Vor der großen Hürde „Anzahlverständnis“ liegen also noch mehrere kleinere Hürden. Nur wenn diese kleineren Hürden keine Schwierigkeiten mehr bereiten, kann auch die große Hürde genommen werden.
Das Anzahlverständnis beinhaltet, dass Zahlen als Kardinalzahlen, und nicht mehr ausschließlich – ausgehend vom Aufsagen der Zahlenreihe – als Ordinalzahlen verwendet werden. Nur auf dieser Basis kann dann das Teile-Ganzes-Verständnis aufgebaut werden. Es ermöglicht die Einsicht, dass sich aus zwei verschiedenen Kardinalzahlen, z. B. 6 als die größere und 4 als die kleinere, eine weitere, nämlich 2, als diejenige erschließen lässt, durch welche sich die beiden kleineren Teilmengen 4 und 2, zum Ganzen, nämlich 6, zusammensetzen lassen.

3.5 Diagnostik des Lernstands vor der Einschulung: günstige und ungünstige Prognosen und Möglichkeiten der gezielten Förderung

In Abschnitt 3.3. wurden Bedingungen beschrieben, unter denen Kinder im Vorschulalter einen tragfähigen Zugang zu den Voraussetzungen und Grundlagen mathematischen Denkens erwerben können. Die entsprechenden elementaren mathematischen Kompetenzen wurden dann im vorigen Abschnitt 3.4. in ihrem entwicklungspsychologischen Zusammenhang erläutert. Allerdings wird man dabei berücksichtigen müssen, dass einzelne Kinder aufgrund ungünstiger individueller Voraussetzungen (beispielsweise durch Sinnesschädigungen, motorische Beeinträchtigungen, cerebrale Dysfunktionen) in ihren Lernmöglichkeiten generell oder partiell eingeschränkt sind. Ihre Lernprozesse werden daher langsamer verlaufen als es bei Kindern zu erwarten ist, die von solchen Einschränkungen nicht betroffen sind. So ist zu bedenken, dass Beeinträchtigungen des Sehvermögens und der Bewegungsfähigkeit, die etwa das Greifen und die Fortbewegungsmöglichkeiten betreffen, zu spezifischen Erfahrungsdefiziten führen können, die nicht immer leicht zu kompensieren sind. In ähnlicher Weise können Beeinträchtigungen des Hörens und zentral bedingte Spracherwerbsstörungen die Prozesse der Begriffsbildung erschweren. Selbstverständlich ist durch organische Faktoren dieser Art auch der störungsfreie Erwerb mathematischer Konzepte in Frage gestellt. So wird auch die Möglichkeit diskutiert, dass es einige wenige Menschen geben könnte, deren „Zahlensinn" beeinträchtigt ist (van Eimeren & Ansari, 2009). Unter Berücksichtigung dieser Voraussetzungen gibt es aber ansonsten keine Anhaltspunkte dafür, dass die mathematischen Lernprozesse beeinträchtigter und langsam lernender Kinder irgendwelche Besonderheiten aufweisen. Anzunehmen ist vielmehr, dass auch diese Kinder auf den gleichen Wegen wie ihre schneller und problemlos lernenden Alterskameraden Lern- und Entwicklungsfortschritte erzielen, wenn ihnen die dazu notwendigen Hilfen geboten werden.

Zu rechnen ist jedoch mit einer nicht unbeträchtlichen Anzahl von Kindern, deren Lernpotenzial aufgrund ungünstiger familiärer Lebensbedingungen oder sonstiger entwicklungsbehindernder äußerer Einflüsse nicht ausgeschöpft ist. Diesen Kindern fehlen also weitgehend solche lern- und entwicklungsförderlichen Impulse und Erfahrungen, wie sie in Abschnitt 3.3. dargestellt wurden. Wenn diese Kinder nicht an den schulischen Anforderungen scheitern sollen, müsste ihr Erfahrungsdefizit durch gezielte Interventionen möglichst noch vor Schuleintritt kompensiert werden. Dadurch sollen die Kinder eine günstige Lernbasis erwerben, um den Anforderungen des Unterrichts standhalten zu können und nicht schon von Anfang an mit dem Stigma der Lernschwäche behaftet zu sein.

Die Forschungen, die sich mit diesem Fragenkomplex befasst haben, sind zu dem Ergebnis gekommen, dass Schwierigkeiten beim Erwerb der Schriftsprache und der Mathematik vor allem durch bereichsspezifische Kenntnisdefizite zu erklären sind. Das bedeutet, dass sich schulischer Lernerfolg besser aufgrund inhaltlich relevanter, spezifischer Vorkenntnisse als aufgrund von Merkmalen der allgemeinen Intelligenz und anderer kognitiver Merkmale (etwa Wahrnehmungsgenauigkeit) vorhersagen lässt.

Diese Erkenntnis wurde für den Bereich des Schriftspracherwerbs bereits seit längerem nutzbar gemacht. In langjährigen Forschungsarbeiten haben Jansen, Mannhaupt, Marx & Skowronek (1999) mit dem „Bielefelder Screening zur Früherkennung von Lese-Rechtschreibschwierigkeiten (BISC)" ein diagnostisches Instrument entwickelt, das mit hoher Trefferwahrscheinlichkeit ein halbes Jahr vor Schulanfang die Kinder identifiziert, die ohne gezielte Interventionen erhebliche Probleme beim Schriftspracherwerb bekommen würden. Für diese „Risikokinder" haben Küspert & Schneider (1999) das Trainingsprogramm „Hören, Lauschen, Lernen" erstellt, das die für den Schriftspracherwerb notwendigen Vorläuferfertigkeiten noch in den letzten Monaten des Kindergartenbesuchs vermittelt und damit dem Auftreten von Lese-Rechtschreibschwierigkeiten mit nachweislich guten Erfolgsaussichten dauerhaft vorbeugen kann.

An diesem Ansatz hat sich dann Krajewski (2003) bei der Entwicklung eines theoretischen Modells und eines praktischen diagnostischen Ansatzes zur Vorhersage von Rechenschwierigkeiten orientiert. Für die Entwicklung ihres diagnostischen Instruments wählte die Autorin unter Berücksichtigung entwicklungstheoretischer und kognitionspsychologischer Forschungsergebnisse solche Merkmalsbereiche aus, die als sogenannte Vorläuferfertigkeiten zum Erwerb mathematischer Kompetenzen in Betracht kommen und am ehesten prognostisch verwertbare Ergebnisse erwarten lassen. Sie werden daher als spezifische Prädiktoren bezeichnet. Diese Merkmalsbereiche entsprechen weitgehend den in den Abbildungen 3.10 und 3.11 dargestellten Inhalten. Für diese entwickelte die Autorin verschiedene Testskalen, die die interindividuellen Unterschiede bezüglich der mathematischen Lernvoraussetzungen der Kinder gut abbilden. Mit diesen Testaufgaben wurden über 100 Kinder zweimal im letzten Kindergartenjahr untersucht. Zur Kontrolle ihres theoretischen Modells testete die Autorin auch noch Aspekte der Gedächtniskapazität, des räumlichen Vorstellungsvermögens, des Sprachverstehens, der Konzentration und der Intelligenz. Da diese Merkmalsbereiche nicht allein auf die Mathematik bezogen sind, gelten sie im Rahmen der Untersuchung als unspezifische Prädiktoren. Die gleichen Kinder wurden dann jeweils am Ende des ersten und des zweiten Schuljahres erneut untersucht. Erhoben wurden verschiedene Erfolgskriterien des Mathematikunterrichts (Mathematiktest DEMAT, informelle Testaufgaben, mathematisches Selbstkonzept sowie Schulnoten in Mathematik) und des Deutschunterrichts (schriftsprachliche Kompetenzen).

Die Ergebnisse zeigen, dass sich aufgrund der mathematikspezifischen Prädiktoren die spezifischen Erfolgskriterien des Mathematikunterichts wesentlich besser vorhersagen lassen als aufgrund der unspezifischen Kriterien, und dass sich die spezifischen Prädiktoren auch weniger gut zur Vorhersage der unspezifischen schulischen Erfolgskriterien des Deutschunterrichts eignen. Diese Befunde stehen im Einklang mit Forschungsergebnissen, wonach dem fach- oder gegenstandsspezifischen Vorwissen eine deutlich höhere prognostische Bedeutung für den Schulerfolg zukommt als der Testintelligenz und anderen allgemeinen Merkmalen wie Wahrnehmung, Konzentration oder allgemeine Gedächtnisfunktionen. Diese Erkenntnisse werden schon seit längerer Zeit in der seriösen Fachliteratur verbreitet und bieten auch günstige Ansatzpunkte für gezielte Interventionen (vgl. Zielinski, 1980).

Das dargestellte Prognosemodell beruht auf Wahrscheinlichkeitsaussagen. Aus diesen lassen sich aber keine direkten Aussagen über die Gültigkeit im Einzelfall ableiten. Daher hat Krajewski (2003) die Untersuchungsergebnisse, die bei den beiden Prognosezeitpunkten vor der Einschulung erhoben wurden, für jedes Kind nach den beiden praktisch relevanten Kategorien „auffällig/unauffällig“ (oder „förderungsbedürftig/nicht förderungsbedürftig“) ausgewertet. Weiterhin hat sie am Ende des ersten Schuljahres für jedes Kind den Lernerfolg in Mathematik nach zwei Kategorien „erfolgreich / nicht erfolgreich“ erhoben. Auf dieser Grundlage konnte die Autorin die Anzahl der richtigen und falschen Diagnosen ermitteln und zeigen, mit welchen Testkombinationen sich die Ergebnisse optimieren lassen. Die Ergebnisse zeigt Abbildung 3.13).

		Mathematikleistung DEMAT Ende 1. Klasse		
		rechenschwach	unauffällig	zusammen
Mengen- und Zahlenvorwissen 6 Monate vor Schuleintritt	auffällig	**11**	6	17
	unauffällig	7	**95**	102
	zusammen	18	101	119

Abb. 3.13: Klassifikation rechenschwacher Kinder am Ende des ersten Schuljahres auf der Grundlage von Prognosen ein halbes Jahr vor Schuleintritt nach Krajewski (2003, S. 194):
- „auffällig“: Kind zeigt in mindestens zwei der Untertests Seriation, Mengen, Zählen, Zahlwissen und Rechnen Leistungen, die zu den untersten 15 % zählen
- „rechenschwach“: Leistung im Mathematiktest im untersten Leistungsbereich von 15 %

13 der insgesamt 119 gestellten Prognosen (knapp elf Prozent) waren falsch. Dabei verteilten sich die Fehlprognosen zu annähernd gleichen Teilen auf die beiden möglichen Arten von Fehlklassifikationen, nämlich a) „falsche Positive“ (also Kinder, die trotz ungünstiger Prognose zu mindestens ausreichenden Schulleistungen kamen,) und b) „Fehltreffer“ (also Kinder, die erwartungswidrig unzureichende Mathematikleistungen erzielten).

Wem diese Zahlen zu ungünstig erscheinen, möge bedenken, dass stets auch nicht prognostizierbare individuelle Faktoren (z. B. Lernrückstände durch krankheitsbedingte Schulversäumnisse oder Lernschwierigkeiten aufgrund zwischenzeitlich aufgetretener familiärer Probleme) und nicht erfasste außerindividuelle Bedingungen (z. B. Unterrichtsqualität, außerschulische Hilfen) in der einen oder anderen Richtung wirksam sind.

Für die Förderung der so identifizierbaren „Risikokinder“ haben Krajewski, Nieding & Schneider (2007) das Förderprogramm „Mengen, zählen, Zahlen (MZZ)“ veröffentlicht. Es beruht auf einem dreistufigen hierarchischen Modell des Kompetenzerwerbs, das von ähnlichen Grundannahmen ausgeht wie das in Abschnitt 3.4 beschriebene von Fritz, Ricken & Gerlach (2007).
Dieses Förderkonzept wurde hinsichtlich seiner Wirksamkeit mit 260 Vorschulkindern erprobt und erzielte sowohl kurzfristig als auch langfristig wirksame Effekte. Auch rechenschwache Schulanfänger konnten von sechs Fördersitzungen zur Vermittlung der Einsicht in Teil-Ganzes-Beziehungen von den entsprechenden Komponenten des Programms deutlich profitieren (Ennemoser & Krajewski, 2007). Damit ist allerdings nicht ausgeschlossen, dass ein Unterricht, der sich an den gleichen Zielsetzungen orientiert und weitere wichtige mathematikdidaktische Qualitätsmerkmale aufweist, ähnlich positive Effekte bewirken kann. Vor dem Hintergrund der gut kontrollierten Studien von Moser Opitz (2001) und Walter, Suhr & Werner (2001) liegt eine solche Vermutung sogar sehr nahe.
Die drei in dem Entwicklungsmodell beschriebenen Kompetenzebenen werden von den Verfassern auch als *„Meilensteine in der frühen mathematischen Entwicklung und Förderung von Kindern“* bezeichnet. Die Kompetenzebene I ist erreicht, wenn die Kinder Unterschiede von Mengen als solche wahrnehmen und wenn sie – unabhängig davon – die Zahlenreihe (etwa bis 10) richtig aufsagen können. Auf der Kompetenzebene II wird den Kindern bewusst, dass die Zahlen Mengen und Mengenunterschiede abbilden, dass Zahlen also Anzahlen repräsentieren, und dass sich die Zahlen innerhalb der Zahlenreihe selbst als Anzahlen verstehen und miteinander vergleichen lassen. Auf der Kompetenzebene III gelingt es den Kindern, alle Operationen, die sie mit konkreten Mengen, also anschauungsgebunden, durchführen können (Zusammensetzen und Zerlegen, Vergrößern, Vermindern und Ergänzen), nun auch allein mit Zahlen, also auf abstraktem Niveau und somit vorstellungsgebunden, zu tätigen und sich dabei weitere Kategorien (Differenzen, Vielfaches) zu erschließen.

Das Förderprogramm, das sich an diesem Modell orientiert, hat drei Schwerpunkte:

1. *Zahlen als Anzahlen* verstehen mit dem Hauptziel, das Prinzip zu erkennen, dass hinter Zahlen Anzahlen (Mengen) stehen,
2. *Anzahlordnung* mit dem Hauptziel, das Prinzip zu erkennen, wonach Zahlen aufgrund ihrer Mächtigkeit (Größe) miteinander verglichen werden können,
3. *Teile-Ganzes-Beziehungen und Anzahlunterschiede* mit dem Hauptziel, Beziehungen zwischen Mengen mit Zahlen darstellen zu können.

Diesen Hauptzielen sind wiederum Teilziele und eine genaue Folge von insgesamt 24 Lektionen (pro Woche drei) zugeordnet, so dass das gesamte Trainingspro-

gramm eine Zeit von acht Wochen beansprucht. Bei einer erfolgreichen Durchführung sollten die Aufgaben, die zur Identifizierung der „Risiko-Kinder" herangezogen wurden, von den betreffenden Kindern bewältigt werden.
Im *ersten Schwerpunkt* werden die Kinder sehr systematisch in die Folgen der Zahlen, beginnend mit 1 und 2, eingeführt. An jedem Tag kommen die zwei nächst größeren Zahlen hinzu, so dass für die Einführung der Zahlen 1 bis 10 fünf Tage benötigt werden. Das Arbeitsprinzip beinhaltet im Wesentlichen Zuordnungen von Karten mit den arabischen Ziffern zu verschiedenen konkreten Dingen oder bildlichen und räumlichen Darstellungen der entsprechenden Anzahlen. Die konkreten Dinge sind beispielsweise Stifte oder Chips. Die bildlichen Darstellungen sind teilweise konkret (Bildkärtchen mit der jeweiligen Anzahl von Mädchen oder Jungen), teilweise ikonisch (z.B. Würfelbilder). Für die räumliche Darstellung werden quaderförmige Zahlsteine entsprechender Höhe verwendet, mit denen sich eine Treppe mit jeweils gleichem Abständen der Stufen bauen lässt. Auf den sechs Flächen dieser Steine sind die entsprechenden Anzahlen ebenfalls in unterschiedlicher Form dargestellt: als arabische Ziffern, als Punkte von Punktwürfeln, als Punkte in linearer Anordnung, als Strecke mit der entsprechenden Anzahl von Unterteilungen, als Kreissegmente (entsprechend der Uhr) sowie als ausgestreckte Finger. Die an jedem Tag eingeführten Zahlen werden abschließend mit den entsprechenden Kärtchen in ein Zahlenhaus mit zwei Zimmern auf jeder Etage – eines für die abstrakte Zahl, das andere für die konkrete Darstellung derselben – eingeordnet, und mit den Zahlsteinen werden die entsprechenden Stufen der Treppe gebaut. Am sechsten und letzten Tag, der für den ersten Schwerpunkt vorgesehen ist, spielen die Kinder ein Memory, bei dem sie jeweils eine Zahl und eine Darstellung derselben zuordnen. Außerdem müssen sie das Zahlenhaus neu aufbauen.
Wurde den Kindern im ersten Schwerpunkt lediglich vermittelt, dass die Zahlen in einer festen Folge angeordnet werden und dabei unterschiedlich große Mengen eindeutig abbilden, so sollen sie im *zweiten Schwerpunkt* das Ordnungsprinzip (um eines mehr) erkennen und lernen, es für verschiedene Vergleiche von Anzahlen zu nutzen und Unterschiede zwischen Mengen exakt zu bestimmen. Um diese Zielsetzung zu erreichen, erhalten die Kinder in zwölf Lektionen Aufträge für konkrete Handlungen mit den schon beschriebenen Materialien. In den Vorgehensweisen und Ergebnissen spiegeln sich die Prinzipien des Aufbaus der Zahlenreihe wider. Diese wiederum lassen die Anwendungsmöglichkeiten zur exakten Bestimmung von Mengen und Größen und ihrer Unterschiede erkennen.
Der *dritte Schwerpunkt* mit sechs Lektionen beinhaltet das Operieren mit Mengen und mit Zahlen. Dabei werden die entsprechenden Handlungen meistens parallel zueinander mit konkretem Material und bildlichen Darstellungen durchgeführt sowie mit Zahlen abgebildet. Diese Handlungen beschränken sich auf das Auftei-

len von Mengen mit maximal zehn Elementen in zwei Teilmengen oder auf das Zusammenfassen von zwei Teilmengen zu einer Gesamtmenge, die ebenfalls nicht größer als zehn ist.

Das Programm konzentriert die Kinder strikt auf ausgewählte mathematische Grundideen. Den Zahlen werden nur solche Eigenschaften zugeordnet, die mathematisch einsichtig und relevant sind. Sie entsprechen dabei den Strukturmerkmalen des Zahlensystems, die dem Förderkonzept zu Grunde liegen. Die Zahlen, mit denen die Kinder arbeiten, werden immer auf Zahlenkarten vorgegeben, so dass die Kinder keine Konzentration darauf verwenden müssen, sie zu schreiben und dadurch von den Lernzielen abgelenkt werden. Allerdings wäre es sicherlich sinnvoll und möglich, den Kindern bereits im ersten Schwerpunkt das Prinzip der Strichliste zu vermitteln. Ihre Anwendung erfordert keine allzu hohen graphomotorischen Fertigkeiten und bei dem Einsatz dieser Technik könnten sich die Kinder auch einmal selbst als Produzenten einer im Alltag sehr praktischen Registriertechnik erleben. Überhaupt lässt das Trainingsprogramm weder den Kindern noch den Erwachsenen viel Spielraum für eigenständige Entscheidungen. Die sehr präzisen Anweisungen für die Durchführung stellen sicher, dass selbst auch solche Personen, denen die fachlichen Grundlagen weitgehend fehlen, das Programm anwenden können. Sie müssen sich also nicht darüber im Klaren sein, was sie denn da eigentlich aus welchen Gründen tun. Nicht auszuschließen ist aber, dass sie diese Einsichten im Zuge der Anwendung gewinnen. Auch den Kindern werden teilweise bestimmte Vorgaben in recht rigider Form gemacht, die eigene, fehlerhafte Denkwege ausschließen sollen. So wird beispielsweise großer Wert darauf gelegt, dass die zu zählenden Dinge nach objektiven Kriterien stets gleich sind. Einerseits mag diese Vorgabe ja dem mathematischen Gedanken der exakten Bildung von vergleichbaren Zähleinheiten förderlich sein, andererseits aber verhindert eine solche Regulierung die eigenständige Bildung von Oberbegriffen und subjektiv sinnvoller Kategorien, unter denen zählbare Einheiten zusammengefasst werden (z.B. „In mein Täschchen gehören immer vier Sachen – das muss ich jeden Tag, wenn ich morgens in den Kindergarten und mittags wieder nach Hause gehe, genau prüfen"). Auch wird den Kindern die Einsicht in die Funktion der Zahl Null, die ja dann in der 10 auftaucht, vorenthalten. Für die Kinder ist es dann schwierig zu erkennen, warum die 1 in der Zahlenreihe zweimal verwendet wird und was die Null hier bedeutet. So ist aus mathematikdidaktischer Sicht die isolierte Behandlung der einzelnen Zahlen besonders problematisch, da damit eine wesentliche mathematische Erkenntnis verhindert wird: Jede Zahl gewinnt ihre spezifische Bedeutung auch und gerade durch ihr Verhältnis zu den übrigen Zahlen innerhalb des Zahlensystems.

Wie schon angedeutet, scheint ein solches Trainingsprogramm dort notwendig zu sein, wo die Erzieher und Erzieherinnen im Kindergarten keine oder nur geringe fachliche Voraussetzungen mitbringen, um ihre pädagogische Arbeit so zu gestalten, dass den Kindern genügend Erfahrungsmöglichkeiten und Impulse für den Erwerb grundlegender mathematischer Konzepte geboten werden.

MZZ ist allerdings nicht das einzige Programm, das zur Förderung mathematischer Kompetenzen von Kindern im Vorschulalter entwickelt wurde. Über weitere Programme und Konzepte informieren Hellmich (2008) und Werner (2009). Neben anwendungsreifen und verfügbaren Konzepten mit entsprechenden Materialien liegen einige Veröffentlichungen vor, in denen über die Entwicklung und erste Ergebnisse Erfolg versprechender Ansätze berichtet wird und die zum Zeitpunkt einer Internet-Abfrage (16. 02. 2010) noch nicht allgemein verfügbar sind (z.B. Quaiser-Pohl, 2008; Clausen-Suhr, Schulz, & Bricks, 2008).
Bedenkenswerte Maßstäbe zur Bewertung der vorliegenden Ansätze finden sich bei Steinweg (2008). Zunächst fordert die Verfasserin, dass drei Fehlvorstellungen vorzubeugen sei:
„Mathematik als lebendige Wissenschaft und somit als Erfahrung, lebt vom Tun und Handeln sowie dem Sprechen über dieses Handeln ... Sie ist, im Gegensatz zur landläufigen Meinung unter den nicht mathematikdidaktisch ausgebildeten Erwachsenen, nicht durch Kenntnisse und abrufbare Fertigkeiten (z.B. Formeln etc.) gekennzeichnet. Weder Trainingsprogramme, noch fixe Zeitabläufe oder kleinschrittige Ziele sind also sinnvoll, sondern das Verständnis des Kompetenzerwerbs als lebenslanger Prozess in unterschiedlichen Tiefen der Auseinandersetzung. ... Eine zweite Fehlvorstellung liegt in der Idee der Vorläuferfähigkeiten. Lernen geschieht nicht in linearer Abfolge nach wissenschaftlich gegebenen Plänen, sondern kumulativ und assoziativ sowie in Sprüngen ... Jede Auseinandersetzung mit mathematischen Inhalten ist per se Mathematik und keine Vorform. ... Die dritte Grundsatzentscheidung betrifft die Hinwendung zum Motto >weniger ist mehr<. ... Gut gemeinte Daueranregungen lassen keinen Raum für eigene Überlegungen und die Einordnung und somit Festigung des Erfahrenen in die eigenen Denkmuster. ... Eine wirklich sinnvolle und damit auch effektive Förderung braucht überlegte Anregungen ... Anregungsumgebungen werden hierbei verstanden als vorbereitete Umwelt, in denen die Kinder individuelle Erfahrungen machen können, ohne Bevormundung oder engmaschige methodische Aufbereitung der Inhalte (S. 144f).
Diesen drei Kriterien würde das Programm MZZ kaum standhalten. Seine Effektivität ist zwar unbestritten. Diese bezieht sich allerdings nur auf die Gewährleistung schulischen Erfolgs im üblichen Mathematikunterricht der Grundschule. Ein solcher Erfolg ist jedoch nicht unbedingt gleichzusetzen mit erfolgreichem mathematischen Denken. Viele Indizien sprechen dafür, dass manche der üblichen Unterrichtskonzeptionen die Entwicklung mathematischen Denkens eher verhindern als fördern (Baruk, 1989).

Weiterhin nennt Steinweg (2008) vier Kompetenzbereiche, in denen sich *„fruchtbare Begegnungen mit Mathematik"* (S. 146) ergeben:

- Zahl und Struktur
- Raum und Form
- Größen und Maße
- Zufall und Daten.

Als Merkmale mathematischen Denkens, die sich in diesen Bereichen zeigen, führt Steinweg an:

- *„Kreativ sein & Probleme lösen,*
- *kommunizieren & argumentieren*
- *begründen & prüfen*
- *ordnen und Muster nutzen"*

(S. 147). Diese Kompetenzbereiche und Merkmale entsprechen übrigens weitgehend den mathematikdidaktischen Vorstellungen, wie sie in Kapitel 2 dargelegt wurden. Mit ihnen stimmen am ehesten die Vorschläge von Hoenisch & Niggemeyer (2007) überein. Die Autorinnen haben diese in einen lebendig wirkenden Text gefasst, in welchem sie sehr anschaulich und, untermauert durch sorgfältig ausgewählte und gut platzierte Fotos, die Begegnungen und aktiven Auseinandersetzungen der von ihnen geförderten Kinder mit mathematischen Sachverhalten schildern. Aufgrund ungünstiger Lebensverhältnisse hatten alle Kinder einen erhöhten Förderbedarf und wurden in kleinen Gruppen pädagogisch betreut. In einfacher gut nachvollziehbarer Sprache beschreiben die Autorinnen, wie sich die Kinder durch die verwendeten Materialien und bei gemeinsam geplanten Projekten zu lernergiebigen Tätigkeiten anregen ließen, ohne dass besondere Instruktionen notwendig waren. Bei den vorangestellten Begründungen und Erläuterungen berufen sich die Autorinnen zwar explizit auf Piaget, doch entsprechen ihre konzeptionellen Überlegungen und praktischen Beschreibungen auch sehr gut den tätigkeitstheoretischen Grundsätzen der Kulturhistorischen Schule, wie sie in Abschnitt 3.3. dargestellt wurden. Trotz der sehr konkreten Beispiele ist die Darstellung von Hoenisch & Niggemeyer (2007) als ein exemplarisches Angebot oder als ein Modell zu verstehen, dessen konkrete Ausgestaltung sich nach den jeweils gegebenen situativen Bedingungen richten sollte.

Etwas geringer ist der Spielraum für kreative pädagogische Ideen in dem schon erwähnten Lehrbuch von Schinköthe (2000), das sehr systematisch aufgebaut ist und sich an der tätigkeitstheoretischen Lerntheorie der Kulturhistorischen Schule orientiert. Dabei gibt es wegen der strikten pädagogischen Führung den lernenden Subjekten – ähnlich wie MZZ – wenig Raum. Auch dieser Ansatz will sicherstellen, dass möglichst alle Kinder im Vorschulalter die notwendigen Voraussetzungen erwerben, um dem Unterricht bei Schulanfang folgen zu können.

Die gleiche Zielsetzung verfolgt auch das Förderprogramm „Komm mit ins Zahlenland“ von Friedrich & de Galgoczy (2006). Ähnlich wie bei MZZ sollen die Kinder mit wesentlichen Aspekten der Zahlen 1 bis 10 vertraut gemacht werden. Dies geschieht in recht kindertümlicher Form und anhand von speziell ausstaffierten Zahlenpuppen, Geschichten und Liedtexten, die mit einzelnen Zahlen verbunden werden. Auf diese Weise sollen die Kinder emotional positiv besetzte Bezüge zu den Zahlen gewinnen. Dieser Ansatz ist jedoch problematisch, weil dadurch die Erkenntnis erschwert werden kann, dass Zahlen grundsätzlich abstrakte Größen sind.
Diese Kritik betrifft auch das Programm „Entdeckungen im Zahlenland“ von Preiß (2007). Es wurde ursprünglich für den Unterricht in Schulen für junge Menschen mit geistiger Behinderung entwickelt, findet aber auch Verbreitung in vorschulischen Einrichtungen und Kindergärten. Auch dieses Programm sieht Lernumgebungen vor, in denen die Zahlen von 1 bis 10 mit sinnlich erfahrbaren Materialien (Zahlenhaus, Zahlenweg, Zahlenländer) in spielerischer Form verknüpft werden. Zwar mögen dadurch die Kinder mit den Zahlen vertraut werden und gewinnen auch Kriterien, sie voneinander zu unterscheiden, doch der notwendige Weg zur Abstraktion wird ihnen dadurch verstellt.
Ganz anders sind hingegen die von Müller & Wittmann (2002, 2003) vorgelegten Materialien „Das kleine Zahlenbuch. Band 1 und Band 2“ einzuschätzen. Sie enthalten für Kinder im Vorschulalter spielerische Angebote, die diesen einen ersten Zugang zu den Grundideen der Arithmetik auf der Grundlage aktiv-entdeckenden Lernens ermöglichen.

4 Zur inhaltlichen und methodischen Gestaltung des Mathematikunterrichts in der Primarstufe

Kapitel 1 sollte grundlegende Orientierungen für eine menschenfreundliche Pädagogik und für einen Mathematikunterricht, der diesen Prinzipien verpflichtet ist, bieten. Aspekte des Unterrichtsgegenstandes selbst, die für Lehrkräfte, die Mathematik unterrichten, wichtig sind, wurden in Kapitel 2 thematisiert. Lehrkräfte sollten aber auch wissen, wie Kinder einen möglichst tragfähigen Zugang zur Mathematik finden oder wie ihnen dabei geholfen werden kann. Mit diesem Fragenkomplex befasste sich das vorige Kapitel 3. Die pädagogischen Möglichkeiten und inhaltlichen Ansprüche des Lerngegenstandes einerseits und die zu beachtenden Voraussetzungen der Lernenden andererseits sind damit also – zumindest ansatzweise – dargestellt worden. Im Hinblick auf die konkrete Unterrichtsgestaltung sind nun noch die engeren inhaltlichen Lehr- und Lernziele sowie die darauf bezogenen Prinzipien ihrer methodischen Umsetzung zu behandeln. Die damit befassten Fragen betreffen das Fachgebiet der Didaktik, dem das vorliegende Kapitel gewidmet ist. Für eine vertiefende Auseinandersetzung mit dieser Thematik sei auf die gründlichen Darstellungen von Graumann (2002), Hasemann (2007) sowie Krauthausen & Scherer (2007) verwiesen.

Eine wichtige Aufgabe der Didaktik betrifft die Auswahl, Struktur und Anordnung von Lehr- und Lerninhalten (Kremer, 1997, S. 75). Hieran haben sich Lehrkräfte zu orientieren, wenn sie ihren Unterricht langfristig, etwa für ein ganzes Schuljahr, planen. Anhaltspunkte für ihre inhaltlichen Planungen finden sie in drei verschiedenen Quellen:

- in amtlichen Lehr- und Bildungsplänen,
- in den von den Kultusbehörden zugelassenen Unterrichtswerken sowie in den im Handel erhältlichen Lern- und Übungsmaterialien,
- in Erkenntnissen der Wissenschaft, wie sie in Fachorganen – so auch in dieser Schrift – veröffentlicht und im Bereich der Aus- und Weiterbildung vermittelt werden.

Diese Quellen können auch als unterschiedliche Vermittlungsebenen gelten. In idealer Weise würde man sich die Vermittlung zwischen diesen Ebenen so vorstellen, dass die wissenschaftlichen Erkenntnisse, etwa so wie sie hier in den Kapiteln 2 und 3 herausgearbeitet wurden, sowohl in die amtlichen Lehr- und Bildungspläne einfließen als auch von den Autoren und Verlagen für die Gestaltung der Unterrichtswerke sowie der Lern- und Übungsmaterialien aufgegriffen und genutzt werden. Eine solche ideale Abstimmung zwischen diesen Vermittlungsebenen zeigt die nachfolgende Abbildung 4.1.

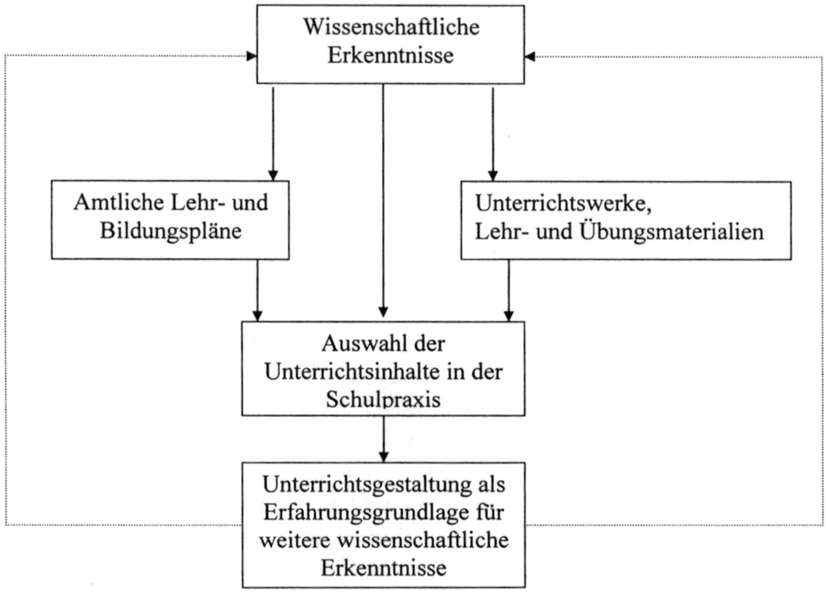

Abb. 4.1: Ideales Modell für die Zusammenhänge der Einflüsse von wissenschaftlichen Erkenntnissen, bildungspolitischen Vorgaben sowie didaktischen Materialien auf die Auswahl der Unterrichtsinhalte und die Unterrichtsgestaltung als Grundlage für weitere wissenschaftliche Erkenntnisse

Dieses ideale Modell entspricht allerdings nicht der Realität in Deutschland. Tatsächlich müssen alle Unterrichtswerke von den jeweiligen Kultusbehörden der Bundesländer unter der Frage geprüft werden, ob sie mit den amtlichen Lehr- und Bildungsplänen übereinstimmen. Erst wenn dies der Fall ist, werden sie genehmigt und dürfen in den Schulen eingesetzt werden. Insofern besteht also eine deutliche und einseitige Abhängigkeit zwischen diesen beiden Ebenen. Es wäre nun sinnvoll und vernünftig, wenn sich die Kultusbehörden bei ihren Kontrollen ausschließlich an Erkenntnissen orientieren, die in Übereinstimmung mit Prinzipien des Grundgesetzes stehen und dabei den grundlegenden pädagogischen Zielsetzungen, wie sie in Kapitel 1 dargelegt wurden, verpflichtet sind. Eine solche strikte Orientierung ist sicherlich nicht gegeben, weil die Kultusbehörden auch für die Umsetzung bildungspolitischer Entscheidungen verantwortlich sind.

Bildungspolitische Entscheidungen unterliegen in einem demokratisch verfassten Land wiederum den mehrheitlich artikulierten Interessen der Wählerschaft. Bezüglich der schulischen Lehr- und Lerninhalte artikulieren sich vor allem Interessensvertretungen der Eltern und der Wirtschaft. Aus der Sicht der Wirtschaft liegt es nahe, auf die Vermittlung wirtschaftlich verwertbarer Kompetenzen zu pochen und diese den weiteren persönlichkeitsbildenden Zielsetzungen nachzuordnen. Die Elternsicht ist wesentlich heterogener. Ein sehr grundsätzlicher Aspekt betrifft die Struktur des Bildungssystems. Im Unterschied zu internationalen Entwicklungen hat sich in Deutschland eine sehr früh einsetzende vertikale Gliederung mit starker Selektion behauptet. Für die Auswahl und Strukturierung der schulischen Lehr- und Lerninhalte in der Grundschule bedeutet dies, dass zwar die große Heterogenität der Lernvoraussetzungen und Lernmöglichkeiten der Kinder zu berücksichtigen ist, dies aber in einer Weise, dass sich die Leistungsunterschiede zwischen den Schülern klar erkennen und sich auf der Notenskala eindeutig abbilden lassen. Dies ermöglicht eine frühzeitige Selektion „nach unten", die durch die Überweisung der leistungsschwachen Kinder auf Förderschulen möglichst schon während der Grundschulzeit realisiert werden soll. Weiterhin wird dadurch eine Selektion „nach oben" am Ende der Grundschulzeit ermöglicht, wenn es um die Empfehlungen für den Besuch der weiterführenden Schulen geht. Inhalte, die gemeinsames und für Alle erfolgreiches Lernen begünstigen, haben unter diesen Voraussetzungen wenig Chancen, in die Bildungspläne aufgenommen zu werden. Entsprechende Konzepte, wie etwa die Pädagogik nach Freinet (vgl. Dietrich, 1995) finden sich nur vereinzelt im deutschen Bildungswesen, und ihre Inhalte werden noch am ehesten von den wenigen integrativ und inklusiv ausgerichteten Schulen aufgegriffen.

Für den Grundschulbereich ist der Kanon der Lehrinhalte für den Mathematikunterricht relativ stabil. Gleichwohl lehrt uns ein Blick in die Vergangenheit, dass er auch veränderbar ist: So wurden in den 70er Jahren des letzten Jahrhunderts die Schulanfänger zunächst über die Mengenlehre (Stichwort „Neue Mathematik") und nicht über die Zahlen in die Mathematik eingeführt.[1] Die Revision dieses damals als revolutionär geltenden Ansatzes erfolgte nicht zuletzt aufgrund heftigen Protestes seitens der Eltern. So macht auch Winter (1987) im einleitenden Kapitel seiner lesenswerten mathematikdidaktischen Abhandlung auf die nicht immer unproblematischen Einflüsse der verschiedenen Interessensgruppen auf die Unterrichtsinhalte aufmerksam. Verständlicherweise haben Autoren und Verlage in erster Linie ein Interesse an möglichst hohen Verkaufsziffern und bringen daher solche Produkte auf den Markt, die bestimmten Erwartungen der Schulen und Lehrkräfte entsprechen – und dies sicher auch unabhängig von der pädagogischen

1 Eine informative und zugleich kritische Darstellung mit Blick auf einen Anfangsunterricht „unter erschwerten Bedingungen (d. h. bei lernschwachen Kindern)" ist bei Wilms (1973) zu finden.

Qualität der jeweiligen Materialien. Zumindest kann bezweifelt werden, dass es nur fachliche Kriterien sind, nach denen Schulen und Lehrkräfte ihre Schulbücher und Lehrwerke auswählen. Dazu – mit Blick auf den Unterricht in Förderschulen – ein treffendes Zitat von Scherer (2009): *„Dass speziell der Mathematikunterricht hier noch von traditionellen Lehr- und Lernkonzepten dominiert wird, ist nicht zuletzt der Tatsache zuzuschreiben, dass die wenigsten Sonderschullehrerinnen und -lehrer das Fach Mathematik in ihrer Ausbildung wählen. So kommt den verwendeten Lehrwerken in der späteren Unterrichtspraxis eine deutlich höhere Bedeutung zu als Entwicklungen und neueren Erkenntnissen der Fachdidaktik"* (S. 434).
Auf jeden Fall ist zu konstatieren, dass Lehr- und Bildungspläne ebenso wie Unterrichtswerke und Lern- und Übungsmaterialien bisweilen falsche oder zumindest unzureichende Vorstellungen von wichtigen Aspekten der Mathematik enthalten. Dies wiederum kann manchen Kindern den Erwerb und die Weiterentwicklung umfassender und solider Einsichten erschweren, wenn nicht gar verhindern. Bei den entsprechenden Fehlern und Mängeln handelt es sich meistens um inhaltliche Verkürzungen und stoffliche Reduktionen. Diese werden mit den angeblich unzureichenden Lernvoraussetzungen der Schülerinnen und Schüler begründet. Insbesondere gilt dies für Richtlinien und Materialien, die für den Primarbereich und hier verstärkt für Kinder mit Lernschwierigkeiten vorgesehen sind (siehe etwa die gründliche Analyse von Scherer, 1995, in dem Kapitel "Die gegenwärtige Praxis des Mathematikunterrichts an der Schule für Lernbehinderte", S. 49-83). Eigene Analysen zeigten beispielsweise für fast alle untersuchten Lehrwerke für Sonderschulen, dass zweigliedrige Additionsaufgaben mit dem kleineren Summanden in der vorderen Position (z. B. $4 + 9 =$) wesentlich seltener gestellt wurden als solche mit dem kleineren Summanden in der hinteren Position (z. B. $9 + 4 =$) (Kornmann, Wagner & Biegel-Reichert, 1993), und dass Aufgaben mit der Null entweder gar nicht vorkamen oder deutlich unterrepräsentiert waren (Wagner, Seeger-Kelbe und Kornmann, 1991; Kornmann, Frank, Holland-Rummer & Mack, 1997). Dieser Befund wurde später auch bei einer Analyse von Lehrwerken für Grundschulen erhärtet (Kornmann, Frank, Holland-Rummer & Wagner, 1999).[2] Solche inhaltlichen Verkürzungen und Reduktionen stehen im Einklang mit einer über hundertjährigen hilfsschuldidaktischen Tradition, nach der die Schülerschaft der Hilfsschule aufgrund ihrer angenommenen Minderbegabung nur zur Bewältigung einfacher Aufgaben befähigt werden könne. Diese Auffassungen halten allerdings empirischen Überprüfungen nicht stand, haben doch die Ergebnisse verschiedener Untersuchungen den Nachweis erbracht, dass lernschwache Schüler gerade von anspruchsvollen didaktischen Konzepten deutlich mehr profitieren als von den traditionellen reduktionistischen Methoden (Scherer, 1995; Moser Opitz, 2001; Walter, Suhr & Werner, 2001).

2 Es wäre sicher sinnvoll zu überprüfen, ob diese Kritik noch immer berechtigt ist.

Sicher werden noch immer und immer wieder Schulbücher sowie Lehr- und Übungsmaterialien produziert, von den Schulen angeschafft und in den Schulen angewendet, die nicht den Ansprüchen der mathematikdidaktischen Wissenschaft entsprechen und eine Unterrichtspraxis begünstigen, die weit unter dem Niveau der realisierbaren Möglichkeiten bleibt. Daher gehört es zu den Merkmalen pädagogischer Professionalität, die Fehler und Mängel in Lehr- und Bildungsplänen sowie in Lehrwerken und Lern- und Übungsmaterialien zu erkennen, also nicht unreflektiert zu übernehmen, sondern auszugleichen. Insbesondere ist bei solchen Schulbüchern Skepsis angesagt, deren Autoren sich im fachlichen Diskurs zu grundlegenden mathematikdidaktischen Fragen nicht geäußert haben und die sich nicht erkennbar in eine Tradition mathematikdidaktischen Denkens stellen, wie sie etwa den in diesem Buch dargestellten pädagogischen Prinzipien entspricht. Eine solche Skepsis ist ein sehr hoher Anspruch an Lehrkräfte, die Mathematik nicht als Schwerpunkt ihres Studiums und möglicher Fortbildungen gewählt haben. Gleichwohl muss diesem Anspruch im Interesse der Kinder entsprochen werden. Dabei kann eine Orientierung an drei wesentlichen mathematikdidaktischen Grundsätzen hilfreich sein (vgl. Winter, 1987):

1. Einen tragfähigen Zugang zu den Inhalten der Mathematik gewinnen die Kinder dadurch, dass sie die verschiedenen Bedeutungsaspekte der Mathematik für ihre eigene Lebensgestaltung erfahren und erleben können. So werden Tätigkeiten dann als sinnvoll eingeschätzt und erlebt, wenn sie sich auf persönlich bedeutsame Gegenstände und Erfahrungsbereiche richten. In diesem Sinne dient die Mathematik der Umwelterschließung.
2. Mathematisches Denken selbst, wird über aktiv-entdeckende Lernformen gefördert, bei dem sich die Kinder die wesentlichen Strukturen und Gesetzmäßigkeiten des Zahlensystems und der Operationen mit den Zahlen, also die Fachstruktur, eigenständig erschließen können. Unterricht und Lehrmaterialien müssen dazu aber geeignete Impulse bieten, indem sie die Lernenden mit problemhaltigen Sachverhalten konfrontieren. Dabei ist die Tatsache nutzen, dass eigentlich alle Menschen, aber insbesondere Kinder, Freude an spielerisch-herausfordernden Aufgaben und künstlerisch-ästhetischen Gestaltungen haben. Bei jüngeren Kindern kommt hinzu, dass sie sich gern solche Kompetenzen aneignen, die charakteristisch für ältere Kinder und Erwachsene sind.
3. Zur flexiblen und sicheren Anwendung der gewonnenen mathematischen Einsichten ist eine intensive Übungspraxis erforderlich, die kreativ und produktiv zu gestalten ist, also frei von mechanischem Drill sein soll.

Diese dreiteilige Schwerpunktbildung, die nachfolgend erläutert wird, findet sich in vielen didaktischen Entwürfen wieder.

4.1 Zum Grundsatz der Lebensnähe und praktischen Bedeutsamkeit

Der erste Grundsatz betont die Lebensnähe und die persönliche Bedeutsamkeit der mathematischen Inhalte und verweist somit auf die Entstehungsgeschichte der Mathematik (siehe dazu auch Kapitel 2). Grundlage entsprechender Anforderungen sollen Probleme aus dem Erfahrungsbereich der Kinder sein, an deren Lösung sie selbst ein persönliches Interesse haben. Für die Lösung solcher inhaltlichen Probleme sind Vorgehensweisen dienlich, bei denen Einsichten und Kenntnisse der Mathematik, vor allem der Arithmetik und Geometrie, genutzt werden. Damit wird der zweite Grundsatz angesprochen, der die formalen Aspekte der Mathematik betont und damit auf die fachwissenschaftliche Seite der Mathematik verweist. Aktuelle didaktische Überlegungen betonen den engen Zusammenhang dieser beiden Grundsätze. So arbeitet beispielsweise Eberle (1996) unter Rückgriff auf psychologische Messmodelle heraus, dass es darauf ankomme, die in der Empirie oder im Alltagsgeschehen vorfindlichen Relationen von Sachverhalten (Eigenschaften, Ereignissen, Handlungen) mittels numerischer Relationen abzubilden und umgekehrt theoretische Voraussagen über Relationen von Sachverhalten, die in numerischer Form dargestellt werden, empirisch zu überprüfen. Bei Wember (1999, S. 273) findet sich ein Modell, das diese Beziehungen veranschaulicht:

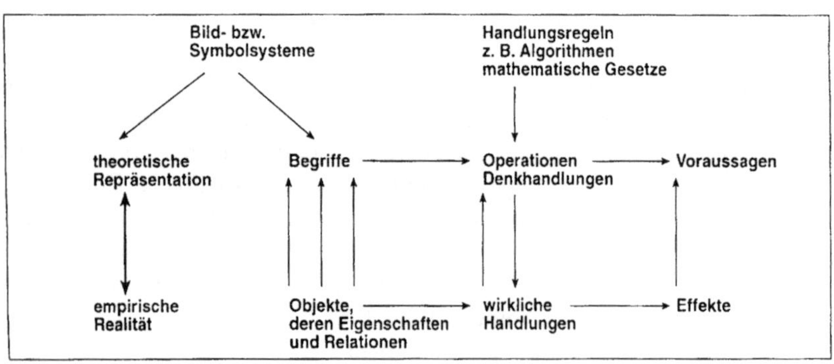

Abb. 4.2: Strukturmodell mathematischer Begriffe und Operationen als isomorphe Abbildungen der empirischen Realität (nach Vergnaud, 1981, S. 201)

Die einzelnen Komponenten dieses Strukturmodells sollen an einem Beispiel, das auch den Studierenden in einer Vorlesung gegeben wurde, erläutert werden.
Empirische Realität ist die Tatsache, dass wir am Tag der Vorlesung den 07. 12. 2009 schreiben und dass Heiligabend wie jedes Jahr am 24. 12. 2009 gefeiert wird. Eine *theoretische Repräsentation* findet dies in dem Konzept, dass Tage gezählt und ihre Anzahl in größeren und kleineren Einheiten gebündelt wird. Durch kluge, experimentell gestützte Beobachtungen kamen die Menschen zu der empirisch gesicherten Erkenntnis, dass sich nach 365 Tagen bestimmte Phänomene wiederholen, z. B. der Sonnenaufgang an einer exakt zu bezeichnenden Stelle oder die relative Folge des Aufblühens bestimmter Pflanzen (Phänologie). Daher wurden 365 Tage zu einer Einheit gebündelt und als Jahr bezeichnet. Das *Bild- bzw. Symbolsystem,* das diese Gegebenheit veranschaulicht, ist der Kalender. *Begriffe* des Kalenders sind eindeutig definiert: Jedem Tag im Jahr ist eine Kombination von drei Zahlen (TT MM JJ) zugeordnet. *Objekte* sind also die Tage, die bestimmte Eigenschaften aufweisen (siehe Phänologie) und in Relation zueinander stehen. Diese Konstellationen bestimmen die Pläne für *wirkliche Handlungen:* Am 07. 12. wird es schon einmal Zeit, an den Kauf eines Weihnachtsbaums zu denken. Mindestens drei Tage vor dem Fest muss er gekauft sein, damit alle sonstigen Vorbereitungen ungestört ablaufen können. Folglich wird ermittelt, dass der Baum spätestens am 21. 12. gekauft sein muss. Dieser Plan entspringt einer geistigen *Operation* oder *Denkhandlung,* die etwa dem folgenden *Algorithmus* folgt: 24 – 1 – 1 – 1 = 24 – 3 = 21. Der 21. 12. wird als Merkhilfe (*wirkliche Handlung)* in den Kalender eingetragen, weil dies die *Voraussage* ermöglicht, dass vom 21. bis zum 24. 12. noch genügend Zeit für alle weiteren Vorbereitungen bleibt. Diese *Effekte* werden später an der Realität geprüft.
In einem weiteren gedanklichen Schritt gelingt es Wember (1999, S. 276), auch noch den Grundsatz der Übung in einem umfassenden Prozessmodell unterrichtlich gestützten Lernens zu integrieren (siehe Abb. 4.3). Es sieht neun Aktivitätsphasen vor, die jedoch die klare Präferenz des Anwendungsbezugs erkennen lassen. Lediglich bei der Erarbeitung eines Problemlösungsverfahrens (1.3) sind Rückgriffe auf mathematische Einsichten erforderlich.
Ihr flexibler und sicherer Einsatz wird nach diesem Modell wiederum in Sachsituationen, also mit Bezug auf die alltägliche Lebenspraxis, geübt.
Die unter 1 gekennzeichneten Phasen dienen der Einführung in den Problembereich und dem Erwerb eines Problemlöseverfahrens. Übung und Sicherung der Vorgehensweise sind Inhalt der unter 2 gekennzeichneten Phasen und die praktische Verfügbarkeit in konkreten Anwendungssituationen wird in den unter 3 gekennzeichneten Phasen erprobt.

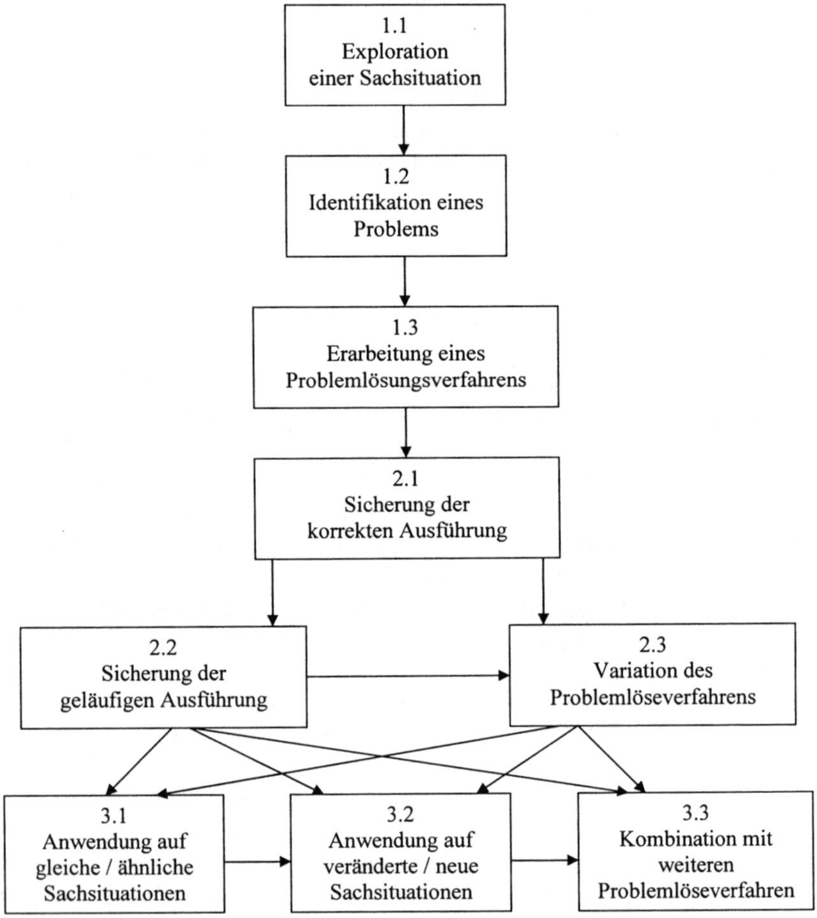

Abb. 4.3: Prozessmodell des unterrichtlich gestützten Lernens von mathematischen Verfahren in neun Aktivitätsphasen (nach Wember, 1999, S. 276)

Der didaktische Entwurf von Wember (1999) ist sehr pragmatisch ausgerichtet und betont die Bedeutung der Mathematik als „Werkzeug" für die Lösung von Alltagsproblemen. Ohne Zweifel sind mathematische Lösungsmöglichkeiten von sehr großer Bedeutung für die Kinder und sollten mit ihren „subjektiven Erfahrungsbereichen" (Bauersfeld, 1983) verbunden werden, also an der kindlichen

Lebenswelt anknüpfen. Auf diese Bedeutungsaspekte macht insbesondere die kleine Schrift von Schütte (1994) und das von ihr herausgegebene Lehrwerk „Die Matheprofis“ (Schütte, 2000) aufmerksam. Die vielen eindrucksvollen Praxisbeispiele sind zwar auf den Unterricht in Grundschulklassen zugeschnitten, bieten aber sicherlich auch viele wichtige Anregungen für die pädagogische Arbeit mit lernschwachen Kindern. Einige solcher Bedeutungsaspekte sind in den nachfolgenden Thesen zusammengefasst und mit einem Beispiel verdeutlicht:

1. Mathematik ermöglicht die Abbildung bedeutsamer Erfahrungen und Erlebnisinhalte unter dem Aspekt von Gleichheit und Verschiedenheit (Beispiel: *Wir untersuchen, welche Namen von Kindern unserer Klasse immer gleiche viele Buchstaben haben: Eva, Uwe ...*)
2. Mathematik kann zur emotionalen Stabilisierung, Entwicklung von Selbständigkeit und Identitätsbildung beitragen (Beispiel: *Wir lernen, wie man mit Geld umgeht, und wer das schon kann, kann wie die Erwachsenen selbstständig einkaufen gehen*)
3. Mathematik eignet sich zur gerechten Regulierung sozialer Geschehnisse (Beispiel: *Wir teilen die Muggelsteine so auf, dass jedes Kind gleich viele bekommt*)
4. Mathematik dient der Lösung konkreter Probleme (Beispiel: *Wenn jedes Kind beim Klassenfest drei Luftballons bekommen soll, können wir uns ausrechnen, wie viele wir einkaufen müssen*)
5. Mathematik bietet Möglichkeiten, subjektive Eindrücke und Urteile bei der Realitätserschließung zu überprüfen und zu präzisieren (Beispiel: *Wir schätzen die Anzahl von Muggelsteinen im Glas und stellen fest, wer von uns am besten geschätzt hat*)
6. Mathematik kann die menschliche Spielfreude und weitere ästhetische Bedürfnisse anregen, weiterentwickeln und befriedigen (Beispiel: *Wir würfeln mit zwei Würfeln, notieren die Ergebnisse, stellen fest, wie häufig die Ergebnisse von 2 bis 12 vorkommen, zeichnen die Ergebnisse und machen uns Gedanken, wie die Ergebnisse zustande kommen*).

Etwas ausführlicher und in einem größeren theoretischen Rahmen sind diese Thesen bei Kornmann (1998) dargestellt. Ähnliche Thesen hat auch Schmassmann (1999) vorgelegt.

Vertiefende Unterrichtsbeispiele mit ihren Bezügen zu dem Grundsatz der subjektiven Bedeutsamkeit und der Umwelterschließung werden im nächsten Kapitel dargestellt.

4.2 Zur Bedeutung aktiv-entdeckenden Lernens für den Erwerb mathematischer Einsichten und die Entwicklung mathematischen Denkens

Bei der Vermittlung der Bedeutungsaspekte sind die dafür passenden Methoden unmittelbar einleuchtend, sie sind funktional mit den Inhalten verknüpft, und dies bedarf keiner weiteren Begründung: Die Kinder gewinnen ihre entsprechenden Erfahrungen und Einsichten im Rahmen praktischer Handlungsvollzüge, das Lernen geschieht anhand konkreter Objekte, in Projekten. Dieser enge Zusammenhang zwischen Inhalten und Methoden des Lehrens und Lernens wird nun auch durch die Überschrift dieses Abschnittes nahegelegt und für richtig gehalten – jedoch: Rückblicke auf die Entwicklungsgeschichte der Fachdidaktik zeigen, dass die Vermittlung der mathematischen Strukturen in sehr einseitiger Form erfolgte: Der Unterricht sollte den Stoff möglichst systematisch und lückenlos belehrend an die Lernenden tradieren, und diese sollten die Inhalte möglichst vollständig aufnehmen und fehlerlos reproduzieren. Obwohl eine solche Vorstellung aus fachdidaktischer Sicht längst überholt ist und sich praktisch nicht bewährt hat, hält sie sich noch immer recht hartnäckig in vielen Köpfen derer, die für den Mathematikunterricht verantwortlich sind. Sicherlich trägt dies auch zu den im ersten Kapitel beschriebenen Aversionen vieler Lernender gegenüber der Mathematik bei.

Als Gegenentwurf zu dem belehrenden Unterricht versteht sich das Konzept des aktiv-entdeckenden Lernens, dessen Wurzeln auf reformpädagogische Einflüsse zurückgehen. So zielen die Ideen von Maria Montessori (1870-1952) darauf ab, dass sich die Kinder die grundlegenden mathematischen Strukturen anhand speziell entwickelter Materialien eigenständig erschließen (Montessori, 1922), und ein früher systematischer fachdidaktischer Entwurf stammt von Johannes Kühnel (1919), der ebenfalls fordert, die Eigenart der kindlichen Lerntätigkeit zum Ausgangspunkt aller Überlegungen zur inhaltlichen Vermittlung zu machen. Hieran knüpfen die Arbeiten von Winter (1984) und Wittmann (1993) an, die mit dem Begriff des aktiv-entdeckenden Unterrichts ihre fachdidaktischen Konzepte kennzeichnen.

Der aktiv-entdeckende Unterricht entspricht einem dialektischen oder interaktionistischen Menschenbild, wie es Abschnitt 3.1. kurz skizziert wurde. Für die selbstständige Erschließung mathematischer Strukturen und Gesetzmäßigkeiten im Rahmen schulischen Unterrichts haben die Autoren der Projektgruppe „Mathe 2000" anregende Aufgaben bereitgestellt und ausgereifte Materialien entwickelt. Grundlegende Informationen hierüber finden sich im Internet unter www.mathematik.uni-dortmund.de/ieem/mathe2000/pdf/Grundkonzeption%20mathe%20

2000.pdf. Im Rahmen dieses Projekts ist das Unterrichtswerk „Das Zahlenbuch" entstanden, das von Erich Ch. Wittmann und Gerhard N. Müller herausgegeben wird und für die Klassen 1 bis 4 der Grundschule konzipiert ist (Wittmann & Müller, 2000). Zu diesem Unterrichtswerk werden auch einige wohldurchdachte Mittel zur Veranschaulichung angeboten.

Für Kinder mit Lernschwierigkeiten existiert auch ein zusätzlicher Förderkurs (Informationen hierzu in dem Text von E. Ch. Wittmann: Ein alternativer Ansatz zur Förderung „rechenschwacher" Kinder im Internet zum Download unter www.mathematik.uni-dortmund.de/didaktik/mathe2000/pdf/foerderansatz.pdf). Dort charakterisiert der Autor das Konzept: *„Durchgehend betont werden eine strukturierte Zahlerfassung (insbesondere die >Kraft der Fünf<) und ein breites Operationsverständnis (z. B. Addieren als Hinzunehmen* ***und*** *Zusammensetzen, Subtrahieren als Abziehen* ***und*** *Ergänzen), durchgehende Nutzung der Rechengesetze für vorteilhafte Rechenstrategien"* (S. 10).

Das Projekt „Mathe 2000" setzt fachlich die Maßstäbe, an denen alle übrigen fachdidaktischen Entwürfe, Unterrichtswerke sowie Lehr- und Übungsmaterialien zu messen sind. Bei einem solchen kontrastierenden Vergleich lässt sich beispielsweise erkennen, dass der gründlich konzipierte und empirisch erprobte Ansatz von Kutzer (1979, 1983) mit dem Lehrwerk „Mathematik entdecken und verstehen" eine Reihe von Engführungen enthält, welche die Vorkenntnisse und Ideen der Kinder – insbesondere beim Zählen – nicht angemessen berücksichtigen und dadurch den Zusammenhang zwischen dem Ordinalzahl- und dem Kardinalzahlbegriff erst sehr spät im Lernprozess erkennen lässt. Andere Lehrwerke, z. B. „Mathematikus" von Lorenz, Eichler, Jansen & Röttger (2006) oder „navi" von Bekhiet u. a. (2008), die ebenfalls mit Blick auf lernschwache Schüler entwickelt wurden, sind dem Konzept „Mathe 2000" in vielen wesentlichen Punkten ähnlich und unterscheiden sich von diesem bezüglich der mathematischen Fachstruktur nicht substanziell.

Bevor die Überlegungen und Ideen zur Vermittlung der Fachstruktur in Kapitel 5 noch ausführlicher dargestellt werden, sei aber noch auf eine wichtige Unterscheidung hingewiesen, die sich in der oben zitierten Darstellung des Konzepts von „Mathe 2000" auf Seite 4 findet. Sie bezieht sich auf die Zielsetzungen des Unterrichts. Dieser ist zum einen auf inhaltliche Kenntnisse (z. B. das Einspluseins, das Einmaleins, die schriftlichen Rechenverfahren, Konstruktionen mit Zirkel und Lineal oder die Umrechnung von Größeneinheiten) ausgerichtet. Zum anderen soll er nach Winter (1996) vier übergeordnete erkenntnisfördernde geistige Tätigkeiten herausfordern und kultivieren: nämlich das Mathematisieren, Explorieren, Argumentieren und Formulieren. Diese Tätigkeitsformen werden beispielsweise in der oben beschriebenen Aufgabe „Wir würfeln mit zwei Würfeln ..." angesprochen:

Zunächst werden die einzelnen Ergebnisse notiert (Explorieren), danach werden sie geordnet und in eine Tabelle eingetragen, so dass das Ergebnis offensichtlich ist und sich Vorhersagen treffen lassen (Mathematisieren). Dies führt zum Nachdenken darüber, wie ein solches Ergebnis zustande kommt (Argumentieren). Schließlich wird das Ergebnis des Nachdenkens in verallgemeinerbarer Form festgehalten (Formulieren).
Diese von Winter (1996) eingeforderten allgemeinbildenden Lehrziele werden bei der Unterrichtsgestaltung und in Lehrwerken oft nicht genügend berücksichtigt. So läuft ein pragmatisch ausgerichteter, an den Alltagssituationen orientierter Unterricht leicht Gefahr, die oben erwähnten inhaltlichen Lehrziele stärker zu gewichten.
Daher sollen die allgemeinbildenden Lehrziele bei den weiteren Ausführungen nicht zu kurz kommen.

4.3 Zum Stellenwert und zur Qualität der Übungspraxis

Die Überlegungen zur Übungspraxis im Rahmen des Mathematikunterrichts beziehen sich vorwiegend auf das Rechnen. Angestrebt wird eine gut ausgebildete Rechenfertigkeit, für die im Allgemeinen mindestens folgende Zielkriterien gelten:

- Zu jeder beliebigen Zahl können sofort und fehlerlos Vorgänger und Nachfolger genannt werden.
- Alle Ergebnisse von Plus- und Minusaufgaben im Zahlenraum bis 20 sind schnell und sicher verfügbar.
- Alle Ergänzungen zur jeweils nächsten Zehnerzahl sind sofort und sicher präsent.
- Die Aufgaben des kleinen Einmaleins und die entsprechenden Divisionsaufgaben werden sicher beherrscht, d. h. die Ergebnisse können sofort und korrekt aus dem Gedächtnis abgerufen werden.
- Multiplikationen mit den Faktoren 10 und 100 sowie Divisionen mit den Divisoren 10 und 100 bereiten keine Probleme.
- Mehrstellige Zahlen können sofort in ihre Zehnerpotenzen zerlegt werden, z.B. $473 = 400 + 70 + 3$.

Diese Zielsetzungen werden damit begründet, dass Schnelligkeit, Vollzugssicherheit und Korrektheit beim Lösen dieser relativ einfachen Aufgaben dann wichtig sind, wenn komplexere Probleme zu bewältigen sind. Bei komplexen Aufgaben

kommt es darauf an, die bewusste gedankliche Arbeit auf die entscheidenden oder wesentlichen Komponenten der jeweiligen Aufgabe zu konzentrieren. Langwierige Überlegungen zur Lösung der in den Prozess eingebundenen einfachen Teilaufgaben würden hingegen den Lösungsprozess erschweren, oder fehlerhafte Lösungen würden sogar den Erfolg der gesamten Bemühungen in Frage stellen.
Ein Beispiel soll dies verdeutlichen: Kevin soll 5 Brötchen holen, jedes Brötchen kostet 29 Cent. Kevin bekommt von seiner Mutter 2 Euro. Reicht das Geld? Wieviel Cent wird Kevin zurück erhalten?
Ein geübter Rechner erkennt sofort, dass 29 der Vorgänger von 30 ist, und er weiß, dass er das Produkt aus 5 und 30 (=150) ebenso aus dem Gedächtnis abrufen kann wie das aus 5 und 1 (= 5). Ebenso kann er sofort die Differenz zwischen 150 und 5 bilden (= 145). Er weiß weiterhin, dass 145 durch 100 zu teilen ist, um 145 Cent in 1 Euro und 45 Cent umzurechnen. Die nun noch folgende Ergänzung 145 zu 200 oder die Subtraktion 200 – 145 wird dann in drei Schritten im Kopf gerechnet 200 – 100 = 100; 100 - 50 = 50; 50 – 5 = 45.
Bei diesem Vorgang sind dem geübten Rechner allein die Überlegungen zur Vorgehensweise bewusst, während seine einzelnen Rechenvorgänge automatisiert ablaufen.
Für einen ungeübten Rechner würde diese Aufgabe dagegen zahlreiche Hürden geben, an denen er scheitern kann. Die Schwierigkeiten könnten beispielsweise schon damit beginnen, dass die „nachbarschaftliche Beziehung" der 29 zur 30 nicht erkannt wird, sondern dass die 29 in 20 + 9 aufgeteilt wird, damit zunächst die Produkte aus 20 und 5 sowie aus 9 und 5 gebildet werden können. Ungeübte Rechner ermitteln die Produkte oft durch schrittweises Aufaddieren:

$$20 + 20 + 20 + 20 + 20 = 100 \quad \text{und} \quad 9 + 9 + 9 + 9 + 9 = 45,$$

um dann die beiden Ergebnisse zu addieren und mit diesem Zwischenergebnis weiter zu rechnen. Eine solche exemplarisch beschriebene Vorgehensweise ist langwierig und fehleranfällig, weil beim Aufaddieren viele Zwischenergebnisse stets neu zu berechnen sind und dabei auf die Zahl der schon abgearbeiteten bzw. der noch ausstehenden Summanden geachtet werden muss. Mit jeder einzelnen Operation steigt selbstverständlich das Fehlerrisiko.
Mit diesem Beispiel mag die Notwendigkeit des Übens hinreichend begründet sein.
Eine andere Frage ist jedoch, wie und nach welchen Prinzipien geübt werden soll. Zu dieser Frage haben Winter (1987) und Wittmann (1992) sehr entschieden Stellung bezogen (vgl. auch Krauthausen & Scherer, 2007). Sie grenzen die von ihnen bevorzugten Übungsformen von traditionellen Vorstellungen ab. Danach ist *„Üben bloß eine >nachträgliche <, das mathematische Wissen festigende Aktivi-*

tät." Sie bezieht sich dann lediglich auf *„Mathematik als ein Fertigprodukt, das von außen vorgegeben ist und von der Lehrerin – in kleinen Schritten zubereitet – den Kindern verabreicht wird"* (Krauthausen & Scherer, 2007, S. 120). Den theoretischen Hintergrund liefert das in Abschnitt 3.1. skizzierte mechanistische Menschenbild des Behaviorismus. Danach bildet sich das Wissen, indem einzelne Elemente des Stoffes, die als richtig ausgegeben werden, isoliert und in steter Wiederholung von den Lernenden memoriert werden. Dadurch – so die theoretische Annahme – festigen sich die Assoziationen zwischen Aufgabenstellungen und Ergebnissen. Gegen diese Übungspraxis werden folgende Kritikpunkte angeführt:

- *Es besteht die Gefahr des nur gedankenlosen Einübens von nur oberflächlich gelernten Rezepten, was letztlich wenig erfolgreich ist ....*
- *Die Schülerinnen und Schüler werden zu einer eher passiven Lerneinstellung verleitet.*
- *Die Zersplitterung des Unterrichts in >Schubladen< führt zu einer entsprechend kurzfristigen Lernperspektive und Behaltensleistung.*
- *Die allgemeinen Lernziele ... werden vernachlässigt: Das kleinschrittige Üben bietet keine nennenswerten Möglichkeiten zum Erkennen, Beschreiben und Begründen von >Mustern<, zur rechnerischen Durchdringung von Sachsituationen und zur Pflege der mündlichen und schriftlichen Ausdrucksfähigkeit der Schüler"*

(Krauthausen & Scherer, 2007, S. 120f).

Demgegenüber wird im Kontext des aktiv-entdeckenden Lernens das Üben als integraler Bestandteil des gesamten aktiven Lernprozesses angesehen. Das produktive Üben setzt auf interessante und anregende Lernumgebungen mit Aufgaben, die die Kinder zu vielfältigen explorierenden, planerischen und erfahrungsträchtigen Tätigkeiten herausfordern. Auch interessante Spiele mit Wettbewerbscharakter haben hier ihren Platz. Die Kinder gewinnen bei diesen Tätigkeiten Erkenntnisse, die sich in veränderten Situationen bewähren oder bestätigen und damit festigen oder die sie zu neuen explorierenden Tätigkeiten und Entdeckungen herausfordern. In diesem Sinne ist auch das schon beschriebene Aufgabenformat der Zahlenmauer in Abschnitt 2.3 zu verstehen.

5 Schulanfang: Überlegungen und Befunde

In diesem Kapitel werden einige Überlegungen und Befunde zur besonderen pädagogischen Situation der Kinder bei Schulanfang dargestellt. Sie sind im Hinblick auf die Gestaltung des Anfangsunterrichts ebenso zu berücksichtigen wie die grundlegenden Inhalte der drei vorangegangenen Kapitel. Zum einen muss der Tatsache Rechnung getragen werden, dass sich mit Schuleintritt die Lerninhalte und Lernformen der Kinder gegenüber der vorschulischen Zeit in spezifischer Weise ändern. Hierauf wird in einem ersten Abschnitt über intentionales und inzidentelles Lernen näher eingegangen. Zum anderen müssen die Lehrpersonen in etwa wissen, mit welchen Lernvoraussetzungen sie bei ihren Schülerinnen und Schülern zu rechnen haben. Hierüber informiert der zweite Abschnitt über Lernvoraussetzungen bei Schulanfang.

5.1 Inzidentelles und intentionales Lernen

In Abschnitt 3.3 wurde bereits auf die Bedeutung der symbolischen Tätigkeit für die systematische Aneignung gesellschaftlich relevanter Lerninhalte hingewiesen. Meistens erfinden und verwenden Kinder im Vorschulalter analoge Symbole, wenn sie Sachverhalte aus ihrem Erfahrungs- und Erlebensbereich abbilden. Selbstverständlich beruht diese Fähigkeit auf Lern- und Erfahrungsprozessen, die ebenfalls bereits in Abschnitt 3.3 dargestellt wurden. Diese Prozesse erfolgen meistens beiläufig im Zuge des alltäglichen Geschehens und werden auch als inzidentelles Lernen bezeichnet. Das inzidentelle Lernen unterscheidet sich von dem üblichen schulischen Lernen in charakteristischer Weise. Ein wesentlicher Inhalt schulischen Lernens sind die Bedeutungen und die Regeln des Gebrauchs von sogenannten arbiträren Zeichen. Arbiträre Zeichen sind Symbole, deren Bedeutungen sich nicht unmittelbar aus ihrer Form erschließen lassen; sie scheinen willkürlich festgelegt zu sein. Dies ist bei den arabischen Ziffern unseres Zahlsystems und den Zeichen für arithmetische Operationen ebenso der Fall wie bei den Buchstaben des Alphabets und den Interpunktionen. Im Unterschied dazu sind beispielsweise die Zahlzeichen für die Mengen von eins bis drei der römischen Zahlen und alle Bilderschriften als analoge Symbole (oder piktografische bzw. ikonische Zeichen) anzusehen, da sie die jeweiligen Inhalte mehr oder weniger eindeutig abbilden. Zu ihrem Verständnis werden keine besonderen Zuordnungsregeln zwischen den Zeichen und den durch sie bezeichneten Inhalten benötigt.

So können die Bedeutungen von arbiträren Symbolen und die Regeln ihrer Anwendung nur durch kundige Personen vermittelt werden, sie müssen also gelehrt werden. Damit entsprechende Lehr-Lern-Prozesse erfolgreich verlaufen, müssen sich die Lernenden bewusst auf sie einlassen. Schulisches Lernen erfordert also Intentionalität, also eine ganz bewusst gewollte Zielbezogenheit sowohl seitens der Lehrpersonen als auch seitens der Lernenden. Diese Intentionalität hat entscheidende Konsequenzen für Lehrpersonen und Lernende.
Bei bewusst intendierten Lehrprozessen müssen die Lehrpersonen ihre guten Gründe dafür kennen und darlegen können, warum und wie sie die Lernprozesse ihrer Schülerinnen und Schüler initiieren und unterstützen, und Schülerinnen und Schüler, die sich bewusst und gezielt auf solche schulischen Lernprozesse einlassen, müssen wissen, warum dies für sie wichtig, lohnend und sinnvoll ist. Unter dieser Voraussetzung würden sie das Lernen wollen und diesem Lernen einen persönlichen Sinn geben.
Diese Charakterisierung intentional gesteuerter Lernprozesse entspricht der subjektwissenschaftlichen Grundlegung des Lernens von Holzkamp (1993). Sie hebt sich ab von den weit verbreiteten wissenschaftlichen Theorien des Lernens, welche die „inneren" Begründungen und Intentionen der lernenden Subjekte nicht systematisch berücksichtigen, meistens sogar ignorieren. Vielmehr beschränken sich diese Theorien auf die „von außen" kontrollierbaren Bedingungen, um auf dieser Grundlage quasi Gesetzesaussagen (nach dem Muster „wenn ..., dann ...") über den Erfolg und die Effizienz von Lehr-Lern-Prozessen zu formulieren. Holzkamp (1993) verkennt keineswegs die Realität, nämlich die Verbreitung, Wirkungsweise und Folgen solcher „von außen" kontrollierter Lernprozesse. Er verweist aber nachdrücklich darauf, dass diese dennoch stets eine im Theoriegebäude geflissentlich übersehene subjektive Komponente haben: Oft wollen die Schülerinnen und Schüler gar nicht lernen, sondern lassen sich nur so weit auf das ihnen abverlangte Lernen ein, wie es ihnen unbedingt erforderlich erscheint. Diese, als „widerständiges Lernen" bezeichnete Komponente verhindere es oft, die Lernvorgänge auf spezifisch menschliches Niveau zu heben, und führe daher zu Lernergebnissen, bei denen das individuelle Lernpotenzial bei Weitem nicht ausgeschöpft sei.
Zu Schulanfang kann aber bei den meisten Kindern davon ausgegangen werden, dass sie tatsächlich lernen wollen. So sind ja auch ihre bisherigen Lernergebnisse durchweg ohne erlebten Zwang, oft im Rahmen spielerischer Handlungen, zustande gekommen. Nach einigen Wochen oder Monaten des Schulbesuchs werden aber bei vielen von ihnen im Zusammenhang mit schulischen Lernanforderungen einengende und beschränkende Erfahrungen wirksam, die ihre ursprüngliche Lernfreude, Neugierde und Wissbegier reduzieren und ihre Aktivitäten beim Lernen dämpfen. Dies wiederum führt dazu, dass sie von ihren Lehrkräften und Eltern mit mehr oder weniger großem Druck zum Lernen angehalten werden

müssen, nur noch fremdbestimmt lernen und dabei lediglich ins Kalkül ziehen, welche Lernanstrengung sie für welchen Preis auf sich nehmen wollen.
Wenn wir also Aussagen über die Lerntätigkeiten der Kinder im Hinblick auf den Mathematikunterricht treffen wollen, dann finden wir bei vielen Schulanfängern eine Basis vor, die noch nicht durch negative Schulerfahrungen und die verschiedenen Reaktionen hierauf verstellt ist. Die im vorigen Kapitel erwähnten didaktischen Konzeptionen sind gut geeignet, die Lernfreude der Kinder aufrecht zu erhalten und zu unterstützen. In ihren Grundideen entsprechen sie auch weitgehend der subjektwissenschaftlich begründeten Lerntheorie von Holzkamp (1993). Explizit berufen sich die Autoren dieser Lehrwerke jedoch auf konstruktivistische und kognitivistische Theorien, würden aber in Holzkamp (1993) einen mindestens ebenso überzeugenden Gewährsmann finden.

5.2 Befunde zum Lernstand bei Schulanfang

Wer sich in der Fachliteratur der zurückliegenden 15 Jahre über mathematische Vorkenntnisse von Schulanfängern informieren will, stößt dort wiederholt auf Aussagen wie die folgende: *„Daß Kinder nicht völlig unwissend in die Schule kommen, ist kein Geheimnis mehr. Auch im Bereich der Mathematik sind aus diesem Grund schon zahlreiche Forschungen mit zumeist recht hohem Aufwand durchgeführt worden, um zu sehen, welche Fähigkeiten die Schüler bereits zu Beginn ihrer Schulzeit besitzen (vgl. Spiegel, 1992; Hengartner & Röthlisberger, 1995; Selter, 1995). Im Gegensatz zu den Ergebnissen dieser Forschungen wird der Unterrichtsalltag jedoch noch allzu oft durch die Konzepte vieler Schulbücher bestimmt, die sich häufig gar nicht an dem Vorwissen der Schüler orientieren, sondern am <Punkt Null> beginnen“* (Knapstein & Spiegel, 1995).
Einige der zitierten Untersuchungen lehnen sich an eine Studie von Van den Heuvel-Panhuizen (1995), die aufgrund ihrer originellen Anlage auch interessante Ergebnisse zeitigte. Untersucht wurden zahlreiche Schulanfänger mit einfachen Aufgaben, deren Lösungen jeweils mit „richtig“ oder „falsch“ eindeutig und objektiv bewertet werden konnten. Einige Beispiele zeigt die Abbildung auf der nächsten Seite. Die Instruktionen zu den sechs Aufgaben sind aus der ersten Zeile der dann nachfolgenden Tabelle zu ersehen.

Abb. 5.1: Testaufgaben für Schulanfänger von Van den Heuvel-Panhuizen (1995)

Mit diesen Aufgaben wurden nun also nicht nur die Kinder, sondern auch zahlreiche Lehrpersonen konfrontiert. Diese hatten einzuschätzen, wie viel Prozent der untersuchten Schulanfänger die jeweilige Aufgabe lösen konnten. Dabei zeigte sich – auch in den verschiedenen Nachfolgeuntersuchungen – nahezu durchgängig, dass die Kinder bei allen oder fast allen Aufgaben besser abschnitten, als es die Lehrkräfte vermuteten. Allerdings gab es diesbezüglich systematische Unterschiede zwischen den Lehrpersonen: Ältere und berufserfahrene schätzten die Leistungen der Kinder realistischer ein als Lehramtsanwärter und Studierende (Selter, 1995).

Tab. 5.1: Vergleich der tatsächlichen und der geschätzten Leistungen von Kindern bei Schulanfang (nach Selter, 1995)

	Kreuze das höchste Haus an	Kreuze das Pferd mit der 5 an	Kreuze die nächste Zahl an	Male neun Kreise aus	Wie viele Punkte sind es zusammen?	Wie viel Geld bleibt übrig?
Leistungen der Kinder	98%	95%	63%	87%	66%	50%
Einschätzungen von Lehrkräften	95%	82%	58%	70%	48%	42%
Einschätzungen von LehramtsanwärterInnen	84%	65%	33%	46%	27%	17%
Einschätzungen von Studierenden	79%	61%	34%	49%	25%	20%

Nur bei zwei der vorgelegten Aufgaben waren keine Kenntnisse der Zahlsymbole erforderlich. Offensichtlich sind die meisten Kinder bei Schulanfang schon mit Zahlen vertraut. Dem Erwerb dieser Kompetenzen liegen sicherlich auch intentionale Lernprozesse zu Grunde, die aber nicht unbedingt mit intentionalen Lehrprozessen gekoppelt sein mussten. Anzunehmen ist beispielsweise, dass die Kinder – aus subjektiv je guten Gründen – ihre älteren Spielkameraden oder Erwachsene gefragt haben, wie denn einzelne Zahlen heißen und wie sie abgebildet werden. Nach einer älteren Untersuchung von Schmidt (1982) können von 1198 untersuchten Schulanfängern 97% fehlerlos bis 10 zählen, 70% bis 20, 45% bis 30 und 15% bis 100.

Weitere Ergebnisse zu anderen subjektiven Erfahrungsbereichen (Uhrzeiten, Geld) zeigten ebenfalls, dass viele Schulanfänger schon über ein beachtliches Wissen verfügen. Gleiches gilt auch für den Bereich der Geometrie (Grassmann, 1996).

Wie ist es nun zu erklären, dass das Vorwissen der Kinder bei Schulanfang in mehreren Bereichen doch so deutlich und durchgehend unterschätzt wird? Vermutlich orientieren sich die Erwachsenen bei ihren Einschätzungen an den Anforderungen, welche die meisten Lehrwerke an die Schulanfänger stellen, und vielleicht erinnern sie sich dabei auch an die Anforderungen, die ihnen selbst im mathematischen Anfangsunterricht gestellt wurden (vgl. das Zitat von Knapstein & Spiegel, 1995, zu Beginn dieses Abschnitts).
Allerdings dürfen die erheblichen Leistungsunterschiede zwischen einzelnen Kindern und Schulklassen nicht übersehen werden. Hierauf macht Schipper (2002) eindringlich aufmerksam. Nach einer „Faustregel" besteht bei Schulanfängern eine interindividuelle „Erfahrungs-Differenz" von bis zu vier Jahren (vgl. Lorenz: www.jh-lorenz.de/Mathematikus.htm): Das was die schwächsten Kinder nach ihrer Einschulung an Kompetenzen erkennen lassen, war bei den leistungsstärksten Kindern bereits drei bis vier Jahre zuvor beobachtbar. Zur Erfassung solcher interindividuellen Unterschiede von Kindern im Alter zwischen viereinhalb und sieben Jahren eignet sich der „Osnabrücker Test zur Zahlbegriffsentwicklung (OTZ) von van Luit, van der Rijt & Hasemann (2001). Er sieht 40 Testaufgaben vor, von denen je fünf acht verschiedenen inhaltlichen Bereichen zugeordnet werden:

1. Qualitatives Vergleichen: Verlangt werden Urteile über Mengen- und Größenrelationen von dargestellten Objekten unter den Gesichtspunkten „mehr – weniger – gleich" bzw. „größer – kleiner – gleich".
2. Klassifizieren: Dargestellte Objekte sollen unter dem Gesichtspunkt jeweils gleicher Merkmale einander zugeordnet werden.
3. Eins-zu-eins-Zuordnungen herstellen: Unter mehreren vorgegebenen Abbildungen unterschiedlich großer Mengen sollen jeweils gleich große Mengen identifiziert werden.
4. Reihenfolgen erkennen: Unterschiedlich große Objekte, die in ungeordneter Folge vorgegeben bzw. dargestellt sind, sollen ihrer Größe nach geordnet werden.
5. Zahlwörter gebrauchen: Die Kinder sollen die Zahlwortreihe bis 20 aufsagen, von einer bestimmten Zahl an weiterzählen, eine bestimmte Anzahl von Punkten und die Position eines Objekt in einer Reihe identifizieren, in Zweier-Sprüngen zählen – alles im Zahlenraum bis 20.

6. Zählen mit Zeigen: Die Anzahl von bis zu 20 Würfeln, die teils geordnet, teils ungeordnet, teils in kreisförmiger Anordnung vorgelegt werden, soll bestimmt werden; dabei dürfen die Würfel berührt und bewegt werden.
7. Zählen ohne Zeigen: In ähnlicher Anordnung wie bei (6) vorgegebene Anzahlen von Würfeln sollen bestimmt werden, ohne dass die Würfel berührt werden dürfen.
8. Einfaches Rechnen: Anhand verschiedener Materialien und Bilder werden einfache Additions- und Subtraktionsaufgaben im Zahlenraum bis 10 gestellt.

Inhaltlich und vom Niveau der Anforderungen her entsprechen diese Aufgaben den Testskalen, die Krajewski (2003) bei ihren Untersuchungen verwendet hat. Hasemann (2007) berichtet von einer Untersuchung an über 300 Schulanfängern, bei der sich im OTZ ganz erhebliche Unterschiede zwischen den leistungsstarken und leistungsschwachen Kindern zeigten. In Übereinstimmung mit vielen weiteren Untersuchungen ist von zwei wichtigen Erkenntnissen für den Schulanfang auszugehen:

1. Die Lehrpersonen müssen mit einer sehr großen Streubreite bezüglich der mathematischen Vorkenntnisse rechnen, wobei diese Unterschiede wiederum in Abhängigkeit von der Klassenzusammensetzung und dem Einzugsgebiet der Schule stark schwanken können.
2. Im allgemeinen unterschätzen die Lehrpersonen die Vorkenntnisse der Schulanfänger deutlich. Ein nicht unbeträchtlicher Teil von ihnen ist bei Schulanfang dem Lehrplan schon weit voraus. Gerade dieser Tatbestand dürfte es sicherlich vielen Lehrpersonen erschweren, auch und besonders auf die wenigen Kinder einzugehen, die einen erheblichen Rückstand an Lernerfahrungen und Vorkenntnissen haben. Auf diese Gruppe wird noch näher einzugehen sein.

6 Anfangsunterricht

In Kapitel vier wurden drei inhaltliche Schwerpunkte zur Gestaltung des Mathematikunterrichts in allgemeiner Form dargestellt. Dieser Gliederung folgen die nachstehenden Ausführungen. Der erste Abschnitt enthält Themen für den Anfangsunterricht, die für die Kinder bedeutsam sind und ihrem subjektiven Erfahrungsbereich entsprechen. Den Ausführungen liegen Erfahrungen zugrunde, die zumeist in Kooperationen zwischen der Hochschule und hochschulnahen Praxisfeldern gewonnen wurden. Der zweite Abschnitt beinhaltet das Operieren mit Zahlen. Auch die dort wiedergegeben Erfahrungen gründen sich auf verschiedene Kooperationsprojekte der Hochschule, wobei sie insbesondere durch die umfassende Darstellung von Gerster & Schultz (2004) angeregt und bestätigt wurden. Der dritte Abschnitt zur Bedeutung des Übens ist eher theoretisch gehalten und verweist auf den in der schulpädagogischen Diskussion bisher wenig beachteten, aber sicherlich vielversprechenden Ansatz der tätigkeitstheoretisch begründeten Handlungsregulationstheorie.

6.1 Förderung elementarer mathematischer Kompetenzen im Rahmen sachkundlicher Themen[1]

6.1.1 „Das bin ich"

Vielleicht bietet ein Thema wie „Alle Kinder in der Klasse sind gleich und jedes ist verschieden" oder „Das bin ich" einen ersten Zugang nicht nur zu den Kindern selbst, sondern auch zu der Welt der Zahlen. Als Einstieg kann man sich vorstellen, dass alle Kinder den Auftrag bekommen, sich selbst einmal zu zeichnen.
Einzelne Kinder dürfen dann ihr Produkt den anderen Kindern vorstellen und erläutern. Wenn nötig, gibt die Lehrerperson dann weitere Gesprächsanstöße. Neben vielem anderen, was den Kindern wichtig ist, kann dabei auch zur Sprache kommen, dass die meisten Kinder *einen* Kopf mit *einer* Nase und *einem* Mund, *zwei* Arme, *zwei* Beine, bei Frontalansichten *zwei* Augen und *zwei* Ohren gezeichnet haben.

1 Wesentliche Teile dieses Abschnitts sind veröffentlicht in dem Tagungsbericht der IFRK (Initiative für rechenschwache Kinder e. V.) (Hrsg.)(2001). Symposion 2000: Dyskalkulie – Arithmasthenie – Rechenschwäche, S. 68-77. Eisingen: IFRK – www.ifrk-ev.de

Abb. 6.1: Zeichnung „Das bin ich"

Die Lehrperson kann nun den Kindern bewusst machen, dass allen – auch diejenigen, die noch einen sogenannten Kopffüßler gezeichnet haben – die Konzepte der Einheit und der Paarigkeit vertraut sind, dass sie also alle schon mit den Zahlen 1 und 2 etwas Wichtiges zu verbinden wissen. Sollte, was eher selten der Fall sein dürfte, ein Kind keine erkennbare Zeichnung angefertigt haben, dann muss der Hinweis genügen, dass dieses Kind das, was die anderen schon können und wissen, noch lernen müsse.
In dem hier wiedergegebenen noch recht unvollkommenen Beispiel wird auch noch deutlich, dass das Kind korrekte räumliche Relationen (Kopf oben, Körper mittig, Beine unten) und die Längengleichheit der Beine und Füße wiedergegeben hat.
Mit sehr großer Wahrscheinlichkeit finden sich unter den Zeichnungen auch solche, in denen Hände mit einzelnen Fingern, manchmal auch weniger oder mehr

als fünf, dargestellt sind. Diese Zeichnungen sind nun die Grundlage einer nächsten Gesprächsrunde, in der die betreffenden Kinder gefragt werden, *wie viele* Finger sie denn abgebildet haben. In dieser Phase können nun die Kinder, die bereits über ein entsprechendes Sachwissen verfügen, den noch weniger Kundigen erklären, dass an jeder Hand fünf Finger sind und ihnen dies „in natura" durch Abzählen demonstrieren. Sodann kann geprüft werden, wie viele Finger in den einzelnen Zeichnungen zu sehen sind. Sollten einmal mehr oder weniger als fünf Finger gezeichnet sein, dürften die Kinder selten um plausible Erklärungen verlegen sein *(„Ich habe noch eine Gabel in der Hand" / „Ich habe zwei Finger so weggedrückt").* Selbstverständlich sollte die Lehrperson Erklärungen dieser Art akzeptieren, auch wenn sie den Verdacht hegen mag, dass es sich um nachträglich „nachgeschobene" Rechtfertigungen handelt. Immerhin zeigt sich in solchen Erklärungen ja schon ein Grundverständnis von Addition und Subtraktion, das die Lehrerperson mit einem entsprechend unterstützenden Kommentar aufgreifen kann *(„Aha, dann kommen ja zu den fünf Strichen für Deine Finger noch zwei für die Gabel hinzu!"* oder: *„Klar, wenn Du zwei Finger wegdrückst, dann kann man auch nur drei sehen!").* In einer weiteren Phase könnten die Kinder die Bezeichnungen der einzelnen Finger lernen – am besten voneinander. Kinder, bei denen zu vermuten ist, dass sie diese Bezeichnungen nicht kennen, sollte die Lehrperson zum Nachsprechen ermutigen. Darüber hinaus könnten Kinder, deren Muttersprache nicht deutsch ist, sagen, wie die verschiedenen Finger in ihren Herkunftsländern bezeichnet werden und wie dort die Zahlen, die nun schon angesprochen worden sind, heißen.[2]

6.1.2 Meine Hände

Das Thema „Meine Hände" lässt sich in verschiedene Richtungen vertiefen.

Im Zusammenhang mit dem Aspekt Pflege werden manche Kinder über ihre Erfahrung berichten, dass die Nägel („wie die Haare auf dem Kopf") ständig wachsen und daher immer wieder geschnitten werden müssen. Hierbei kann den Kindern bewusst gemacht werden, dass die Nägel durch Wegschneiden gekürzt werden, ihnen also Längenvergleiche und die Begriffe „länger" und „kürzer" am eigenen Leibe erfahrbar sind.

Auch die Finger selbst bieten sich für das Thema „Vergleiche" bestens an: Durch Aufeinanderlegen der eigenen Hände erkennen die Kinder, dass sich ihre Finger an jeder Hand bezüglich Länge und Form jeweils gleichen, dass der „kleine Finger" stets der kleinste, der Mittelfinger meist der längste und der Daumen der stärkste ist. Bei Vergleichen untereinander können aber wieder andere Erkennt-

2 An eine solche Form des Umgangs mit Kindern, deren Muttersprache nicht deutsch ist, ist auch bei den weiteren Beispielen zu denken, doch weise ich darauf dann nicht mehr eigens hin.

nisse gewonnen werden – beispielsweise: *„Der kleine Finger von Ramona ist länger als der Zeigefinger von Simon"*.

Mit dem Austausch solcher Erfahrungen ist das Teilthema „Unsere Hände sind gleich und verschieden" angeschnitten. Sicherlich kennen nicht wenige Kinder die Möglichkeit und Techniken der Handabdrücke. Nachdem von jedem Kind beide Hände auf jeweils einer Unterlage per Abdruck abgebildet und an der Wand aufgehängt sind, können die Kinder Vermutungen äußern und dann überprüfen, wessen Hände zu welchen Abdrücken gehören. Bei diesen Vermutungen, auf jeden Fall aber bei den Überprüfungen, werden Argumente eingebracht, die wiederum auf quantitative Vergleiche („größer/kleiner", „breiter/schmaler" usw.) hinauslaufen.

Die Fingerabdrücke lassen sich aber auch sehr gut nutzen, um allen Kindern bewusst zu machen, dass jeder Mensch an jeder Hand fünf und an beiden Händen zusammen zehn Finger hat. Manche Kinder, die dieses schon wissen, können es den anderen durch Abzählen demonstrieren, wobei das Abzählen mehrfach hintereinander an gleichen und verschiedenen Abdrücken und durch Mit- bzw. Nachsprechen aller übrigen Kinder erfolgen kann. Dabei wird die Lehrperson darauf achten, das beim Abzählen das Prinzip der Reihung eingehalten wird, indem sie selbst oder ein bestimmtes Kind immer zunächst auf den Abdruck des kleinen Fingers der linken Hand zeigt, dann die Eins als erstes Element der Zahlenreihe sagt, dann auf den nächsten Finger, den Ringfinger, zeigt und die Zwei sagt usw. Um das Prinzip der Mengeninvarianz zu verdeutlichen, kann die Lehrerperson den Abdruck um 90° drehen und dann die Finger erneut von oben nach unten und von unten nach oben abzählen lassen, danach kann sie den Abdruck wiederum um 90° in der gleichen Richtung drehen, so dass nun der kleine Finger der rechten Hand ganz links zu sehen ist, aber nach unten zeigt, und sie kann dann erneut zählen lassen. Hierbei entdecken die Kinder auch einen Aspekt der Invarianz von Zahlen: die Unabhängigkeit von der Raumlage oder Richtung bei der Anordnung der zu zählenden Elemente.

6.1.3 Exkurs zur Bedeutung der Direktionalität

An dieser Stelle ist ein kleiner Exkurs zur Bedeutung der Arbeits- und Wahrnehmungsrichtung einzuflechten. Selbstverständlich wäre es vom mathematischen Denken her sinnvoll, die Kinder erfahren zu lassen, dass man Reihen nicht nur von links nach rechts, sondern auch von rechts nach links, von oben nach unten und von unten nach oben abzählen kann und dabei zum selben Ergebnis kommt. Im Hinblick auf den Schriftspracherwerb und auf die Anforderungen des Straßenverkehrs muss aber mit den Kindern die sogenannte „dextrade Direktionalität", also die strikt von links nach rechts ausgerichtete Wahrnehmungsrichtung, eingeübt und automatisiert werden. Allerdings haben damit nur relativ wenige Kinder, vor allem linkshändig veranlagte, Probleme. Hierauf wäre jedoch im Anfangsunterricht, und gerade beim Abzählen und Reihenbilden, zu achten. Brauchbare Hinweise zur Diagnose der Direktionalität und Übungsvorschläge zur Förderung der dextraden Direktionalität hat bereits Haberland (1975) gegeben. Dieser für relativ wenige Kinder sehr wichtige Aspekt wird allerdings in der Fachliteratur und in der pädagogischen Praxis entweder kaum beachtet oder – seltener – zu einseitig überstrapaziert.

6.1.4 Meine Füße

Als ergänzende Vertiefung bietet sich nun das Thema „Füße" an. Die Methodik könnte dem Thema „Hände" angeglichen sein. Von besonderem Gewinn wird es hierbei für die Kinder sein, wenn sie untersuchen, was bei Händen und Füßen jeweils gleich und was verschieden ist.

6.1.5 Riesengroße Mengen – unendlich viel

Kommen wir aber nun noch einmal zu den „Selbstbildnissen" zurück. In der Regel wird es einige Kinder geben, die ihre Haarpracht durch eine Aneinanderreihung vieler kurzer Striche abgebildet haben. Dabei könnte es auch einigen Kindern gelingen, die Anzahl der abgebildeten Haare durch Abzählen zu bestimmen. Dies wiederum bietet der Lehrperson die Möglichkeit, die weniger kompetenten Kinder in den Vorgang des gemeinsamen Zählens einzubinden, so dass sie die Gelegenheit zum Mitlernen bekommen und nutzen. Es wird dann wohl kaum noch nötig sein, dass die Lehrperson selbst das Problem der unvollständigen Abbildung anspricht. Wahrscheinlich weisen einige Kinder selbst darauf hin, dass man auf dem „richtigen" Kopf doch viel, viel mehr Haare als auf der Abbildung sehen könne. Bei einem solchen Gespräch sollte die Lehrperson auf jeden Fall zwei Aspekte aufgreifen, festhalten und allen bewusst machen: Zum einen kann man zu jeder beliebigen Anzahl von Strichen immer noch einen weiteren hinzufügen, und zum anderen kann man durch sehr viele Striche auch sehr große Mengen (beispielsweise von Haaren, aber auch von Sandkörnern im Sandkasten oder am Strand, von Grashalmen auf der Wiese, ...) abbilden. Immer also lässt sich die Abbildung von solchen Mengen noch um ein weiteres Element vergrößern. Damit kann zumindest so etwas wie eine Vorstellung von unvorstellbar großen Mengen vermittelt werden. Versuche, sie abzubilden, schaffen dann vielleicht ein erstes Bewusstsein für die mit dem Begriff der Unendlichkeit zusammenhängenden mathematischen und philosophischen Probleme. Vielleicht sprechen die Kinder ja auch selbst den Themenkreis „riesengroße Mengen – unendlich viel" an und tragen aus ihrer Erfahrung einmal zusammen, wovon es soviel gibt, dass man es gar nicht zählen, ja, sich noch nicht einmal vorstellen kann.

6.1.7 Kurze Zwischenbilanz

Ziehen wir an dieser Stelle schon einmal eine kleine Bilanz. Anhand der Zeichnungen dürfte es relativ leicht möglich sein, den Kindern bewusst zu machen, dass viele von ihnen räumliche Orientierungen und Relationen sowie Mengen und Längen realitätsgerecht abbilden können, also schon über gute Grundlagen für den Aufbau mathematischer Begriffe verfügen. Zugleich sollte man darauf hinweisen, dass diejenigen Kinder, die noch nicht so gut Bescheid wissen, dies alles noch lernen können und man ihnen dabei helfen werde.
Die Themeneinheit „Alle Kinder in der Klasse sind gleich und alle sind verschieden“ oder „Das bin ich“ kann immer wieder aufgegriffen werden, wenn die Kinder über weitere Kenntnisse der Mathematik verfügen. Möglichst bald aber sollte ein Übergang zu dem Themenbereich „Das sind wir“ erfolgen, um den Kindern auch ein Bewusstsein für die Zugehörigkeit zu einer Klassengemeinschaft zu verschaffen.

6.1.8 Das sind wir

„Wir“ – das sind auf jeden Fall alle Kinder, die zu dieser Klasse gehören und noch die Lehrperson dazu. Wie kann man zeigen oder sehen, dass alle zusammen gehören, dass man kein Kind vergessen hat?
Da gibt es das Gruppenfoto, das an dem Tag gemacht worden ist, an dem alle Kinder anwesend waren; da haben wir von jedem Kind eine Zeichnung sowie einen Hände- und vielleicht auch einen Fußabdruck; zumindest gemeinsam schaffen wir es schon, jedes Kind mit seinem Namen zu benennen. Als weitere Möglichkeit bietet es sich an, die Körpergröße eines jeden Kindes durch einen Strich an der Wand festzuhalten und die Entfernung zwischen Strich oben und Fußboden unten mittels eines Pappstreifens abzubilden. Diese Pappstreifen werden zunächst für jedes Kind mit einem bestimmten Symbol gekennzeichnet. Anhand dieser Abbildung lässt sich feststellen, welche Kinder gleich groß sind, welche Kinder größer oder kleiner als bestimmte andere Kinder sind, und so kann man eine Rangfolge der Kinder gemäß ihrer Körpergröße herstellen. Dabei müssen die Kinder selbst nicht mehr anwesend sein. Der Pappstreifen dient also als Symbol für die Körpergröße eines jeden Kindes. Zugleich wird die Körpergröße als ein weiteres mögliches Merkmal zur Identifikation der einzelnen Kinder erkannt *(„Wenn jemand kommt und sagt, ich habe das zweitgrößte Kind in der Klasse 1B gesehen, wer ist damit wohl gemeint?“).* Bei diesem Beispiel bietet sich eine kleine mathematische Vertiefung an: Aufgrund eines direkten Vergleichs der Pappstreifen wird festgestellt, dass Fritz größer ist als Klaus, und dass Klaus größer ist als Max. Nun kann mit den Kindern die Frage diskutiert werden, ob nun noch Fritz mit Max direkt miteinander verglichen werden müssen, oder ob man ohnehin schon wissen

könne, wer von den beiden größer ist. Kinder, die mit diesem Problem angemessen umgehen können – und das werden recht viele sein –, haben bereits eine gute Grundlage zum Verständnis der Transitivität erworben (wenn A > B und B > C, dann ist A > C). Dies ist wiederum eine wichtige Voraussetzung zum Erwerb des Maßzahlaspekts (vgl. Kapitel 1). Für Kinder, die sich hiermit noch schwer tun, werden später noch weitere Beispiele genannt.
Bei der Auseinandersetzung mit der Thematik „Das bin ich“ bzw. „Das sind wir“ kann den Kindern bewusst werden, dass sich jedes nicht nur durch die lautsprachliche Äußerung seines Namens, sondern auch durch andere Symbole eindeutig kennzeichnen lässt und dass es eindeutige Zuordnungen zwischen jedem „realen“ Kind und den dafür geschaffenen, teilweise konkreten Abbildungen (z.B. Foto, Längenstreifen) und teilweise willkürlich festgesetzten („arbiträren“) Zeichen gibt. Solche analogen oder ikonischen Symbole für jedes Kind werden oft im Anfangsunterricht von Beginn an verwendet, um die Fächer und Kleiderhaken eines jeden Kindes eindeutig zu kennzeichnen.

6.1.9 Zeitliche Orientierung: Schultage und schulfreie Tage, Anwesenheit: Hinführung zum Kalender [3]

Zu Beginn einer Woche fragt die Lehrperson, wer denn wisse, welchen Wochentag man heute habe. Sie schreibt daraufhin „Montag“ auf einen größeren vorbereiteten Karton links oben auf. (Es schadet den Kindern übrigens nicht, wenn sie verfolgen können, wie ein geschriebenes Wort entsteht, auch wenn sie es noch nicht selbständig erlesen können). In der darüber liegenden Zeile hat die Lehrperson für jedes Kind eine Spalte eingerichtet. Jedes Kind ist darin mit einem bestimmten Symbol gekennzeichnet – also beispielsweise so:

	*	+	0	=	>	<	:	~	¬	◊	▲	⌂	1	/
MONTAG														

(Durch Verwendung verschiedener Farben lassen sich selbstverständlich wesentlich mehr und klarere Symbole als die hier vorgeschlagenen einbringen; im Übrigen könnten statt der Symbole oder zusammen mit den Symbolen auch Fotos von den Kindern oder ihre verschrifteten Namen angebracht werden.)
Jedes Kind, das anwesend ist, bekommt nun den Auftrag, mit einem Filzstift in die Zelle unter seinem Symbol einen Strich anzubringen. Nachdem alle anwe-

3 Das nachfolgend beschriebene Unterrichtsprojekt ist im Rahmen eines Forschungsvorhabens in zahlreichen Klassen durchgeführt worden, wo es sehr gute Resonanz fand (Kornmann, Frank, Holland-Rummer & Wagner, 1999).

senden Kinder auf diese Weise ihre Anwesenheit gekennzeichnet haben, sieht die Tabelle nun beispielsweise folgendermaßen aus:

	*	+	0	=	>	<	:	~	¬	◊	▲	⌂	1	/
MONTAG	I	I		I	I	I	I		I	I	I	I	I	I

Anhand dieser Tabelle lässt sich nicht nur feststellen, welche Kinder anwesend sind und welche fehlen, sondern auch, wie viele Kinder dies jeweils sind. Kinder, die von sich aus abzählen wollen, sollten nicht daran gehindert werden!

Am nächsten Tag ergänzt die Lehrperson die Tabelle:

	*	+	0	=	>	<	:	~	¬	◊	▲	⌂	1	/
MONTAG	I	I		I	I	I	I		I	I	I	I	I	I
DIENSTAG														

und lässt den gleichen Vorgang wiederholen. Dieses Mal sieht das Ergebnis etwas anders aus:

	*	+	0	=	>	<	:	~	¬	◊	▲	⌂	1	/
MONTAG	I	I		I	I	I	I		I	I	I	I	I	I
DIENSTAG		I	I	I	I	I	I	I	I	I	I	I	I	I

Die Kinder können nun wiederum die Striche abzählen und dabei erkennen, dass 13 Kinder anwesend sind, und dass, wenn alle Kinder da wären, nur ein Strich mehr, also 14, da sein müssten.

Am Ende der Woche könnte die Tabelle nun etwa folgendermaßen aussehen:

	*	+	0	=	>	<	:	~	¬	◊	▲	⌂	1	/
MONTAG	I	I		I	I	I	I		I	I	I	I	I	I
DIENSTAG		I	I	I	I	I	I	I	I	I	I	I	I	I
MITTWOCH		I	I	I	I	I	I	I	I	I	I	I	I	I
DONNERSTAG	I	I	I	I	I	I	I	I	I	I	I	I	I	I
FREITAG	I	I		I	I	I	I	I	I	I	I	I	I	
SAMSTAG														
SONNTAG														

Abb. 6.2: Schema einer gemeinsam erstellten Tabelle der Anwesenheit und Abwesenheit eines jeden Kindes in einer Woche

Die Kinder können nun – jedes für sich – zeigen, an wie vielen Tagen in der zurückliegenden Woche sie anwesend waren oder fehlten. In unserem Beispiel gibt es viele Kinder, die an allen Tagen in der Schule waren und somit an keinem Tag (oder an null Tagen) gefehlt haben, zwei Kinder haben an einem Tag gefehlt und waren an vier Tagen in der Schule, und ebenfalls zwei Kinder haben an zwei Tagen gefehlt und waren an dreien in der Schule. Ohne dass eine explizite Einführung in den Vorgang des Addierens und Ergänzens gegeben wird, formulieren zumindest einzelne Kinder Rechenvorgänge, die jetzt nur noch auf symbolischer Ebene (5 + 0 = 5; 4 + 1 = 5; 3 + 2 = 5) abgebildet werden müssen. Dies kann dann geschehen, wenn die entsprechenden Ziffern und Rechenzeichen eingeführt worden sind. Keinesfalls aber sollten den Kindern Einsichten dieser Art nur deswegen vorenthalten werden, weil die formalen Zeichen und ihre spezifische Bedeutung noch nicht (allen) bekannt sind. Selbstverständlich kann man dieses Beispiel auch auf alle sieben Wochentage ausdehnen und damit den Problemhorizont und das Wissen der Kinder erweitern. Sinnvoll ist es ebenfalls, mit den Kindern zu prüfen, ob es Wochentage gegeben hat, an denen alle anwesend waren, also kein Kind gefehlt hat (symbolisch 14 + 0 = 14), Wochentage, an denen nur ein Kind gefehlt hat (13 + 1 = 14), usw. Die Feststellung, dass es für bestimmte Tage und Kinder keine Versäumnisse zu verzeichnen gibt, führt die Kinder auf einen wichtigen Bedeutungsaspekt der Zahl Null hin, die man auf diese Weise von Anfang an mit berücksichtigen kann.[4] Wie von verschiedenen Lehrkräften berichtet wurde, sind die Kinder zum Teil über mehrere Wochen gern mit dem beschriebenen Projekt beschäftigt. Für diejenigen, welche die Bedeutung und Bezeichnungen für die verschiedenen Wochentage noch nicht kennen, bietet sich zugleich eine wichtige Lerngelegenheit zur zeitlichen Orientierung (etwa: *„Montag ist immer der erste Tag, an dem wir wieder zur Schule müssen, nachdem vorher zwei Tage frei waren“* / *„Dienstag ist der zweite Tag, an dem wir zur Schule müssen“*, usw. / *„Freitag ist der letzte Tag, bevor wir dann zwei Tage nicht zur Schule gehen müssen“* / *„Samstag ist der erste Tag von den zwei Tagen, an denen wir keine Schule haben“*). Auf diese Weise erfahren die Kinder ein Prinzip regelhafter Reihenbildung nach einem stets sich wiederholenden Rhythmus und das Prinzip der Bündelung gleich großer Mengen. Zugleich liefert die bewusste Registrierung eines jeden Wochentages und die bewusste Wahrnehmung der Aufeinanderfolge der einzelnen Wochentage *(„heute ist Dienstag, gestern war Montag, morgen wird Mittwoch sein“)* weitere Erfahrungen mit dem Ordinalzahlaspekt („Montag der erste Tag, Dienstag der zweite Tag, usw.“) und dem Kardinalzahlaspekt (die Fünf steht nun nicht nur für die fünf

4 Weitere praktische Unterrichtsvorschläge zur Vermittlung von Bedeutungsaspekten der Null im Zusammenhang mit sachkundlichen Themen für das erste und zweite Grundschuljahr sind im Rahmen des schon erwähnten Forschungsprojekts erfolgreich erprobt und veröffentlicht worden (Kornmann, Frank, Holland-Rummer & Wagner, 1999).

Finger an einer Hand, sondern auch für die fünf Schultage in einer Woche, und die Sieben für alle Tage in einer Woche oder kurz: die Anzahl der Wochentage.)
Dieses Projekt führt zu einem anderen bedeutungshaltigen Thema hin: „Einsicht in den Aufbau und Gebrauch des Kalenders". Für die meisten Kinder ist dieses Thema deswegen so bedeutungsvoll, weil sie gern wissen wollen, wie lange es noch dauert, bis ein für sie wichtiges Ereignis (Geburtstag, Ferienbeginn, Weihnachten) eintritt. Zur Hinführung empfiehlt es sich, dass die Lehrperson an jedem Schultag einen gut erkennbaren farbigen Magnetstein an einer Magnettafel anbringt und anhand dieser Magnete die Schülerinnen und Schüler an jedem Tag neu zählen lässt, an wie vielen Tagen sie nun schon in die Schule gegangen sind. Selbstverständlich kann sie an diese Zählaufgaben dann auch weitere Problemstellungen binden, bei denen die Kinder einfache Rechenoperationen ausführen (*„Wer weiß denn, wie viele Steine wohl in drei Tagen an der Tafel hängen werden?"*). Magnetsteine empfehlen sich deswegen, weil sie – anders als Striche an der Tafel oder im Heft – flexible Anordnungen zulassen. So können die Kinder leichter auf die gute Idee kommen, immer fünf Steine in einer Reihe – jede Reihe für eine Schulwoche – anzuordnen. Immer im direkten Anschluss an das Anbringen der Magnetsteine sollte die Lehrperson mit einem kräftigen Filzstift auf einem großen Jahresübersichtskalender den jeweiligen Tag ankreuzen und dabei das genaue Datum sagen (*„Heute ist übrigens Montag, der 20. September des Jahres 2010"*). Allein diese regelmäßig wiederkehrende tägliche Aktion wird bei den Kindern genügend Fragen und Vermutungen aufwerfen, denen sie entdeckend nachgehen und die sie zu neuen Einsichten führen werden (*„Wir sind nun schon 25 Tage in der Schule" / „Bis zu den Ferien sind es nur noch 8 Kreuze" / „Die Kreuze gehen immer von oben nach unten, und wenn wir unten sind, geht es oben daneben gleich weiter, darüber steht dann aber ein anderes Wort, bestimmt nicht September" / „Ganz außen da stehen immer die Wochentage und die wiederholen sich, etwa viermal in so einer Spalte"*). Die Lehrperson kann solche Vermutungen aufgreifen und für eine behutsame Einführung in den Aufbau des Kalenders nutzen.
Eine weitere Möglichkeit, die alternativ oder ergänzend hierzu genutzt werden kann, ist die Jahreskette. Dieser, in der Montessori-Pädagogik praktizierte Vorschlag sieht eine Kette mit 365 bzw. (für Schaltjahre) 366 Holzperlen mit sieben verschiedenen Farben vor. Jede Farbe steht für einen der sieben Wochentage. Der jeweilige Tag wird dadurch gekennzeichnet, dass vor und nach der entsprechenden Perle eine Wäscheklammer (oder eine andere Markierung) angebracht wird. In ähnlicher Form können die Monate gekennzeichnet werden. Sobald die Kinder mit dem Prinzip des Kalenders vertraut sind, kann man ihnen den Vorschlag machen, darin alle Geburtstage zu vermerken. In der Regel wissen viele Kinder bereits ihren Geburtstag; andere müssen zu Hause noch einmal fragen, werden es aber tun und sich das Datum merken, wenn sie sehen, dass der Name eines jeden

Kindes an der Stelle im Kalender eingetragen wird, die für seinen Geburtstag steht. Diese kleine Unternehmung eröffnet nun wiederum viele neue Lernmöglichkeiten: die Abfolge und Bezeichnung der Monate im Jahresablauf, ihre Anzahl und ihre gemeinsamen Bedeutungen (Ferienmonate, Monat, in dem Weihnachten liegt) und ihre individuellen Bedeutungen (vor allem: der Monat, in dem ich Geburtstag habe). Diese bedeutsamen Termine werfen dann die Frage auf, wie viele Tage es denn nun noch dauern wird, bis das ersehnte Ereignis eintritt. Die täglich um 1 kürzer werdende Zeitspanne lässt sich dabei gut anhand der Eintragungen in dem Kalender kontrollieren. Bei solchen geistigen Vorwegnahmen berechnen die Kinder den Umfang von Zeiträumen, ohne dass ihnen dafür die Ziffernschreibweise der verwendeten Zahlen oder eine systematische Einführung in den entsprechenden Zahlenraum vermittelt worden ist.

6.1.10 Geburtstage und Lebensalter

Mit dem Geburtstag ist das Konzept des Lebensalters angesprochen. Die meisten Kinder wissen, dass sie an ihrem Geburtstag um ein Jahr älter werden. Die Lehrperson kann dieses Wissen noch einmal absichern: *„Lena, Du hast gesagt, dass Du jetzt sieben Jahre alt bist. Wie alt wirst Du sein, wenn Du Deinen nächsten Geburtstag hattest?“* und vielleicht auch vertiefen: *„Max, wie oft musst Du noch Geburtstag haben, bis Du 9 Jahre alt bist?“*. Weiterhin sollte den Kindern vermittelt werden, welche Ereignisse in welcher Folge zwischen ihren Geburtstagen liegen (z.B. Geburtstag – Kerwe – Herbstferien – Papas Geburtstag – Weihnachtsferien mit Ferien und Neujahr – Fastnacht mit schulfreien Tagen – Osterferien mit Ostern – Pfingstferien mit Pfingsten – Mamas Geburtstag – Sommerferien – wieder Geburtstag).

Übrigens ist es keineswegs schädlich, wenn die Kinder im Zusammenhang mit ihrem Geburtsdatum Zahlen verwenden, deren komplexe Struktur und umfassende Bedeutung sie noch nicht kennen. Zur Kennzeichnung seiner Identität ist es für ein Kind doch sehr wichtig, möglichst frühzeitig zu wissen, dass es am 29.11. geboren ist. Ihm muss dabei beispielsweise nicht klar sein, dass die 29 der Vorgänger von 30 und der Nachfolger von 28 ist und dass mit dem 11. der Monat November gemeint ist. Aber immerhin verwendet es damit Zahlen unter einem immer wichtiger werdenden Aspekt, nämlich dem Codierungs-Aspekt. So sollte seitens der Schule großer Wert darauf gelegt werden, dass alle Kinder ihre Anschrift, zumindest Wohnort, Name der Straße und Hausnummer, am besten auch Telefon-Nummer deutlich verstehbar sagen können und bald auch lernen, sie zu schreiben und – bei der Telefonnummer – anzuwenden. Man sollte vor einem solchen Lehrziel selbst dann nicht zurückschrecken, wenn eine Hausnummer auch einmal weit über 100 liegt – Lernprozesse vollziehen sich ja bekanntlich auch nach dem Prinzip des „Aufsteigens vom Abstrakten zum Konkreten“ (Dawydow, 1977; Lompscher, 1990), das heißt, solche zunächst einmal unverstandenen formelhaften Codes wie die Hausnummern regen die Kinder zum eigenständigen Nachdenken und Forschen darüber an, wie sie zustande kommen, und vielleicht entdecken die Kinder irgendwann einmal selbst, nach welchem Prinzip die Hausnummern in ihrer Straße vergeben worden sind.

6.1.11 Die Uhrzeit

Auch für die zeitliche Orientierung im Tagesverlauf kann gleich zu Schulanfang einiges getan werden. Auf jeden Fall sollte im Klassenzimmer, für alle Kinder gut sichtbar, eine Uhr angebracht sein, bei der das Zifferblatt durch eine durchsichtige glatte Platte geschützt ist. Die Lehrperson hat kleine verschiedenfarbige Klebeblättchen mitgebracht und eröffnet den Kindern, dass sie jetzt, also zu Beginn der Stunde, ein grünes Blättchen dorthin kleben werde, wo im Moment der kleine Zeiger steht, und ein rotes dort, wo der große Zeiger steht. Je ein weiteres grünes und rotes Blättchen werde sie dort anbringen, wo die Zeiger stehen werden, wenn es zur Pause läutet.[5] In den nachfolgenden Stunden und Tagen wird dieses Zeremoniell wiederholt. Wichtig ist dabei, dass den Kindern ausreichend Gelegenheit geboten wird, eigene Beobachtungen anzustellen, über diese nachzudenken, Hypothesen zu bilden, diesen nachzugehen und Entdeckungen zu machen (der kleine Zeiger rückt immer nur über vier Striche vor, der große Zeiger dagegen läuft über neun Zahlen, usw.) sowie Fragen zu stellen, die in längerfristiger Perspektive darauf hinauslaufen, dieses Instrument der Zeitmessung zu verstehen und kompetent zu nutzen. Durch das beschriebene Arrangement können die Kinder schon sehr frühzeitig in ihrem Schulalltag erkennen, wie lange es noch bis zur Pause dauern wird. Sie erhalten einen Zugang zu einem wichtigen Instrument der Selbstkontrolle und zur Regulierung sozialer Geschehnisse, und sicherlich trägt dies zum Gefühl größerer Sicherheit bei. Ganz nebenbei erfahren die Kinder auch die Prinzipien der Bündelung und Teilbarkeit von Mengen (hier repräsentiert durch die 60 Striche für jede Minute und ihre Bündelung zu je 5). Keineswegs soll damit aber sofort und von allen Kindern ein komplettes Verständnis der Uhr erwartet werden.

6.1.12 Gemeinsame Spiele, ästhetische Gestaltungen

Die meisten Kinder haben bei Schuleintritt schon Erfahrungen mit Würfel- und Kartenspielen, für deren Durchführung einfache mathematische Kompetenzen erforderlich sind. Die Lehrmittelindustrie bietet nun zahlreiche Spiele und Materialien an, die hieran anknüpfen und vor allem im Rahmen freier Unterrichtsange-

5 Selbstverständlich kann auch den Kindern die Aufgabe gegeben werden, nach dem Läuten zur Pause den neuen Stand der Zeiger durch das Kleben von Blättchen zu markieren.

bote bei einzelnen Kindern oder in kleinen Gruppen verwendet werden können. Dies ist nach der Einschulung möglich, sobald die Kinder die entsprechenden Regeln und die Spielmaterialien kennen gelernt haben.
Auch für die gesamte Klasse können Würfelspiele arrangiert werden. Hierfür nur ein Vorschlag für mehrere mögliche: An jedem Tisch mit jeweils drei Kindern befindet sich ein Spielplan mit drei unterschiedlichen Spielfiguren, die jeweils einem der drei Kinder zugeordnet werden. Durch das Setzen soll ein bestimmtes Ziel erreicht werden. Gewürfelt wird – entweder von der Lehrperson oder von einzelnen Kindern nacheinander in einer festgelegten Reihenfolge – jeweils für alle Tische simultan. Dabei ziehen dann an jedem Tisch die Kinder, für die der Wurf jeweils gilt. Auf die vielfältigen Möglichkeiten, die Würfelspiele für den Zahlerwerb, für die Übung elementarer Rechenoperationen und für die Entwicklung strategischen Denkens haben können, ist bereits in Abschnitt 3.3. eingegangen worden.
Während die Würfelspiele die genaue Beachtung vorab festgelegter Regeln erfordern, lassen sich andererseits auch spielerische Zugänge zum Bereich der Mathematik finden, die ästhetischen Bedürfnissen dienen und daher große individuelle Gestaltungsfreiheiten lassen. Bahnbrechende Impulse hierzu kommen insbesondere von dem Freinet-Pädagogen LeBohec (1994). Anknüpfend an die Methode des Freien Ausdrucks, die der Freinet-Pädagogik entstammt, hat Strobel (1997) das freie Gestalten von Mathematik durch die Idee „Gleiches Material in großer Menge" weiterentwickelt: Jedes Kind erhält vom gleichen Material (3000 Würfel, Cent, Büroklammern u. dgl.) einen etwa gleich großen Teil und darf damit irgend etwas nach eigenen Vorstellungen gestalten. Auf jeden Fall soll aber ein fertiges Produkt entstehen, und die Kinder sollen dann erläutern, was sie hergestellt haben. In den Gestaltungen der Kinder finden sich stets Ergebnisse, deren Strukturen sich – zumindest teilweise – mit der Sprache der Mathematik beschreiben lassen. Teilweise verwenden die Kinder bei der Vorstellung ihrer Produkte selbst schon mathematische Begriffe, teilweise kann die Lehrperson durch entsprechende Rückfragen und Kommentare auf solche Strukturen aufmerksam machen und mit der Sprache der Mathematik beschreiben. Weitere Erfahrungen mit diesem Ansatz beschreibt Hülswitt (zuletzt 2006).
Im Zusammenhang mit der ästhetischen Dimension mathematischer Tätigkeiten ist auch auf einen Beitrag von Wollring (2006) hinzuweisen. Dieser bietet wichtige Anregungen zur Gestaltung von Lernumgebungen, die den Kindern spielerische Zugänge zur Geometrie eröffnen können.

6.1.13 Tiere

Ein weiteres Thema, zu dem viele Kinder ein reichhaltiges Vorwissen mit vielen impliziten mathematischen Grundlagen einbringen könnten, wäre „Tiere".

Ausgangspunkt könnte eine Sammlung der Bilder von Tieren sein, welche die Kinder kennen und nennen. Selbstverständlich reizt dies zum Abzählen, wie viele verschiedene Tiere wir alle zusammen schon kennen, und dies trägt auch zur Sicherung und Erweiterung der verfügbaren Zahlenreihe bei jedem einzelnen Kind bei. In einem nächsten Schritt könnten die Kinder versuchen, diese Tiere zu klassifizieren – beispielsweise danach, wo und wie sie sich fortbewegen (in der Luft, auf dem Boden, unter der Erde, im Wasser). Dies führt zu der Anregung, die Tiere danach zu sortieren, wie viele Füße oder Beine sie haben (0: Fische, Regenwürmer, Schlangen, Schnecken / 2: Vögel / 4: Hunde, Katzen, Pferde, Elefanten, Affen, Eidechsen, Schildkröten .../ 6: Fliegen, Bienen, Wespen, / 8: Spinnen / ganz viele: Tausendfüßer, Hundertfüßer). Sicherlich sollte das primäre Interesse bei einer solchen Klassifikation nicht dem mathematischen Ziel dienen, den Kindern weitere Beispiele für den Kardinalzahlaspekt zu vermitteln, aber zumindest sollten Erkenntnisse wie etwa die folgenden nicht verhindert werden: Es ist ein wesentliches Merkmal von Vögeln, dass sie je zwei Beine und zwei Flügel haben, und es kennzeichnet Insekten, dass sie sechs Beine haben, und fast alle Säugetiere haben vier Beine.
Weitere Merkmalsbereiche, bei denen sich Vergleiche und Klassifikationen anbieten, wären die Art und Schnelligkeit der Fortbewegung, die Größe und das Gewicht.

Bei Vergleichen anhand von Merkmalen wie Größe (Länge, Entfernung), Gewicht, Geschwindigkeit, Lautstärke, Helligkeit, Temperatur könnte erneut auch das Prinzip der Transitivität als Hinführung zum Maßzahlaspekt vermittelt werden. Besonders günstig ist es dabei, wenn die Kinder die entsprechenden Abstufungen durch eigenes Tun vornehmen und dieses Tun verbal begleiten (z.B. *„Jetzt bewegen wir uns ganz langsam, wie eine Schnecke – jetzt watscheln wir schon etwas schneller, wie eine Ente – jetzt flitzen wir ganz schnell, wie eine Katze"*).

6.1.14 Abschließende Überlegungen

Die Reihe der Beispiele ließe sich noch lange fortsetzen. Die Beispiele mögen äußerst trivial erscheinen. Man sollte sie aber dennoch ernst nehmen, weil sich in den dargestellten Themen wesentliche Bedeutungsaspekte der Mathematik, wie sie bereits in Kapitel 4 aufgeführt wurden, erkennen lassen. Die Beispiele verdeutlichen, dass Mathematik ein Mittel zur Lösung realer Probleme der Kinder sein kann, wobei die Kinder selbst ein Interesse an der Lösung haben. Mathematik hat damit eine lebenspraktische Bedeutung für sie und ist gerade nicht – wie oft behauptet und vermittelt wird – rein theoretisch, also unpraktisch und realitätsfern.

Durchweg weisen die Inhalte auch starke Bezüge zur Emotionalität des Menschen auf. Dies widerspricht der gängigen Auffassung, wonach Mathematik ausschließlich auf kognitive Anforderungen und Leistungen zugeschnitten sei.
Vielleicht mögen die Beispiele auch deswegen trivial erscheinen, weil sie – betrachtet auf der Ebene des direkt beobachtbaren Verhaltens – nur solche Anforderungen beinhalten, welche die meisten Kinder bei Schuleintritt mühelos bewältigen. Die Lehrperson lässt sich also auf das ein, was die (meisten) Kinder selbst einbringen, also schon können, insofern bringt sie ihnen nicht viel Neues bei. Ihre Aufgabe besteht vielmehr darin, den Kindern interessierte Aufmerksamkeit zu schenken und sie zu solchen Äußerungen zu provozieren, mit denen sie ihre Erfahrungen, ihr Wissen und ihre Fähigkeiten zeigen können. Auf diese Weise können die Lehrpersonen die Kinder in ihrem Können bestätigen und ihnen dabei bewusst machen, über welche grundlegenden mathematischen Kompetenzen sie bereits verfügen. Für solche Kompetenzen haben die Kinder oft noch gar keine Begriffe. Daher sind ihnen ihre Kompetenzen oft auch nicht voll bewusst, doch lassen sie sich mit Hilfe der Lehrperson leicht „entdecken". Die damit verbundenen Lernprozesse der Kinder verlaufen dann nach dem Muster des optimalen Spracherwerbs: Die Kinder beschäftigen sich mit einem für sie bedeutsamen (interessanten) Gegenstand (Thema, Inhalt) und in einer Form, wie sie es bei älteren und kompetenteren Kindern oder Erwachsenen bereits gesehen haben, und deswegen ist ihre Tätigkeit aus ihrer Sicht sinnvoll. Kompetentere Personen, die dieses Tun beobachten und dafür auch spezifische Begriffe haben, bilden dieses Tun nun verbalsprachlich ab *(„Ach, ich sehe, dass Du gerade mit der Schraubzwinge meinen Aktenordner fixierst, pass aber auf, dass er dabei nicht beschädigt wird!")* und vermitteln den Kindern auf diese Weise die spezifischen Bezeichnungen für die Formen und Inhalte ihrer Tätigkeiten. Die Kinder verknüpfen nun ihre eigenen gegenstandsspezifischen Erfahrungen mit den dafür gebräuchlichen Bezeichnungen und erweitern auf diese Weise ihre sprachlichen Kompetenzen (vgl. Schmidt-Kolmer, 1986, S. 192). – Auf einer ähnlichen Ebene wird also in unseren Beispielen von dem ausgegangen, was die Kinder vorbringen, dieses wird genau registriert und beachtet, aber nicht etwa korrigiert, sondern gewürdigt und bezüglich seiner impliziten und unbewussten mathematischen Gehalte begrifflich gefasst. Dies erfordert jedoch von den Lehrkräften die Bereitschaft, in den einfachen, trivialen, selbstverständlichen Tätigkeiten der Kinder die „verborgenen" mathematischen Konzepte aufzuspüren und sie auf die Ebene des Bewusstseins zu heben, wo sie vertieft und weitergeführt werden können. Für diese Aufgabe müssen die Lehrkräfte über die entsprechenden mathematischen Kategorien zur Analyse der kindlichen Äußerungen verfügen. Einige dieser grundlegenden Kategorien wurden bereits in Kapitel 1 angesprochen, weitere findet man im Zusammenhang mit ähnlich einfachen Beispielen bei Schmitz & Scharlau (1985).

Die größte Schwierigkeit, im Sinne des hier vorgestellten Konzepts zu arbeiten, besteht möglicherweise in dem professionellen Selbstverständnis vieler Lehrkräfte, den Kindern immer wieder (vermeintlich) neuen Stoff nach einer vorgegebenen Systematik (Lehrplan, Unterrichtswerk) vermitteln zu müssen. Diese Einstellung ist schwer zu vereinbaren mit einer interessierten Offenheit für solche Kompetenzen, die die Kinder bereits in den Unterricht einbringen können, und sie ist auch schwer zu vereinbaren mit der Bereitschaft, sich hierauf konstruktiv einzulassen.

6.2 Operieren mit Zahlen

6.2.1 Zählen, Vergleichen, Zuordnen

Wie bereits in Kapitel 3 dargelegt, geht die Ausbildung der Verbalsprache mit zunehmenden Erfahrungen durch gegenständliche Tätigkeiten einher. In einem etwas fortgeschrittenem Stadium der Sprachentwicklung lernen die Kinder dabei auch die Verwendung solcher Begriffe, mit denen sich bestimmte Merkmale von Akteuren, ihren Tätigkeiten und Gegenständen spezifizieren, unterscheiden und vergleichen lassen. Eine elementare Sprachform, die sich sowohl auf Akteure also auch auf Gegenstände, somit auf Substantive, beziehen kann und zugleich zum Verständnis von Mengen und Zahlen hinführt, ist die Pluralbildung: ein (der) Hund – zwei (drei, vier, ... viele) Hunde. Auch der Gebrauch von Adjektiven und Adverbien impliziert Vergleiche (z. B.: Da – *„kleiner Hund – laut bellt"*). Vergleiche lassen sich dabei zum einen semantisch durch die Verwendung von Begriffspaaren (z. B. „klein – groß", „laut – leise") und zum anderen morphematisch durch Komparationen (die Steigerungsformen des Komparativ und Superlativ: „klein – kleiner – am kleinsten", „laut – lauter – am lautesten") sprachlich repräsentieren. Für die differenzierte Ausbildung mathematischer Begriffe sind nun solche Merkmale entscheidend, die sich quantifizieren lassen, also eindeutige Abstufungen auf jeweils der gleichen Bezugsebene zulassen. Solche Merkmalsbereiche wären vor allem Länge (Entfernung, Größe, Höhe), Gewicht, Geschwindigkeit, Dauer, Lautstärke, Helligkeit. Sie sind alle der unmittelbaren kindlichen Erfahrung zugänglich und sehr früh in der Entwicklung mit entsprechenden Begriffen belegt. Dabei ist aber wichtig, dass die entsprechenden kindlichen Erfahrungen von sprachlich kompetenten Menschen, die auch über ein entsprechendes Weltwissen verfügen, verbal begleitet werden. Dadurch werden – zumindest implizit – die jeweiligen Bezugsebenen mit eingebracht: So erkennen Kinder beispielsweise, dass ein großer Hund immer noch viel kleiner ist als der kleinste Elefant. Auf diese Weise erfahren sie schon ansatzweise die Bedeutung von Relationen. Ein weiterer

Schritt in Richtung auf den Erwerb mathematischer Begriffe erfolgt, wenn die Kinder erkennen, dass sich einzelne, aber jeweils gleiche Bestandteile von Tätigkeiten und Objekten abstufen und vergleichen lassen. Für solche Abstufungen werden die Mengenbezeichnungen „viel" und „wenig" mit den Steigerungsformen „mehr", „weniger", „sehr viel", „sehr wenig" verwendet. Auch hier sind den kindlichen Erfahrungsbereichen kaum Grenzen gesetzt und lassen sich auf eigene Tätigkeiten (z. B. Schritte) sowie auf die verschiedensten Objekte anwenden (z. B. Stufen einer Treppe, Tiere im Haus, Schafe in einer Herde). Auch bei diesen Beispielen wird deutlich, dass die Begriffe „viel" und „wenig" ebenfalls nur in ihren jeweiligen Relationen zu sehen sind (so sind – einem Bonmot zufolge – z. B. zwei Haare in der Suppe relativ viel, zwei Haare auf dem Kopf aber relativ wenig). Der Erwerb dieser Mengenbegriffe ist eng mit den konkreten kindlichen Erfahrungen verbunden. Etwa zur gleichen Zeit kann aber auch das Aufsagen der ersten Elemente der Zahlenreihe gelernt werden, ohne dass dies mit irgendwelchen konkreten Erfahrungen in der Verwendung von Zahlen oder gar Einsichten in ihren Zweck zusammenhängt. So hören die Kinder bei verschiedenen Anlässen, dass stets die gleiche Folge von Zahlen gesprochen wird, sprechen sie mit und ahmen sie nach. In dieser ersten Phase des Erwerbs der Zahlwörter werden diese nicht unbedingt getrennt wahrgenommen, und so werden die Zahlen dann oft als „undifferenziertes Wortganzes" (Krajewski, 2003, S. 64) wiedergegeben: *„einszweidreivierfünfsechssiebenachtneunzehn"*. Nun wird die Fähigkeit zur verbalen Sprachproduktion im Zuge der Sprachentwicklung quasi wortweise, beginnend mit dem Einwortsatz, erworben. Später entdeckt das Kind, dass im Sprachfluss jeweils gleiche Elemente auftreten, die in unterschiedlichen Verbindungen mit anderen Elementen („Wörtern") stets in gleicher Form wiederkehren, z. B. die Artikel, Pronomen, Präpositionen, aber dann auch die Zahlwörter: „Die Heiligen *drei* Könige" oder „die *sieben* Zwerge"). Beide Erfahrungsbereiche – also das Erkennen der Wortgrenzen und das wiederholte Auftreten gleicher Wörter – dürften nun dazu beitragen, dass die ursprünglich als Wortganzes wahrgenommene und wiedergegebene Zahlenreihe differenzierter aufgefasst wird, nämlich – ähnlich wie andere feststehende Wortfolgen, etwa Verse – als feststehende Folge einzelner separater Zahlwörter. Diese können nun auch separat, wenn auch in immer noch feststehender Folge, reproduziert werden: *„eins – zwei – drei – ..."*. Für diese Wörter lernt das Kind den Oberbegriff „Zahlen" kennen, und es weiß, dass das Aufsagen der Zahlenfolge als „Zählen" bezeichnet wird. Die nun schon erworbenen Erkenntnisse über Zahlen und das Zählen sind selbst wieder Grundlage für zwei weitere Erfahrungen: Zum einen erkennt das Kind, dass diese Wortfolge an unterschiedlichen Stellen abgebrochen werden kann, die Zahlenreihe unterschiedlich lang sein kann, (dass es also Zahlenfolgen mit vielen und mit wenigen Zahlen gibt), und dass das Aufsagen einer langen Zahlenfolge mehr Zeit in Anspruch nimmt als das Aufsagen einer kurzen Zahlenfolge. Damit ist nun eine erste lose Verbindung zu dem konkreten Erfahrungsbereich unterschiedlich großer Mengen hergestellt: So wie es etwa lange oder kurze Reihen von Menschen beim Anstehen an der Kasse im Kaufhaus gibt, gibt es auch lange und kurze Reihen von Zahlenfolgen; so wie es große Mengen und kleine Mengen von irgendwelchen Dingen, Bewegungsfolgen, Klängen, Tieren, Elementen usw. gibt, gibt es auch große und kleine Zahlen. Mit dieser Erkenntnis kann das Kind seine Beobachtung richtig einordnen, wonach die Zahlen zur Bestimmung der Größe (mathematisch: der „Mächtigkeit“) von Mengen verwendet werden und sich auf dieser Grundlage exakte Vergleiche anstellen lassen: Jedes Zahlwort entspricht genau einem Element der zu zählenden Menge, und deren Mächtigkeit bestimmt sich durch das zuletzt gesprochene Zahlwort. Zwischen der Menge der Elemente und der Menge der gesprochenen Zahlwörter wird also eine „Eins-zu-Eins-Zuordnung“ hergestellt. Mit diesem elementaren Zählvorgang lässt sich allerdings nur die Mächtigkeit von sogenannten diskreten Mengen bestimmten. Im Unterschied dazu kann man die Mächtigkeit kontinuierlicher Mengen (etwa von Flüssigkeiten oder Längen) nicht direkt durch Auszählen bestimmen, sondern muss dazu geeignete Zähleinheiten (Maßskalen) verwenden. Bei der Bestimmung diskreter Mengen kann die Anordnung der einzelnen Elemente beliebig sein, wichtig ist lediglich, dass jedes Element nur einmal gezählt wird. Hingegen muss die Reihenfolge der verschiedenen Zahlwörter genau eingehalten werden, und jedes Zahlwort darf ebenfalls nur einmal verwendet werden.

Beim Zählen erkennen die Kinder das seriale Prinzip, wonach die Zahlenreihe mit jedem weiteren Zahlwort um eins größer wird und – analog hierzu – Mengen durch das Hinzufügen eines weiteren Elements ebenfalls um eine Zähleinheit größer werden. Das Prinzip der Reversibilität können sie erkennen, wenn sie von einer bereits genau ausgezählten Menge ein Element entfernen und dann die Mächtigkeit dieser um eine Zähleinheit verminderten Menge neu bestimmen. Im Zuge dieser Operationen lernen die Kinder, den Zählvorgang an jeder Stelle der Zahlwortreihe neu aufzunehmen, indem sie jedem Zahlwort das jeweils nächste und vorangegangene Element in der Zahlwortreihe zuordnen können. Dadurch wird der Zählvorgang noch flexibler und effektiver.

An dieser Stelle stellt sich die Frage, welche Schwierigkeiten und Fehler beim Zählen auftreten können und welche Hilfen zu ihrer Überwindung beitragen?

Schwierigkeiten beim Zählen hängen im Wesentlichen von zwei Faktoren ab:

1. Je größer die Anzahl der zu bestimmenden Elemente ist, desto größer ist die Wahrscheinlichkeit, dass die zählende Person die dafür notwendige Zahlenreihe nicht korrekt wiedergeben kann oder Fehler bei einzelnen Zuordnungen macht. Fehler dieser Art können nur vermieden werden, wenn der komplette Zählvorgang sicher beherrscht wird. Dies erfordert u. a. auch Einsicht in den Aufbau des Zahlensystems. Hierauf wird später noch eingegangen.

2. Neben der Größe der zu zählenden Menge ist auch deren Präsentationsform von Bedeutung. Ein bedeutsamer Unterschied besteht darin, ob die zu zählenden Elemente räumlich-simultan vorgegeben sind oder in einer zeitlich-sukzessiven Folge auftreten (z. B. Schläge der Kirchturmuhr, Schritte bei der Durchquerung eines Raumes, Setzen von Spielsteinen auf einem vorgegebenen Spielplan). Bei der zeitlich-sukzessiven Form muss sich der Zählvorgang konsequent der vorgegebenen Folge anpassen. Dies ist insbesondere dann nicht leicht, wenn sich die einzelnen Elemente nicht in irgendeiner Form materialisieren lassen: Schritte in einer Sandgrube hinterlassen Spuren, Schritte auf einem Spielstein können auf dem vorgegebenen Spielplan rückgängig gemacht werden, aber die Schläge der Kirchturmuhr verklingen und sind nicht wiederholbar. Bei der räumlich-simultanen Anordnung der Elemente lassen sich ungeordnet und unstrukturiert vorgegebene Mengen am schwersten bestimmen, wenn deren Anordnung nicht manipulierbar ist. Dies ist dann der Fall, wenn die Elemente fixierte Positionen einnehmen (beispielsweise Bäume im Wald, Punkte auf einem Blatt Papier); ähnlich schwer zu zählen sind auch frei bewegliche Elemente, solange sie sich nicht irgendwie separieren oder fixieren lassen (beispielsweise Vögel in einem Vogelschwarm, Schafe in einer Herde). Leichter lassen sich dagegen Mengen bestimmen, deren Elemente frei manipulierbar sind (Streichhölzer, Büroklammern, Muggelsteine, usw.). Werden diese Elemente dann auch noch geordnet vorgegeben, also etwa in linearer Anordnung, eventuell auch noch zusätzlich in 5er- und 10er-Bündeln, dann erleichtert dies den Zählvorgang ganz erheblich.

Die Schwierigkeiten, die beim Abzählen auftreten können, lassen sich grob drei verschiedenen Ursachen zuordnen, für die jeweils spezifische Hilfen vorzusehen sind:

1. Das Abzählen linear angeordneter Elemente gelingt nicht, weil die Kinder das Aufsagen der Zahlenreihe nicht mit der sukzessiven Kennzeichnung der zu zählenden bzw. schon gezählten Elemente koordinieren können. Dies ist vor allem bei denjenigen Kindern der Fall, die die Zahlenreihe noch als undifferenziertes Wortganzes aufsagen.
2. Der Zählvorgang ist fehlerhaft, weil die Kinder die einzelnen Zahlwörter, die sie für die Bestimmung der entsprechenden Anzahl benötigen, nicht korrekt wiedergeben. Hierbei kann auch der Fehler auftreten, dass mit dem zweisilbigen Zahlwort „sie-ben“ zwei Elemente repräsentiert werden.
3. Der Zählvorgang ist fehlerhaft, weil einzelne Elemente mehrfach gezählt und/oder andere ausgelassen werden. Diese Schwierigkeit kann dann auftreten, wenn die Elemente ungeordnet vorliegen und keine Schachtel o. dgl. zur Verfügung steht, in welche die einzelnen Elemente hineingezählt werden können.

Hilfen zu 1):
Die betreffenden Kinder werden angehalten, einzelne Streichhölzer (o. ä.) nacheinander langsam in eine Schachtel zu legen, wobei jede dieser Teilhandlungen vom deutlichen Sprechen des entsprechenden Zahlwortes begleitet wird. Im Rahmen einer Einzelförderung kann dem Kind immer ein Streichholz separat gegeben werden und das jeweils zugeordnete Zahlwort wird in dem gleichen Moment ausgesprochen, in dem das Kind das Streichholz in die Schachtel legt. Jede einzelne Teiltätigkeit wird also sprachlich durch das jeweilige Zahlwort begleitet. Eine solche sprachliche Begleitung kann auch gemeinsam mit allen Kindern der Klasse erfolgen – etwa wenn die Lehrperson langsam und deutlich voneinander abgesetzt einzelne Striche an die Wandtafel zeichnet, wobei die Kinder bei jedem neu hinzugekommenen Strich die entsprechende Zahl nennen. Dabei kann es den Kindern, die mit dieser Aufgabe noch Schwierigkeiten haben, zunächst selbst überlassen bleiben, ob und wann sie sich in den „Chor" einklinken. Jedenfalls erfahren sie auf diese Weise, dass nur eine aufgebrochene, d. h. aus getrennten Zahlwörtern bestehende Zahlwortreihe oder Zahlenkette zum Zählen geeignet ist und sie lernen dabei die Wortgrenzen der Zahlwörter kennen. Zugleich eignen sie sich eine probate Abzähltechnik an: Alle gezählten Elemente einer Menge werden deutlich von den noch nicht gezählten separiert. Im gleichen Zuge lässt sich auch der Zählvorgang rückgängig machen, indem die Lehrperson die einzelnen Striche nacheinander abwischt und die Kinder sagen lässt, wie viele Striche jetzt noch an der Tafel zu sehen sind.

Hilfen zu 2):
Auch in diesem Fall wird das gemeinsame deutliche Zählen der gesamten Lerngruppe im Chor empfohlen. Zusätzlich sollte aber konsequent versucht werden, die Einsicht in den dekadischen Aufbau der Zahlenreihe zu vermitteln. Allerdings enthält die Zahlenfolge zwischen 10 und 20 einige sprachliche Erschwernisse: Die „elf" und „zwölf" müssten von der Logik her als „einszehn" und „zweizehn", die gesprochene „zɛç tsɛ:n" als „zɛks tsɛ:n" und die „siebzehn" als „siebenzehn" realisiert werden. Logisch wäre es auch, wenn die 10 als „einszig", die 20 als „zweizig" analog zu 30, 40, usw. bezeichnet würden. Anders als bei den Zahlen ab 20 wird die Zusammensetzung der Zahlwörter zwischen 11 und 19 nicht durch ein eingeschobenes „und" markiert. Erst ab 30 wird dann der dekadische Aufbau der Zahlenfolge durch die linguistische Struktur der Sprache einsichtig und eindeutig repräsentiert, sieht man von der sprachlich einfacheren „zɛç tsik" ab, die aber schon von der „zɛç tsɛ:n" her bekannt ist. Möglicherweise erschweren es gerade die linguistischen Besonderheiten im Zahlenbereich zwischen 10 und 20 einigen Kindern, die Lernerleichterungen zu erkennen und zu nutzen, die sich aus dem dekadischen Aufbau des Zahlensystems ergeben. Daher ist es sicher kein Fehler,

die Kinder gezielt auf diese Abweichungen aufmerksam zu machen: *„Eigentlich müsste die Zahl ja >einsundzehn< heißen, aber man sagt eben >elf<, weil es kürzer ist“.*

Hilfen zu 3):
Das Problem ist gelöst, wenn die Kinder erkannt haben, dass sich eine linear angeordnete Menge wesentlich leichter und sicherer zählen lässt als eine ungeordnete. Daher sollten die Kinder lernen, die einzelnen Elemente vor dem Zählvorgang in strukturierter Form, am besten zunächst linear anzuordnen. Dazu können auf Pappstreifen vorgegebene Raster hilfreich sein, wobei in jede einzelne Zelle nur ein Element zu legen ist:

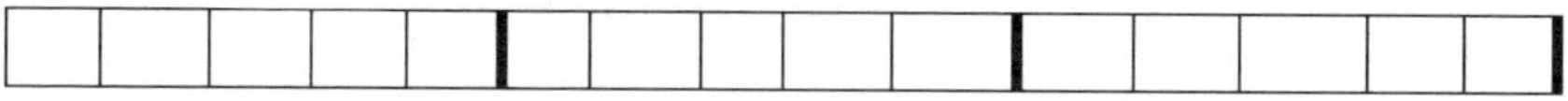

In einem fortgeschrittenen Stadium wird der Zählvorgang dadurch erheblich erleichtert, dass die Elemente in Reihen zu je zehn Elementen mit einer deutlichen Zäsur zwischen dem fünften und sechsten Element angeordnet werden. Kindern, die damit noch Schwierigkeiten haben, können ebenfalls entsprechende Raster helfen. Je nach Lernstand der Kinder können die Zellen auch vollständig, gar nicht oder nur teilweise mit Zahlen versehen sein.
Besonders vorteilhaft ist sicherlich die unvollständige Kennzeichnung der einzelnen Zellen, wie in Abbildung 6.3. Auf diese Weise können sich die Kinder selbst den Aufbau und die Struktur des Zahlensystems erschließen.

1	2								10
11									
21									
		33							
									50
				55					
61									
						77			
									100

Abb. 6.3: Raster als Zählhilfe

6.2.2 Zerlegen, Bündeln, Strukturieren

Im vorangegangenen Abschnitt sollte schon deutlich geworden sein, dass das Abzählen der Elemente einer bestimmten Menge (also die Bestimmung ihrer Mächtigkeit) dadurch erleichtert wird, dass jeweils gleich große Teilmengen (oder Bündel), deren Anzahl sich schnell erfassen lässt, gebildet, überschaubar angeordnet und dann gezählt werden.

Der Zählvorgang selbst beruht auf sogenannten „Eins-zu-Eins-Zuordnungen": Jedem einzelnen Element der konkreten Menge wird ein Element aus der Menge der Zahlworte („eins", „zwei" ... bis unendlich) zugeordnet. Dabei ist es beliebig, in welcher Reihenfolge jedes einzelne Element der konkreten Menge einem Zahlwort zugeordnet wird; hingegen muss die Reihenfolge der Zahlwörter genau eingehalten werden. Beim Vorgang des Abzählens werden laufend neue Teilmengen gebildet:

- Die konkrete Menge wird unterteilt in zwei Teilmengen: in die mit den schon ausgezählten Elementen und in die mit den noch zu zählenden Elementen. Während mit jedem Zählschritt die Anzahl der schon ausgezählten Elemente um ein Element vergrößert wird, verringert sich die Anzahl der noch zu zählenden Elemente um eben dieses eine Element.
- Mit jeder neu verwendeten Zahl aus der Menge der Zahlworte, also der Zahlenreihe, wird die Teilmenge der Zahlen, die bereits den konkreten Elementen zugeordnet worden sind, um eine Zähleinheit vergrößert: So entstehen immer neue Teilmengen, welche die zuvor verwendeten mit einschließen.

Jede dieser so bestimmten Teilmengen, die sich ja um jeweils eine Zähleinheit in ihrer Mächtigkeit voneinander unterscheiden, wird mit einem eigenen Begriff belegt: Dies ist der Name der entsprechenden Zahl. Zahlen, die in diesem Sinne verwendet werden, werden als *Kardinalzahlen* bezeichnet. Die durch sie repräsentierte Menge kann durch den Vorgang des Abzählens bestimmt werden. Dabei werden die Zahlen in ihrer festgelegten Reihenfolge nacheinander als Zähleinheiten verwendet. Bei einer solchen sukzessiven Verwendung werden die Zahlen als *Ordinalzahlen* bezeichnet.

Um alle Zahlen, wie groß sie auch immer sein mögen, schreiben zu können, bedarf es in dem inzwischen weltweit verwendeten Zahlensystem lediglich zehn verschiedener Ziffern, die in systematischer Anordnung miteinander kombiniert werden (siehe die kulturhistorischen Ausführungen in Abschnitt 2.1.), doch jede Zahl hat eine andere Bezeichnung innerhalb des Zahlensystems. Unabhängig von den Bezeichnungen im Zahlensystem lassen sich in der deutschen Sprache – zum Teil auch als Relikte aus früheren Zeiten – noch einige weitere Bezeichnungen finden, um bestimmte Anzahlen zu kennzeichnen: ein Paar (für zwei), ein Dutzend (für zwölf), ein Mandel (für 15), ein Schock (für 60), ein Großschock (für 64).

Bevor im Zuge der menschheitsgeschichtlichen Entwicklung die abstrakten Zah-

len als Werkzeuge zum Zählen und zur Feststellung der Mächtigkeit von Mengen erfunden wurden, bediente man sich – wie schon in Abschnitt 2.1.gezeigt – konkreter Hilfsmittel: Steinchen oder Tonkügelchen, die bei jeder einzelnen Zuordnung in ein Gefäß oder eine Vertiefung gelegt wurden, Knoten in einem Seil oder Kerben in einem Knochen oder Holzstück. Dabei wurde am Ende des Zuordnungsprozesses die jeweils letzte Position als Kennzeichnung der ausgezählten konkreten Menge markiert. Im gleichen Sinne wurden auch Striche im Sand oder auf Papyros verwendet. Dies war der Anfang der verschrifteten Abbildung von Mengen. Bei sehr großen Mengen tauchte aber ein ökonomisches Problem auf: Vor allem dem verfügbaren Raum, aber auch dem erforderlichen Zeitaufwand zum Schreiben waren erkennbare Grenzen gesetzt. Die Lösung dieses Problems konnte nur in Verkürzungen der Darstellung bestehen, und diese verkürzten Darstellungen jeweils unterschiedlich großer Mengen waren die abstrakten Zahlen. Sie haben im Unterschied zu den konkreten Hilfsmitteln den Vorteil, dass sie – quasi als „geistiges Eigentum“ von Menschen – jederzeit im Kopf verfügbar und in der Form der gesprochenen Sprache zwischen den Menschen eindeutig kommunizierbar sind.
Zahlen werden übrigens in zwei verschiedenen sprachlichen Formen verwendet: der verbalsprachlichen (gesprochen: „eins“, „zwei“ ...) und der schriftsprachlichen (meistens mittels der arabischen Zahlen: 1, 2 ...). Beide Formen sind Abbildungen des gleichen Inhalts, der auf abstrakter Ebene die Zahlen und auf konkreter Ebene Anzahlen oder Mengen betrifft. In der Schule sollen die Kinder lernen, die beiden abstrakten Formen der Abbildung wechselseitig aufeinander zu beziehen. Gute didaktische Konzepte sehen aber auch vor, dass die Lernenden stets Bezüge zu konkreten Gegebenheiten erkennen und herstellen und sich dabei zugleich an dem wichtigen Strukturelement des Zahlensystems, der Bündelung in Fünfer- und Zehnereinheiten, orientieren können. Bereits Maria Montessori hat entsprechend strukturiertes Anschauungsmaterial, allerdings ohne die Unterteilung der Zehnereinheiten in zwei Fünfereinheiten, entwickelt (siehe beispielsweise die entsprechenden Beiträge in Milz, 1993). Gaidoschik (2007) schlägt als bevorzugtes Anschauungsmaterial – zumindest für den Anfangunterricht – die Finger der beiden Hände vor.
Im Projekt „Mathe 2000“ werden die Wendeplättchen, die sich in vorgestanzte Reihen zu je zwei mal fünf Vertiefungen einordnen lassen, verwendet. Parallel zu dem Lehrwerk „Mathematik entdecken und verstehen“ von Kutzer (1983) wird der Einsatz des Rechenzuges empfohlen, bei dem auf jedem Wagon bis zu zehn Würfeln, angeordnet in zwei Reihen zu jeweils fünf Stück, geladen werden. Anschauliche Beschreibungen weiterer geeigneter Materialien, die entsprechend strukturiert sind, finden sich in der gelungenen Darstellung von Ganser, Schindler & Schüller (2003).

Um die Orientierung an der Fünf zu festigen, sollen die Kinder die Zerlegungsmöglichkeiten eben dieser Zahl entdecken, kennen lernen und systematisch verarbeiten. Dazu bietet es sich an, dass jedes Kind fünf Objekte (z. B. Muggelsteine, Kastanien) bekommt, die es beliebig auf zwei Behälter (Schälchen oder Kästchen) verteilen darf. Jedes Kind wird dann aufgerufen, um zu sagen, wie viele davon es in den einen und wie viele es in den anderen Behälter getan hat. Die Lehrperson notiert die Ergebnisse an der Wandtafel sowohl in ikonischer als auch in abstrakt symbolischer Form und wiederholt sie auch in verbalsprachlicher Form. Zugleich ordnet sie die Ergebnisse der Kinder in einer systematischen Übersicht an, so dass die Kinder die gegensinnigen Veränderungen entdecken können: Mit jedem Muggelstein, der auf der einen Seite dazu kommt, wird auf der anderen Seite einer weggenommen – aber immer sind es zusammen gleich viele.

	0	00	000	0000	00000
00000	0000	000	00	0	

0	1	2	3	4	5
5	4	3	2	1	0

Abb. 6.4: Systematik der Aufteilungsmöglichkeiten einer Menge von 5 Elementen und der Zahl 5 – in ikonischer Darstellung (oben) und abstrakt-symbolischer Darstellung (unten)

Nach dem gleichen Prinzip der Strukturierung werden dann auch die Aufteilungsmöglichkeiten der weiteren Zahlen bis 10 erkundet (siehe Abbildung 6.5). Dabei schlägt Gerster vor, zusätzlich auch das Prinzip der Verdoppelung zu nutzen.

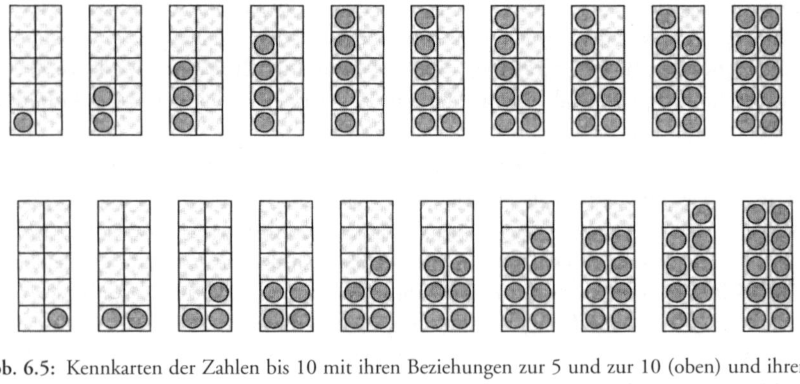

Abb. 6.5: Kennkarten der Zahlen bis 10 mit ihren Beziehungen zur 5 und zur 10 (oben) und ihren Beziehungen zu Verdoppelungen (unten) aus Gerster (2003, S. 215 bzw. 2009, S. 262)

Konzepte wie die von Gaidoschik (2007) und Gerster (2003, 2009) sehen also vor, dass die Kinder Vorstellungen von Mengen bis zu 10 entwickeln, die sich an der 5er- bzw. 10er-Struktur bei ihrer Darstellung orientieren – z. B. die 7 als alle ausgestreckten Finger der einen Hand und zwei ausgestreckte Finger der anderen Hand oder als jeweils drei ausgestreckte Finger beider Hände und ein zusätzlich ausgestreckter Finger.
Mit etwas Übung kann die Lehrperson im Anfangsunterricht entsprechende Fingermuster den Kindern präsentieren und sich von ihnen die Anzahlen der ausgestreckten Finger sagen lassen. Die Präsentation sollte so kurz sein, dass Abzählen nicht möglich ist. Erst wenn mehrere Kinder ihre Antworten präsentiert haben und dabei einige Antworten voneinander abweichen, bietet es sich an, das Muster länger zu zeigen und im Sinne der dargestellten Prinzipien mit den Kindern zu besprechen. Durch tägliche kurze Übungsphasen lassen sich Sicherheit und Schnelligkeit der Antworten deutlich steigern. Als Alternative empfehlen sich Abbildungen wie die oben gezeigten von Gerster, die den Kindern auf dem Tageslichtprojektor kurzfristig präsentiert werden.
Mit solchen Darstellungsformen ist es zugleich auch möglich, alle einstelligen Zahlen in ihrem Bezug zur 10 zu charakterisieren: So ergänzen sich die jeweils ausgestreckten und nicht ausgestreckten Finger beider Hände oder die ausgefüllten und nicht ausgefüllten Felder der Kennkarten (siehe Abbildung 6.5) immer zur Zehn. Gleiche Erkenntnisse können auch mit anderen konkreten Materialien gewonnen werden – so etwa mit einer Reihe linear angeordneter Elemente (z. B. Kastanien, Muggelsteine), bei denen die Kinder einen Stift zwischen zwei Elemente der Reihe legen und die Reihe dadurch in zwei Teilreihen zerlegen:

x x x I x x x x x x x

Auch die Schüttelbox[6] bietet sich für solche Experimente an.
Die verschiedenen Aufteilungsmöglichkeiten, die die Kinder auf diese Weise entdecken, können dann, koordiniert von der Lehrperson, gemeinsam zusammengetragen und auf verschiedenen Repräsentationsebenen an der Wandtafel – analog zu Abbildung 5.4 – notiert und systematisiert werden.

6 Schüttelboxen werden von verschiedenen Lehrmittelverlagen angeboten. Es handelt sich um flache Behälter (ca. 100mm x 100mm x 15 mm) mit zwei gleich großen voneinander abgetrennten, gleichwohl durch eine Öffnung miteinander verbundenen Kammern. Jede Kammer kann nur von einer der beiden großen Seitenflächen eingesehen werden. In beiden Kammern zusammen befindet sich eine bestimmte Anzahl von Holzperlen (z. B. 10), wobei immer nur ein Teil derselben aus der einen oder anderen Perspektive sichtbar ist. Durch Schütteln geraten einige der Perlen durch die Öffnung von der einen Kammer in die andere und verteilen sich so in jeweils anderer Konstellation auf die beiden Kammern.

Selbstverständlich sollen die Zerlegungen nicht auf die Zahlen 5 und 10 beschränkt bleiben. Aufgrund der schon dargelegten Vorteile (Anzahl der Finger) ist es jedoch sinnvoll, an diese beiden Zahlen die ersten festen Bezugspunkte zum Erwerb eines flexibel handhabbaren Zahlenverständnisses zu knüpfen.
Die durch Einsicht gewonnene Kenntnis der Zerlegungsmöglichkeiten führt unmittelbar zu den grundlegenden arithmetischen Operationen der Addition und Subtraktion. Dabei muss den Kindern auch einsichtig sein, dass jede Zerlegung auch wieder rückgängig gemacht werden kann, also reversibel ist. Allerdings müssen sie dazu die Bedeutung und richtige Anwendung der Operationszeichen (+, -, =) lernen. Dies geschieht am besten dadurch, dass die Lehrperson zunächst jede konkrete Operation nicht nur in ikonischer Form, sondern auch in abstrakt-symbolischer Form – und dies sowohl verbalsprachlich als auch mit den algebraischen „Schriftzeichen" – abbildet, bis die einzelnen Kindern – sicher jedes in dem seinen Lernfähigkeiten entsprechenden Tempo – die entsprechenden Zuordnungsregeln erkannt haben und selbstständig anwenden können. Dabei stehen bei zwei Teilmengen immer nur drei, manchmal auch nur zwei verschiedene Zahlen in sinnvollen Beziehungen zueinander. Am schnellsten und nachhaltigsten werden die Beziehungen von nur zwei verschiedenen Zahlen gelernt, bei denen sich die größere Zahl in zwei gleich große Zahlen zerlegen lässt und somit doppelt so groß ist wie die beiden Zahlen, aus denen sie sich zusammensetzt: z. B.

$$4 = 2 + 2; \quad 4 - 2 = 2; \quad 2 + 2 = 4.$$

Hingegen muss bei drei verschiedenen Zahlen zusätzlich noch das Kommutativgesetz erkannt und beachtet werden, wonach die Reihenfolge der Summanden, also der zerlegten Teilmengen, beliebig ist:

$$5 = 3 + 2; \quad 5 = 2 + 3; \quad 5 - 3 = 2; \quad 5 - 2 = 3; \quad 3 + 2 = 5; \quad 2 + 3 = 5.$$

Auf jeden Fall sollte den Kindern einsichtig werden, dass die beiden Seiten der Gleichung identisch sind, also stets miteinander vertauscht werden können. Dies kann dadurch veranschaulicht werden, dass die Gleichung entweder in ikonischer oder in gegenständlicher Form auf einem Tisch präsentiert wird und jeweils eine kleine Gruppe von Kindern sie von der einen

II + III = IIIII

und von der gegenüberliegenden Seite betrachtet. Beim Austausch darüber, was die Kinder in den beiden Gruppen jeweils gesehen haben, werden sie entdecken, dass die Aussagen zur Gleichheit invariant gegenüber der eingenommenen Perspektive sind, dass sich also lediglich die Anordnung der einzelnen Teile geändert hat.

Wichtig für die entsprechenden Lernprozesse ist, dass die Lehrperson stets alle zugrundeliegenden konkreten Operationen sprachlich korrekt abbildet:

„Wenn wir die fünf Muggelsteine in zwei kleinere Mengen von drei und zwei Muggelsteinen zerlegen, sagen und schreiben wir: >fünf ist gleich drei plus zwei<. Aber wir können auch sagen und schreiben: >fünf ist gleich zwei plus drei<. Außerdem können wir sagen und schreiben: >drei plus zwei ist gleich fünf< und >zwei plus drei ist gleich fünf<. Wenn wir von fünf Muggelsteinen drei wegnehmen, bleiben zwei übrig. Wir schreiben und sagen dazu: >fünf minus drei ist gleich zwei<. Wenn wir von fünf Muggelsteinen zwei wegnehmen, bleiben drei übrig. Wir schreiben und sagen dazu: >fünf minus zwei ist gleich drei<.“

Durch eine solche Vorgehensweise kann den Kindern von Anfang an die Äquivalenz dieser Beziehungen deutlich werden, und sie verstehen, dass sich die Operationen mit den drei (oder zwei) verwendeten Mengen und Zahlen jeweils sinnvoll ergänzen.

Die hier beschriebenen Vorschläge führen zwar – wie gezeigt – zum Rechnen hin, das Ziel der Bemühungen beschränkt sich zunächst aber auf die Vermittlung eines solide fundierten und angemessenen Zahlenverständnisses. So sollen die Kinder erst dann mit Rechenaufgaben konfrontiert werden, wenn sie die hier beschriebenen Einsichten zu den Merkmalen und Beziehungen der Zahlen und zur Struktur des Zahlensystems erworben haben. Ohne entsprechende Einsichten und Kenntnisse besteht das Risiko, dass die Kinder die entsprechenden Aufgaben mit Hilfe von sogenannten Zählstrategien lösen, also in Einerschritten vorgehend „zählend rechnen“: Nach diesem Prinzip würde die Aufgabe 8 + 4 gelöst, indem zur 8 die nachfolgenden vier Zahlen, bisweilen auch mit Hilfe der Finger, aufgezählt werden, also (+1) 9 , (+ 1) 10, (+ 1) 11 und (+1) 12. Abgesehen davon, dass eine solche Strategie, insbesondere bei größeren Zahlen, sehr fehleranfällig und zeitaufwändig ist, verhindert sie den Erwerb eines tieferen Verständnisses von dem strukturellen Aufbau des Zahlensystems. So hat Schäfer (2005) gezeigt, dass Kinder und Jugendliche mit ausgeprägten und langanhaltenden Rechenschwächen nahezu ausschließlich zu zählendem Rechnen neigen und keine anderen Lösungsstrategien anwenden. Dieser Befund stimmt mit den Ergebnissen weiterer Untersuchungen überein, auf die Moser Opitz (2001) verweist. Daher ist das wesentliche Ziel einer Erfolg versprechenden mathematischen Förderung, Voraussetzungen dafür zu schaffen, dass sich Strategien des zählenden Rechnens nicht verfestigen, sondern schnell zu Gunsten anderer Vorgehensweisen aufgegeben werden.

Vor diesem Hintergrund ist es wichtig, dass sich die Kinder möglichst von Anfang an gründlich mit den Möglichkeiten der Zerlegung und Zusammensetzung von Mengen und Zahlen befassen und hierdurch Kenntnisse und Einsichten gewinnen, die sie dann später bei der Lösung von Rechenaufgaben nutzen können.

Im Hinblick auf einen solchen sicheren und flexiblen Umgang mit Zahlen, wie er beim Rechnen gefordert ist, sollten Anzahlen von Mengen schnell erfasst und strukturiert werden können. Dafür kann die Fähigkeit der Simultanerfassung kleiner Mengen (engl. „subitizing“) gut genutzt werden. Im Allgemeinen können die meisten Menschen Mengen von bis zu vier Objekten „auf einen Blick“, also kurzfristig, d.h. schneller, als es bei einem Abzählvorgang möglich wäre, erfassen. Auch bei größeren Anzahlen ist dies ebenfalls möglich, wenn die vorgegebenen Mengen so strukturiert angeordnet sind, dass Bezüge zur Bündelung in Fünfereinheiten („die Kraft der Fünf“) oder Verdoppelungen sofort erkennbar sind.
Um zu prüfen, an welchen diesbezüglichen Voraussetzungen der Kinder bei der Förderung angesetzt werden kann, hat Scherer (1999) ein recht intelligentes Prüfverfahren entwickelt. In drei Sitzungen werden den Kindern kurzfristig die nachfolgend dargestellten Punkte präsentiert (Abbildung 6.6). Dabei müssen sie angeben, wie viele Punkte sie gesehen haben. Die Anordnungen der Punkte lassen sich nach fünf verschioedenen Kategorien Klassifizieren (siehe Abbildung 6.7, obere Zeile):
Würfelbilder, linear (1-zeilig), linear (2-zeilig), weitere Muster, unstrukturiert.
Diese Anordnungen haben auch Einfluss auf die individuellen Ergebnisse, wie die nachfolgende Abbildung 6.7 erkennen lässt (richtige Lösungen hell, falsche Lösungen dunkel unterlegt, Zahl = genanntes Ergebnis, keine Zahl = fehlende Antwort).

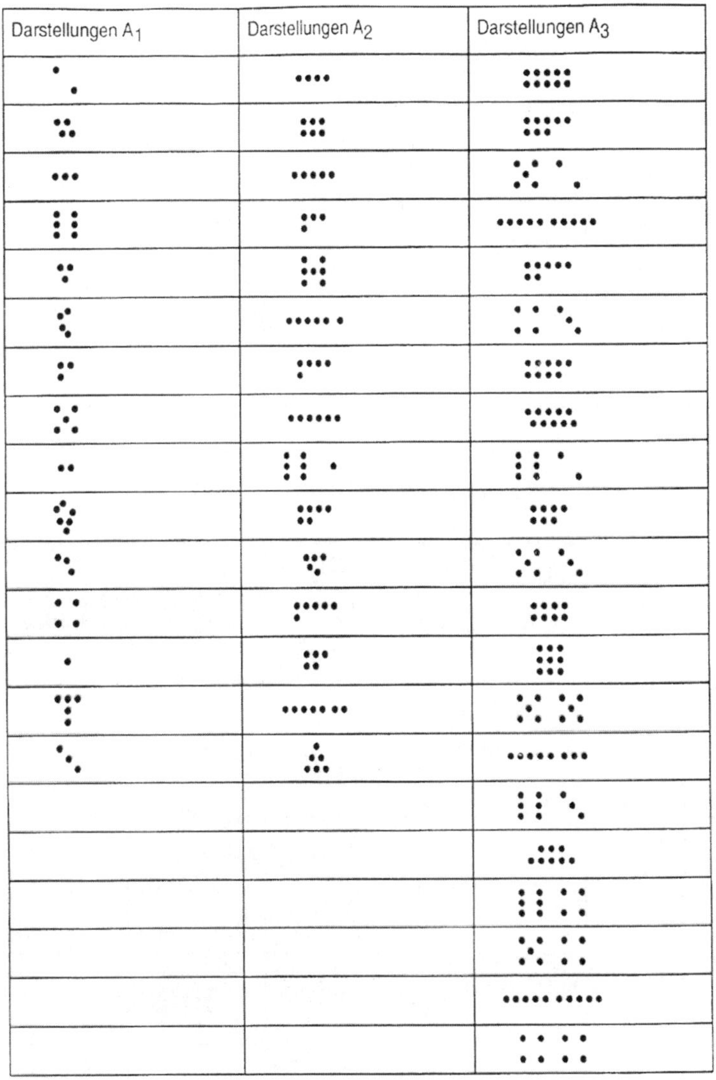

Tab. 2/2: Übersicht über die Testaufgaben, verteilt auf drei Testsitzungen

Abb. 6.6: Übersicht über die Testaufgaben von Scherer (1999, S. 29)

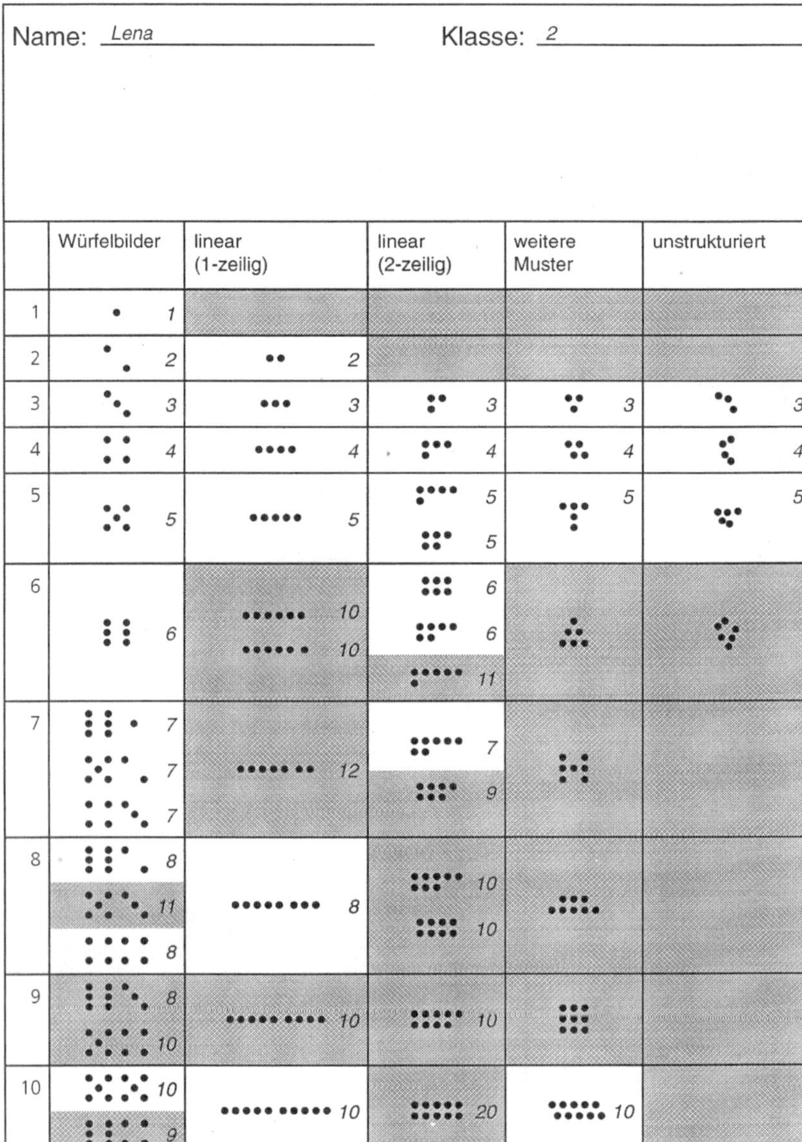

Abb. 6.7: Protokollbogen (aus Scherer, 1999, S. 31)

Schauen wir uns zunächst einmal die von Lena richtig identifizierten Punktmuster an: Bis zur Anzahl von 7 sind dies alle in Form von Würfelbildern dargestellten Punktmuster, weiterhin alle Punktmuster bis zur Anzahl 5. Ein Teil der Darstellungen von 6 und 7 Punkten wird nur noch in der zweizeiligen linearen Anordnung erkannt, und 8 Punkte werden in der einzeiligen linearen Anordnung richtig identifiziert. Die beiden richtigen Identifikationen von 10 Punkten müssen wohl im Kontext der Bevorzugung der 10 als Lösung gesehen werden: Bei einem großen Teil der falschen Lösungen nennt Lena nämlich 10 als Ergebnis. Vermutlich können also die beiden erwartungswidrig richtigen Lösungen auf diese bevorzugte Antworttendenz zurückgeführt werden. Diese Tendenz könnte auch die falschen Ergebnisse 9 anstelle von 7 und 11 anstelle von 6 erklären: Lena erkennt jedes Mal in der zweiten Reihe einen fehlenden Punkt (9) bzw. einen zusätzlichen Punkt (11) und bezieht beides irrtümlicherweise auf die angenommene Darstellung von 10 Punkten. Auch das falsche Ergebnis von 20 lässt sich mit diesem Konzept erklären. Diese falschen Ergebnisse zeigen jedoch, dass Lena bereits versucht, sich an den Strukturen des dekadischen Zahlensystems zu orientieren.

6.2.3 Tauschen

Für die Einsicht in den Aufbau der Zahlenreihe ist es auf jeden Fall erforderlich, dass alle Zahlen ab Zehn als Zusammensetzungen gedacht werden: z. B. 13 = 10 + 3. Diese Zusammensetzung bildet das Positionssystem in verkürzter Form ab: Alle in der zweiten Position von rechts stehenden Ziffern sind als Zahlen mit einer angehängten Null zu denken, alle in der dritten Position von rechts stehenden Ziffern als Zahlen mit zwei angehängten Nullen, usw. also z. B.

$$324 = 300 + 20 + 4.$$

Auch das Rechenbrett oder der Abakus folgt diesem Prinzip. Mit diesem Hilfsmittel lassen sich Mengenoperationen durchführen, ohne dass Zahlen verwendet werden müssen.

Der Abakus ist ein in einem Rahmen gefasstes Brett mit mehreren nebeneinander angebrachten und deutlich voneinander getrennten Spalten oder Vertiefungen. Diese sind für Rechen- oder Zählsteine vorgesehen. Rechensteine in der ersten Spalte von rechts repräsentieren jeweils ein Element der Menge, Rechensteine in der zweiten Spalte repräsentieren die jeweils zehnfache Anzahl, Rechensteine in der dritten Spalte von rechts die jeweils hundertfache Anzahl, usw.

Das nachfolgend dargestellte einfache Beispiel soll die Anwendung verdeutlichen. Eine unübersichtliche, ungeordnete Menge

wird zunächst in überschaubare Portionen zu je fünf Elementen gegliedert:

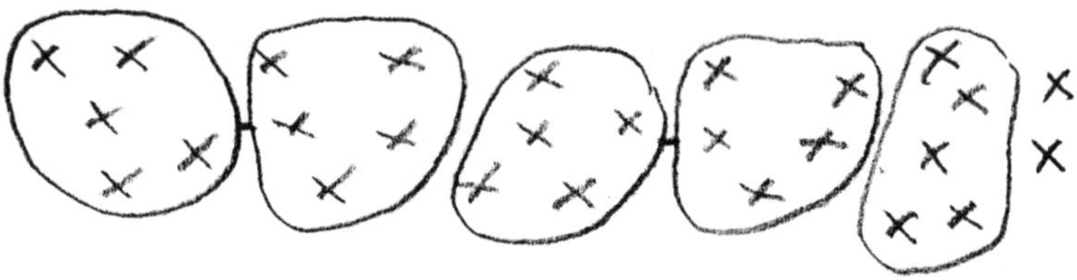

Für jeweils 2 Portionen zu je 5 (also für 2 mal 10 Elemente) wird ein Rechenstein in die zweite Spalte von rechts gelegt. Für die übrigen 7 Elemente wird jeweils ein Rechenstein in die erste Spalte von rechts gelegt:

M	C	X	I
		x x	x x x x x x x

Nun sollen der so dargestellten Menge (27 Elemente) fünf weitere Elemente hinzugefügt werden. Jedes einzelne Element wird zunächst durch jeweils einen Rechenstein repräsentiert. Diese fünf Rechensteine werden einzeln und nacheinander in die erste Spalte von rechts gelegt. In dem Moment aber, in dem in dieser Spalte zehn Rechensteine liegen,

M	C	X	I
		x x	x x x x x x x x x x

werden diese herausgenommen und gegen einen Rechenstein getauscht, der für sie in die zweite Spalte von rechts gelegt wird. Danach werden die beiden noch verbleibenden Rechensteine in die erste Spalte von rechts gelegt:

M	C	X	I
		x x x	x x

Dieser so strukturierte Tauschvorgang eignet sich hervorragend, um den Kindern die Bedeutung des Stellenwertsystems zu veranschaulichen und um insbesondere das Verständnis für Subtraktionen bei Zehnerübergängen zu erleichtern. Hierfür ein weiteres Beispiel:

Bei der Aufgabe 23 – 8

M	C	X	I
		x x	x x x

werden zunächst die drei Steine entfernt, die in der ersten Spalte rechts liegen:

M	C	X	I
		x x	

Um dann die restlichen fünf noch wegnehmen zu können, werden zehn Rechensteine in die nun leer gewordene Spalte gelegt, wobei im Tausch dafür ein Rechenstein aus der zweiten Spalte von rechts entfernt wird:

M	C	X	I
		x	x x x x x x x x x x

Von diesen zehn Rechensteinen werden nun fünf weitere Rechensteine weggenommen, somit sind insgesamt acht Rechensteine aus der ersten Spalte von rechts entfernt worden:

M	C	X	I
		x	x x x x x

Im Sinne der hier dargestellten Regeln lassen sich auch die übrigen Grundrechenarten – ohne die Verwendung von Zahlen! – problemlos durchführen. Gute Veranschaulichungen des Vorgehens mit überzeugenden Beispielen finden sich bei Rödler (2006).
Im weiteren Verlauf der kulturgeschichtlichen Entwicklung sind in einem wichtigen Abstraktionsprozess die Rechensteine, die die unterschiedlichen Anzahlen konkreter Mengen repräsentieren, durch Ziffern ersetzt worden:

x = 1 x x = 2 ... x x x x x x x x x = 9.

Auf das Rechenbrett oder andere konkrete Rechenrahmen konnte aber erst verzichtet werden, nachdem die Null eingeführt wurde. Im Rechenbrett war es nicht notwendig, das Fehlen von Rechensteinen explizit auszuweisen, da die entsprechende Spalte dann einfach leer blieb. Bei der Zifferndarstellung ohne Rahmen und vorgegebene Spalten muss sie aber explizit ausgewiesen werden, da ohne sie nicht zu erkennen ist, welchen Stellenwert die einzelnen Ziffern haben: Die Zahl 201 könnte etwa leicht verwechselt werden mit 21 oder mit 210, wenn man keine klaren Positionen für die Stellenwerte ausgewiesen hat.
Weitere Informationen zur Bedeutung der Null finden sich bei Kornmann, Frank, Holland-Rummer & Wagner (1999).
Diese Tauschvorgänge zwischen Zehnern und Einern bei den Zehnerübergängen und die verschiedenen Möglichkeiten der Bündelung lassen sich auch sehr gut im Umgang mit Münzgeld demonstrieren und üben. Hierzu ein praktisches Beispiel: Zunächst sollten die Kinder die Erfahrung machen, dass sich gleiche Geldbeträge – beispielsweise 15 Cent – in sehr unterschiedlicher Weise zusammensetzen lassen. Um dieses zu demonstrieren teilt die Lehrperson allen Kindern jeweils 15 Cent aus, aber jedes Mal in einer anderen Kombination der Münzen:

10 + 5
10 + 2 + 2 + 1
10 + 2 + 1 + 1 + 1
10 + 1 + 1 + 1 + 1 + 1
5 + 5 + 5
5 + 5 + 2 + 2 + 1
5 + 5 + 2 + 1 + 1 + 1
5 + 5 + 1 + 1 + 1 + 1 + 1
5 + 2 + 2 + 2 + 2 + 2
5 + 2 + 2 + 2 + 2 + 1 + 1
5 + 2 + 2 + 2 + 1 + 1 + 1 + 1
5 + 2 + 2 + 1 + 1 + 1 + 1 + 1 + 1
5 + 2 + 1 + 1 + 1 + 1 + 1 + 1 + 1 + 1
5 + 1 + 1 + 1 + 1 + 1 + 1 + 1 + 1 + 1 + 1
2 + 2 + 1 + 1 + 1 + 1 + 1 + 1 + 1 + 1 + 1 + 1 + 1
2 + 1 + 1 + 1 + 1 + 1 + 1 + 1 + 1 + 1 + 1 + 1 + 1 + 1
1 + 1 + 1 + 1 + 1 + 1 + 1 + 1 + 1 + 1 + 1 + 1 + 1 + 1 + 1
2 + 2 + 2 + 1 + 1 + 1 + 1 + 1 + 1 + 1 + 1 + 1
2 + 2 + 2 + 2 + 1 + 1 + 1 + 1 + 1 + 1 + 1
2 + 2 + 2 + 2 + 2 + 1 + 1 + 1 + 1 + 1
2 + 2 + 2 + 2 + 2 + 2 + 1 + 1 + 1
2 + 2 + 2 + 2 + 2 + 2 + 2 + 1

Zunächst werden die Kinder entdecken, dass sie alle gleich viel Geld, dieses aber stets in unterschiedlicher Zusammensetzung, erhalten haben. Im weiteren Gespräch werden sie sicher von selbst auf die Idee kommen, dass man kleinere gegen größere Münzen eintauschen kann, und sie werden sicher auch vernünftige Gründe hierfür nennen (geringere Anzahlen von Münzen lassen sich besser transportieren, und man kann schneller erkennen, wie viel Geld man hat). Schließlich sollte ein Problem induziert werden, das sich nur durch Umtauschen lösen lässt: Ein Kind, das eine 10 Cent- und eine 5 Cent-Münze hat, will etwas kaufen, das 7 Cent kostet. Die Kinder werden dann selbst auf die Idee kommen, dass das 10 Cent-Stück entsprechend umgetauscht werden muss und sie werden auch die verschiedenen Möglichkeiten dazu bei der Verwendung von 5- und 2-Cent-Münzen erkennen. Gleichzeitig können sie die Höhe des Restbetrags ermitteln und diesen mit dem Restbetrag eines Kindes vergleichen, das die 7 Cent passend hatte.
Zu diesen Möglichkeiten der Veranschaulichung durch Geldmünzen passt ein Vorschlag von Gerster (2003, 2009), der die Bündelung in Portionen zu jeweils 5 Elementen für nichtzählende Strategien vorsieht. Wieder werden zur Veranschaulichung Kennkarten der Zahlen verwendet:

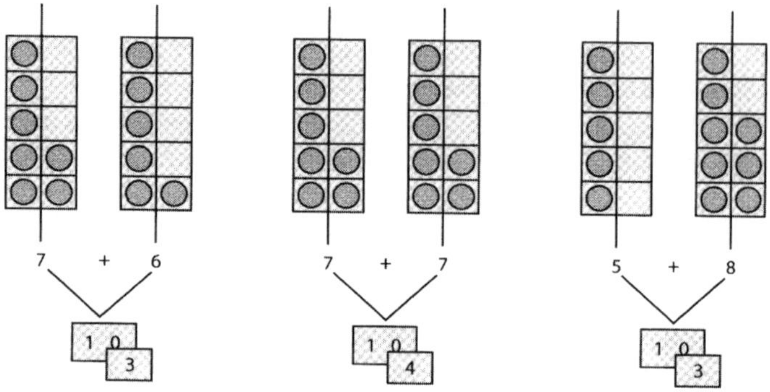

Auf symbolischer Ebene stellen sich diese Beziehungen wie folgt dar:

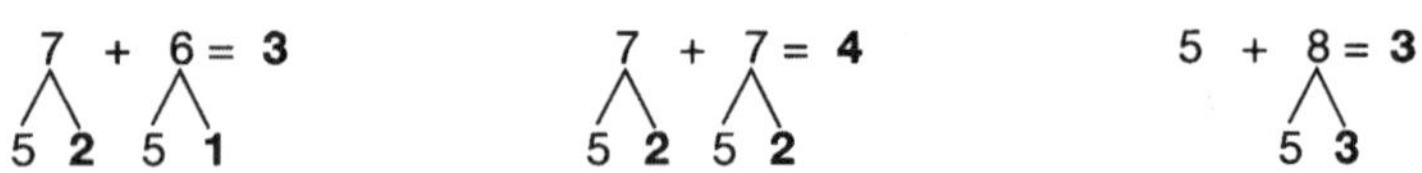

Abb. 6.8: Darstellung der Summen 7 + 6, 7 + 7 und 5 + 8 nach Gerster (2009, S. 263f bzw. 2003, S. 216f)

6.2.4 Hinführung zur Addition und Subtraktion

Die Möglichkeiten des Aufteilens von Zahlen und die damit verbundenen Tauschvorgänge führen zu den wesentlichen Grundgedanken des Addierens und Subtrahierens hin. Die Hinführung zur Addition und Subtraktion sollte sich daher an folgenden – zum Teil schon dargestellten – Prinzipien orientieren:

1. Grundlage muss ein gefestigter Zahlbegriff sein, insbesondere die Kenntnis der verschiedenen Zerlegungsmöglichkeiten von Zahlen ist wichtig. Ebenso wichtig ist die Einsicht, dass Zerlegungen reversibel sind und dass sich zwei oder mehr verschiedene Zahlen zu einer größeren vereinigen lassen.
2. Bei der Einführung der Zahlen wird der Zahlenraum schnell von der 5 über die 10 bis zur 20 erweitert. Von einer schrittweisen, isolierten Einführung einzelner Zahlen, beginnend mit 1, wie etwa bei dem Förderprogramm „Mengen zählen, Zahlen MZZ“ und nicht wenigen Schulbüchern und Lehrwerken, sollte also aus folgenden Gründen abgesehen werden:

- Die Zahlen lassen sich besser im Zusammenhang mit ihrem System, also in ihrem Bezug zueinander verstehen: Die Zahl 4 lässt sich beispielsweise charakterisieren als um 1 kleiner als 5 und um 1 größer als 3, als doppelt so groß wie die 2, als halb so groß wie die 8. Die 4 setzt sich zusammen aus 0 und 4, 1 und 3, 2 und 2, 3 und 1, 4 und 0. Die 4 bildet zusammen mit der 1 einen Teil der 5 und zusammen mit der 6 einen Teil der 10.
- Im Zahlenraum bis 20 sind alle wichtigen Merkmale des gebräuchlichen Zahlensystems (siehe oben) erkennbar.

3. Das zählende Rechnen, das viele Kinder schon vor Schuleintritt erfolgreich anwenden, sollte schnell zugunsten effektiverer Strategien, die zugleich auch zu vertieften Einsichten in die Merkmale und Möglichkeiten des Zahlensystems führen, überwunden werden.
4. Das Rechnen selbst, also das Lösen von Rechenaufgaben, soll nicht forciert werden, insbesondere dann nicht, wenn die Kinder noch zu zählendem Rechnen in Einerschritten neigen.

Vor diesem Hintergrund wird vielleicht auch der Zusammenhang zwischen dem diagnostischen Ansatz von Scherer und der Darstellung des Rechenbrettes deutlich:

- Wird von den Kindern das simultane Erfassen von Mengen (wie in dem Ansatz von Scherer) gefordert und in der Folge auch geübt, dann führt dies zu Rechenstrategien, die das Prinzip des Bündelns nutzen und eine Alternative zum zählenden Rechnen bilden.
- Der Abakus, wie er in dem Buch von Rödler (2006) dargestellt wird, bietet eine hervorragende Grundlage, um den Aufbau und die wesentlichen Charakteristika unseres gebräuchlichen Zahlensystems zu begreifen, insbesondere, um die Logik der Ziffern und ihrer Anordnung vor dem Hintergrund der kulturhistorischen Entwicklung zu verstehen.
- Das schnelle und sichere Arbeiten mit dem Rechenbrett wird selbstverständlich wiederum erleichtert, wenn die Rechensteine in den jeweiligen Spalten übersichtlich, z. B. in vertikalen Reihenpaaren zu jeweils maximal 5, angeordnet werden.

Diese Form der historisch begründeten Veranschaulichung des Stellenwertsystems findet sich ansonsten nicht in den Materialien, die zur Vermittlung der Einsicht in das Positionssystem herangezogen und empfohlen werden, – zumindest nicht so deutlich. Dies wirft die Frage auf, ob die Kinder mit diesem Vorgehen tatsächlich überfordert sind oder ob lediglich die Personen, die für die Lehrpläne und die Unterrichtsgestaltung zuständig und verantwortlich sind, eine Überforderung der Kinder befürchten: Immerhin wird ja von den Kindern ein anspruchsvoller Abstraktionsprozess erwartet, wenn sie zu der Einsicht kommen sollen, dass die gleiche Ziffer – je nach ihrer relativen Position zu den anderen Ziffern – jeweils andere – nämlich nach links hin verzehnfachte – Mengen repräsentiert.

Der Weg zur Addition und Subtraktion sollte also schrittweise, und dennoch komplex, erfolgen. Hierzu ein konkreter Vorschlag:

1. Schritt:
Die Kinder erkunden praktisch anhand von konkretem Material (dazu gehören auch die Finger an jeder Hand) die Zerlegungsmöglichkeiten zunächst von Mengen mit 5 Elementen, dann von Mengen mit 10 Elementen und schließlich die Zerlegungsmöglichkeiten von Mengen mit 6 und 9 Elementen.
Um die Zerlegung von Mengen mit 10 Elementen lebendig zu veranschaulichen, schlagen verschiedene Autoren (z. B. Kutzer, 1983) das Dosenwerfen vor:

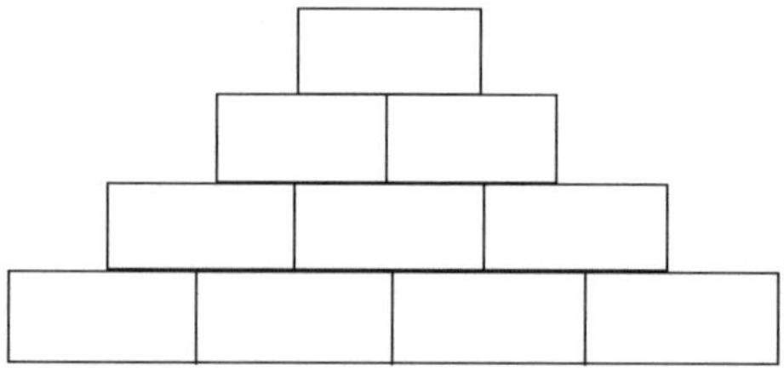

Nach jeweils dem ersten Wurf wird festgestellt, wie viele Dosen getroffen wurden und wie viele stehen geblieben sind. – Auf Zerlegungen von kleinen Mengen mit bis zu 5 Elementen kann sicher bei den meisten Kindern verzichtet werden. Zerlegungen von Mengen mit mehr als 10 Elementen können zunächst zurückgestellt werden.

2. Schritt:
Die so gewonnenen Ergebnisse und Erfahrungen werden zusammengetragen und sowohl in ikonischer Form als auch in Tabellenform mit Zahlen registriert und systematisiert. Solche Darstellungen und Tabellen sollten möglichst auch in gut sichtbarer Form für Alle an einer Wand im Klassenzimmer – am besten auf Plakaten – angebracht werden:

Getroffene Dosen		Stehengebliebene Dosen		
	0	IIIII	IIIII	10
I	1	IIII	IIIII	9
II	2	III	IIIII	8
III	3	II	IIIII	7
IIII	4	I	IIIII	6
IIIII	5		IIIII	5
IIIII I	6		IIII	4
IIIII II	7		III	3
IIIII III	8		II	2
IIIII IIII	9		I	1
IIIII IIIII	10			0

Solche systematischen Darstellungen ermöglichen es den Kindern, wichtige Zusammenhänge zwischen diesen Zeichen und Zahlen zu erkennen – vor allem, dass jeder Vergrößerung der Menge der Zählzeichen auf der einen Seite eine Verkleinerung der Menge der Zählzeichen auf der anderen Seite entspricht, aber dass die Menge der Zählzeichen auf beiden Seiten dabei unverändert bleibt. Die gleiche Erkenntnis gilt dann auch für die Zahlen – doch ein so einprägsames Muster, wie es die Zählzeichen auf ikonischer Ebene liefern, lässt sich mit den nüchternen und abstrakten Zahlen nicht bilden.

3. Schritt:
Den ikonischen Abbildungen können nun die entsprechenden Zahlen (auf abstrakt-symbolischer Ebene) zugeordnet werden.
Diese Erkenntnisse werden durch Übungen zum Einprägen vertieft, wofür sich insbesondere die Materialien zum „Blitzrechnen" aus dem Programm „Mathe 2000" (Müller, Steinbring & Wittmann, 1997) anbieten.

- Geeignet hierfür sind beispielsweise Karten, auf deren Vorderseite zwei Teilmengen in ikonischer Form abgebildet sind. Auf der Rückseite finden sich die entsprechenden Zahlen zur Kontrolle. Aufgabe der Kinder ist es, die beiden jeweils nur kurz in ikonischer Form präsentierten Mengen, deren Gesamtzahl zuvor festgelegt wurde, blitzschnell zu nennen.
- Zu den verbalsprachlich oder durch Ziffern vorgegebenen Zahlen sollen die Kinder die verschiedenen Aufteilungsmöglichkeiten präsentieren – etwa mit den Fingern beider Hände und gleichzeitig verbalsprachlich.
- Entsprechende Übungsformen zum „Blitzrechnen" werden auch als Lernsoftware angeboten (Klett-Verlag) und wurden auch mit lernschwachen Kindern erfolgreich erprobt (Knorr, 2007).

4. Schritt:
Bei den beschriebenen Aufgaben und Übungen, die die Aufteilung und Zusammenführung von Mengen und Zahlen betreffen, sind jeweils die Gesamtmenge und die Teilmengen bzw. die Zahlen, die diese Mengen repräsentieren, bekannt bzw. die entsprechenden Mengen werden durch konkrete Handlungen hergestellt und auf ikonischer und abstrakt-symbolischer Ebene abgebildet.
Eine neue Qualität kommt aber dann ins Spiel, wenn eine der drei Komponenten nicht bekannt ist und daher aus den beiden vorgegebenen Mengen oder Zahlen erschlossen werden muss!
Dabei gibt es verschiedene Konstellationen, von denen hier nur einige relativ einfache exemplarisch aufgegriffen werden:

- Die beiden Teilmengen sind präsent, und es wird nach der Gesamtmenge gefragt:
  Hans hatte 3 Murmeln und Grete hat 4 Murmeln – wie viele haben beide zusammen?
  Ikonisch dargestellt:

0 0 0	0 0 0 0

  Frage / Problem: Wie viele sind das zusammen?
  Oder als Rechenaufgabe mit Zahlen:

$$3 + 4 = \_\_\_$$

- Eine Teilmenge und die Gesamtmenge sind präsent, und die zweite Teilmenge muss erschlossen werden. Es gibt mehrere Möglichkeiten:

  Hans und Grete haben zusammen 7 Murmeln. Hans hat 3. Wie viele hat Grete?
  Ikonisch dargestellt vielleicht so:

0 0 0	
0 0 0 0 0 0 0	

  oder als Rechenaufgabe mit Zahlen:

$$3 + \_\_\_ = 7 \quad \text{oder} \quad \_\_\_ + 3 = 7.$$

  Im Kasten liegen 7 Murmeln. Grete nimmt sich daraus 4. Wie viele bleiben für Hans übrig?

Ikonisch dargestellt vielleicht so:

0 0 0 0 0 0 0	
	0 0 0 0

oder als Rechenaufgabe mit Zahlen: 7 - 4 = ___

Im Kasten liegen 7 Murmeln. Grete nimmt sich einige davon. Drei bleiben übrig für Hans. Wie viele Murmeln hat sich Grete genommen?
Ikonisch dargestellt vielleicht so:

0 0 0 0 0 0 0	
	0 0 0

oder als Rechenaufgabe mit Zahlen: 7 - ___ = 3 oder 3 + ___ = 7

An dieser Stelle ist eine Information zur Terminologie angebracht:
Zu der ursprünglichen Aufgabe 3 + 4 gibt es die komplementären *Umkehraufgaben* 7 – 3 und 7 – 4 sowie – gemäß Kommutativgesetz – die *Tauschaufgabe* 4 + 3.
Aus drei Zahlen lassen sich so also je zwei Additions- und Subtraktionsaufgaben bilden. Dies herauszufinden ist eine sinnvolle Aufgabenstellung für die Kinder.

5. Schritt: der Zehnerübergang
Voraussetzung für das Rechnen mit Zehnerübergang, also z. B. Aufgaben wie

6 + 7 = ___ oder 6 + ___ = 13 oder 13 - 7 = ___,

ist zunächst einmal, dass die Kinder den Umgang mit den Zahlen bis 20 in dem Sinne beherrschen, dass sie die Anzahl von Mengen bis 20 zählend bestimmen können. Dabei sollen sie die einzelnen Elemente der Menge so anordnen, dass man auf einen Blick erkennen kann, wie groß die Menge ist, also z. B.

X	X	X	X	X	X	X	X	X	X
X	X	X	X	X	X	X			

Sie sollen weiterhin in der Lage sein, die entsprechende Zahl korrekt zu schreiben: 17.
Umgekehrt sollen die Kinder vorgegebene Zahlen, z. B. 13, richtig lesen und die durch sie repräsentierte Menge übersichtlich darstellen können:

X	X	X	X	X	X	X	X	X	X
X	X	X							

oder

X	X	X	X	X	X				
X	X	X	X	X	X	X			

Dabei ist es wichtig, dass die Kinder die Logik der Anordnung begründen können:

13 = 10 + 3 (obere Anordnung) oder
13 = 6 + 7, gedacht beispielsweise als (5 + 1) + (5 + 2) = (5 + 5) + (1 + 2) (untere Anordnung).

In dieser Weise sollen die Kinder alle Zusammensetzungen der zweistelligen Zahlen zwischen 11 und 20, die sich aus einstelligen Zahlen ergeben, darstellen, begründen und schließlich als abrufbares Wissen – bezeichnet als „kleines Eins-und-eins" – präsent haben:

11 = 6 + 5   11 = 5 + 6   11 - 6 = 5   11 - 5 = 6,

X	X	X	X	X	X	X	X	X	X
X									

oder

X	X	X	X	X	X				
X	X	X	X	X					

Solche Begründungen könnten etwa lauten:
11 ist um eins größer als 10 (obere Anordnung),
10 ist gleich 5 + 5 und 6 ist um eins größer als 5 (untere Anordnung).

In diesem Zusammenhang wird auch die Bedeutung der sogenannten *Nachbaraufgaben* und von *Kernaufgaben* deutlich: 5 + 5 ist eine Nachbaraufgabe zu 5 + 6 und zugleich eine Kernaufgabe. Kernaufgaben sind solche, die sich aus zwei gleichen Summanden zusammensetzen: 5 + 5, 6 + 6, usw. Sie prägen sich, wie schon gezeigt wurde, am schnellsten und sichersten ein. Nachbaraufgaben, die zu-

gleich Kernaufgaben sind, erleichtern das Verstehen und Erlernen „benachbarter Aufgaben", weil sich deren Ergebnisse leicht aus der entsprechenden Kenntnis der Kernaufgaben ableiten lassen.
Insgesamt sind es 36 verschiedene Aufgaben, die die Kinder beherrschen müssen, wenn souveränes Rechnen mit Zehnerübergang gelingen soll. Zunächst mag es scheinen, dass diese Anzahl unterschiedlicher Aufgaben zu groß sei, als dass sie von den Kindern komplett gelernt und stets sicher beherrscht werden könne. Allerdings reduziert sich der Lernaufwand, wenn folgendes erkannt wird:
4 der 36 Aufgaben sind Kernaufgaben (6 + 6, 7 + 7, 8 + 8, 9 + 9), die besonders schnell beherrscht werden. Von den verbleibenden 32 Aufgaben sind 16, also die Hälfte, Tauschaufgaben, die sich leicht voneinander ableiten lassen, wenn das Kommutativgesetz beachtet wird. Somit müssen sich die Kinder nur 16 Aufgaben einprägen. Von diesen verbleibenden 16 Aufgaben sind 4 Aufgaben Nachbaraufgaben zu Kernaufgaben, aus denen sie sich schnell ableiten lassen (Ergebnis der Kernaufgabe + 1). Von den nun verbleibenden 12 Aufgaben sind 7 Nachbaraufgaben zu Aufgaben mit der 10 (z. B. ist 9 + 5 die Nachbaraufgabe von 10 + 5), aus deren Kenntnis sie sich leicht ableiten lassen (10 + 5 = 15, also ist 9 + 5 um 1 weniger als 15). Drei weitere Aufgaben sind Nachbaraufgaben zu Aufgaben, die zusammen 10 ergeben (7 + 4 als Nachbaraufgabe sowohl zu 7 + 3 als auch zu 6 + 4). „Richtig zu lernen" wären dann nur noch 4 Aufgaben:

8 + 4 / 8 + 5 / 8 + 6 / 7 + 5

aber auch hier kann bei 2 Aufgaben der Lernprozess durch Einsicht unterstützt werden:
Zu den Aufgaben 8 + 6 und 7 + 5 lassen sich die Kernaufgaben 7 + 7 und 6 + 6 denken. Dabei muss die Regel bekannt sein, dass die Summe zweier Zahlen gleich bleibt, sofern die eine Zahl um eins vergrößert und die andere zugleich um eins verkleinert wird. Solche Überlegungen werden als „Rechenerleichterungen" bezeichnet. Die Voraussetzungen, solche Rechenerleichterungen zu erkennen und zu nutzen, sollten und können auf der konkret handelnden Ebene geschaffen werden. Für Vertiefungen auf abstrakt-symbolischern Ebene bieten sich die schon dargestellten Rechenmauern an.
Eine Übersicht, aus der die soeben beschriebenen Zusammenhänge deutlich hervorgehen, bietet die „1 + 1 – Tafel" aus dem Lehrwerk „Das Zahlenbuch 1" von Wittmann & Müller (2000).

6.2.5 Exkurs zu Textaufgaben

Bei der Kennzeichnung der Additions- und Subtraktionsaufgaben im vorangegangenen Abschnitt wurden die Aufgaben auch in Form von sogenannten Textauf-

gaben präsentiert. Bei diesen sind die arithmetischen Anforderungen von nebensächlicher Bedeutung (Krauthausen & Scherer, 2007, S. 85). Vielmehr wird verlangt, dass die in Worte gefasste Logik der Fragestellung erkannt und die Aufgabe auf dieser Grundlage gelöst wird. Die Lösungen führen zu einem eindeutigen Ergebnis, das in der Regel aus den vorgegebenen Daten zu erschließen ist. Dabei kann das Ergebnis durchaus auf unterschiedlichen Wegen erzielt werden, d. h. der Lösungsprozess lässt individuelle Vorgehensweisen oder Gestaltungsmöglichkeiten zu. Auf jeden Fall müssen dabei Vorstellungen vom Zustandekommen der Ergebnisse gebildet werden, und dies ist bei verschiedenen Aufgaben unterschiedlich schwierig, wie die Beispiele sicher gezeigt haben.
So hat Stern (1999) für die Additions- und Subtraktionsaufgaben eine Systematik von 14 Grundtypen mit Beispielen erstellt. Alle vorgegebenen und zu erschließenden Zahlen bewegen sich im Zahlenraum bis 10. Für Kinder, die in diesem Zahlenraum addieren und subtrahieren können, bieten diese Aufgaben somit keine rechnerischen Probleme. Trotzdem – das zeigen empirische Untersuchungen – unterscheiden sie sich deutlich in ihrer Schwierigkeit. So scheitern einige Kinder an bestimmten Aufgaben, obwohl sie ansonsten mühelos im Zahlenraum bis 10 rechnen können
Damit die Kinder auch diesen Zugang zum abstrakten mathematischen Denken erhalten, schlägt Werner (2009) folgenden Weg vor: Den Kindern werden jeweils drei Zahlen genannt, und sie sollen zu diesen Zahlen Rechengeschichten erfinden, die sie erzählen, zeichnen oder vorspielen. Für solche kreativen Aufgaben bietet sich zunächst die Arbeit in Kleingruppen an. Werden danach die Ergebnisse im Plenum der Klasse vorgestellt, dann regen sie meistens zu weiteren Kommentaren und Nachfragen – nicht nur seitens der Lehrperson – an. Dies wiederum bietet die Chance, dass die Kinder ihre mathematischen Denkprozesse in einem gemeinsamen, kooperativen und kommunikativen Prozess weiterentwickeln. Die von Stern (1999) vorgestellte Systematik kann dabei den Lehrpersonen Anhaltspunkte dafür bieten, mit welchen Lösungsmöglichkeiten der Kinder sie unter Umständen rechnen können. Vertiefende Übungen könnten darin bestehen, dass die Kinder Zuordnungen zwischen Texten und bildlichen Darstellungen treffen sollen, und zwar sowohl ausgehend von mehreren Bildern, von denen nicht alle zutreffen, zu einem Text als auch – umgekehrt – von mehreren Texten zu einem Bild. Als Hilfen zur Veranschaulichung können neben Skizzen auch konkrete Materialien dienen, mit denen die jeweiligen Situationen dargestellt und – wenn sie mit Handlungen des Gebens und Nehmens verbunden sind – auch vor- und nachgespielt werden. In solchen Zusammenhängen können die Texte, also die Rechengeschichten, mit den Kindern handlungsbegleitend erarbeitet werden. Dabei bietet es sich an, wichtige Handlungsschritte auch in Bildergeschichten abzubilden – eventuell auch mit Sprechblasen der Akteure oder eines Kommentators.

Auch umgekehrte Wege sind denkbar: Die betreffenden Handlungen werden in Form von Bildergeschichten vorgegeben, danach von den Kindern verbalsprachlich wiedergegeben, in Handlungen umgesetzt und schließlich als Aufgabe – etwa zum Nachspielen und Lösen für eine andere Gruppe – formuliert. Bei einigen dieser Aufgaben ist es sicher hilfreich, die Entstehung der Ausgangssituation schrittweise mit den Kindern zu rekonstruieren und hierfür die Rolle eines Kommentators vorzusehen. Werden statt der Murmeln Wendeplättchen verwendet, könnte man die Murmeln, die Maria und Hans zugeordnet werden, mit einer jeweils anderen Farbe kennzeichnen. Dies erleichtert sicher die Übersicht und zum Teil auch die Rekonstruierbarkeit. Alle diese Übungen, die Impulse der Lehrpersonen enthalten, sollten aber darauf abzielen, dass die Kinder eine Erweiterung ihrer Denk- und Handlungsmöglichkeiten erfahren und schließlich selbstständig Aufgaben konstruieren, in denen sie ihre mathematischen Fähigkeiten entfalten.
Der Sinn solcher Übungen liegt allein darin, die Kinder zu kreativer gedanklicher Arbeit hinzuführen, durch die ihre Fähigkeit zu logischen mathematischen Operationen entwickelt wird. Damit soll zugleich einem im Mathematikunterricht weit verbreiteten Übel, nämlich dem des „gedankenlosen Drauflosrechnens" begegnet werden. Exemplarische Demonstrationen solcher sinnfreien Rechnereien finden sich beispielsweise bei Selter & Spiegel (1997) oder – in größere schul- und mathematikkritische Zusammenhänge eingeordnet – bei Baruk (1989).
Auch bei leicht zu rechnenden Textaufgaben dürfte es vielen Kindern (und sicherlich auch manchen Erwachsenen) schwer fallen, zu korrekten Lösungen zu kommen. Die Vergleichsaufgaben enthalten zudem einen weiteren Zahlaspekt, der noch nicht angesprochen worden ist: den der Relationalzahl. Genau genommen, sind Relationalzahlen ebenfalls Kardinalzahlen, welche aber speziell für Vergleiche zwischen zwei Kardinalzahlen benötigt werden: Hans hat sechs Murmeln, Maria acht, somit hat Maria zwei Murmeln mehr als Hans oder Hans hat zwei Murmeln weniger als Maria. In diesem Fall ist die Zwei eine Relationalzahl. Bei den Relationalzahlen werden zwar ebenfalls die Einheiten gezählt und im Sinne des Kardinalzahlaspekts festgestellt, jedoch wird der Ausgangspunkt für die Zähleinheiten variabel „verschoben". Relationalzahlen geben die Unterschiede zwischen zwei Kardinalzahlen an, werden also aus diesen abgeleitet. Dabei ist zu berücksichtigen, dass in Kardinalzahlen gefasste gleich große Unterschiede zwischen jeweils zwei Mengen, Längen oder Größen deren jeweilige Verhältnisse zueinander nicht angemessen wiedergeben: So fällt beispielsweise der Unterschied von 5mm als erheblich auf, wenn zwei Längen von 7mm und 12mm miteinander verglichen werden, während der gleiche Unterschied als unerheblich gilt, wenn es sich um Längen von 12,003m und 12,008m handelt.

6.2.6 Zählen und Rechnen bis Hundert – Multiplikation und Division

Bezüglich der Arithmetik sind mit der Beherrschung des Addierens und Subtrahierens im Zahlenraum bis 20 die Zielsetzungen der meisten Lehrpläne für den mathematischen Anfangsunterricht im ersten Grundschuljahr abgedeckt. Hinzu kommen aber noch die Sachaufgaben (oder das Sachrechnen) und die Geometrie. Diese Gebiete werden aber in dieser Schrift etwas vernachlässigt. Stattdessen soll noch ein Ausblick auf die Weiterführung des arithmetischen Anfangsunterrichts gegeben werden. Solche weiterführenden Inhalte betreffen die Erweiterung des Zahlenraums bis Hundert sowie die Einführung von Multiplikation und Division. Dafür gibt es einige nahe liegende Anknüpfungspunkte.

1. Fast alle Kinder wollen den weiteren Zahlenraum, zumindest bis Hundert, schnell für sich erobern. So versuchen viele von sich aus, die Zahlenreihe bis 100 aufzusagen Offensichtlich möchten sie gern über eine so große Zahl geistig verfügen, und so verkünden auch viele Kinder nicht ohne Stolz, dass sie bis 100 zählen können und demonstrieren dies gern. Da sie dabei meistens „irgendwie" bei 100 ankommen, sind sie mit ihrem Aufzählergebnis in der Regel auch zufrieden. Offensichtlich fehlt ihnen noch die Einsicht, dass sie beim Zählen nicht gegen das Prinzip der korrekten Reihung der Zahlen verstoßen dürfen. Offenkundig ist auf jeden Fall das Bestreben vieler Kinder, ihren Zahlen- und Zählhorizont zu erweitern.
2. Es gehört zu den Wesensmerkmalen der Zahlen, dass sie sich nicht eingrenzen lassen. So gehören Zahlen über 20 durchaus zum Erfahrungsbereich der Kinder: Meistens sind es mehr als 20 Kinder in einer Schulklasse, der Geburtstag eines Teils der Kinder liegt nach dem 20. Tag eines Monats, die Hausnummer ist oft größer als 20, das Alter der Eltern und Großeltern liegt ebenfalls jenseits der 20 und unter 100.
3. Aus der Erkenntnis, dass Zahlen grundsätzlich zerlegbar sind, lässt sich schließen, dass eine durch Zerlegung gebildete Zahl, sich selbst wieder in weitere kleinere Zahlen zerlegen lässt. Bei solchen Zerlegungen verwenden manche Kinder von sich aus die Terminologie der Multiplikation. Ein Beispiel aus einer Unterrichtsstunde: Alle Kinder einer Klasse erhielten 7 Cent in verschiedenen Zusammenstellungen der Münzen und sollten jeweils sagen, wie sich dieser Wert von 7 Cent bei ihnen zusammensetze. Ohne einen speziellen Impuls der Lehrkraft beschrieben einige Kinder ihre Geldbeträge völlig korrekt mit der Terminologie der Multiplikation – z. B.: *„Ich habe einen Cent und dreimal 2 Cent".*

Aufgrund solcher Beobachtungen und Einschätzungen ist davon auszugehen, dass manche Kinder bereits über Erfahrungen und Vorstellungen verfügen, die jenseits der durch die Lehrpläne festgesetzten Ziele für den Anfangsunterricht liegen.

Wie ist nun damit umzugehen?
Erinnern wir uns an die eingangs dargestellten pädagogischen Grundorientierungen, wonach es darauf ankomme, die Möglichkeiten des menschlichen Erlebens, Handelns und Denkens zu erweitern statt zu begrenzen. Vor diesem Hintergrund wären die beschriebenen Beobachtungen Indikatoren für eine günstige Lernmotivation, die auf jeden Fall unterstützt und genutzt werden sollte. Allerdings steht dieser Auffassung die vorherrschende Attitüde vieler Lehrkräfte der Primarstufe entgegen, die „geistig vorauseilenden" Kinder zu bremsen und ihren Wissenshorizont auf das einzugrenzen, was der Lehrplan vorsieht – sicherlich aus Angst davor, dass eine Freigabe der Denkinhalte die ohnehin bestehenden großen Leistungsunterschiede zwischen den Kindern noch zusätzlich vergrößere und somit das im Lehrplan vorgesehene gleichschrittige Vorgehen unmöglich mache. Gegenüber den Kindern und Eltern wird dieses Bremsen damit oft begründet, dass sich die Kinder ohne die Führung durch die Lehrperson falsche Konzepte aneignen und angewöhnen würden. Diese Sorge ist jedoch unbegründet, wenn die Lehrkräfte sich tatsächlich auf die Lernwünsche und Impulse der Kinder einlassen und sie unterstützen anstatt sie zurückzuweisen und damit zu enttäuschen oder zu frustrieren. Allerdings sollte dabei auf ein behutsames Vorgehen geachtet werden, damit alle Kinder in den Lernprozess einbezogen und keines überfordert wird.
Sowohl für die Erweiterung des Zahlenraums über 20 als auch für die Hinführung zur Multiplikation bietet sich das Zählen in größeren Schritten an.
Bevor aber das mehrschrittige Zählen eingeführt und systematisch vertieft wird, sollten die Kinder alle Zahlen bis 100 kennen. Kennen bedeutet, diese Zahlen

- von jedem Startpunkt aus in der festgelegten Reihenfolge vorwärts und rückwärts aufzusagen,
- in der korrekten Folge aufzuschreiben,
- richtig zu lesen und
- nach Diktat zu schreiben.

Für die Gestaltung des hierauf abzielenden Unterrichts kann die oft zu beobachtende Tatsache genutzt werden, dass einzelne Kinder behaupten, bis 100 zählen zu können und dabei folgendermaßen vorgehen: Zunächst sagen sie die Zahlenreihe bis 20 auf und zählen dann weiter: *„... 30, 40, 50, 60, 70, 80, 90, 100"*. Dabei ist aber nicht auszuschließen, sondern sehr wahrscheinlich, dass diese Kinder noch keine feste Vorstellung von der durch die Zahlen repräsentierten Mengen haben. Um diese Vermutung zu überprüfen und gleichzeitig eine entsprechende Vorstellung bei allen Kindern anzubahnen und zu entwickeln, kann man sich der

„Russischen Rechenmaschine“ bedienen. Das betreffende Kind soll noch einmal mit dem Zählen beginnen und zwar so langsam, dass die Lehrperson jeweils eine Kugel, beginnend mit der oberen Reihe, von rechts nach links bewegt, während das Kind die jeweilige Zahl nennt. Ein kritischer Punkt wäre die 1. Kugel in der 3. Reihe. Mit mindestens zwei verschiedenen Möglichkeiten ist hierbei zu rechen: Entweder sagt das betreffende Kind die Zahl 30, obwohl ja erst die 21. Kugel bewegt wird, oder das Kind sagt nichts und wartet ab, bis tatsächlich die letzte Kugel der dritten Reihe bewegt worden ist.

Im ersten Fall wäre zunächst abzuwarten, ob nicht spontan Proteste von anderen Kindern geäußert werden – etwa: *„Das sind 21 und nicht 30!“*. Solche Proteste können auch von der Lehrperson provoziert werden, indem sie noch einmal im Sinne der „paradoxen Intention“ (vgl. Molnar & Lindquist, 1990) wiederholt: *„Das sind jetzt 30 Kugeln!“*. Bleiben aber die erwarteten Widersprüche seitens der Kinder aus, dann sollte das Zählen in diesem Sinne fortgesetzt werden, bis die Zahl 100 bei der 30. Kugel erreicht worden ist. An dieser Stelle erfolgt dann die Problematisierung durch die Lehrperson – etwa so: *„Seid Ihr alle der Meinung, das hier* (die Lehrperson zeigt auf die 30 nach links bewegten Kugeln) *seien 100 Kugeln?“*. Auf jeden Fall müssen die Kinder zu der Erkenntnis kommen, dass 100 Kugeln *„viel, viel mehr als diese hier sind, nämlich alle auf diesen 10 Reihen“*. Um dann die schon bekannten Zahlen 30, 40, 50, 60, 70, 80, 90 und 100 aufzugreifen, kann die Lehrperson jeweils alle Kugeln einer ganzen Stange auf einmal von rechts nach links bewegen und erst dann die entsprechende Zahl nennen, beginnend mit: *„Dies hier sind jetzt 30 Kugeln“*.

Im anderen Fall, wenn das Kind tatsächlich erst am Ende einer jeden Reihe die korrekte Zahl genannt hat, kann darauf verwiesen werden, dass das betreffende Kind ganz viele Kugeln *„nur im Kopf, aber nicht laut gezählt hat“*, und dass es selbstverständlich auch für die nicht laut gezählten (oder übersprungenen) Kugeln auch Zahlen gibt, die man jetzt lernen könne.

Wird eine entsprechende Lernbereitschaft von den Kindern geäußert, dann sollten diese Zahlen nacheinander, beginnend mit der 21, eingeführt werden – und zwar in enger Verbindung von anschaulich-konkretem Material (z. B. mit der „Russischen Rechenmaschine“ oder mit Wendeplättchen im Hunderter-Rahmen), mit ikonischer Darstellung (z. B. Strichlisten mit 5er-Bündelung an der Wandtafel) und symbolischer Form, also den gesprochen und geschriebenen Zahlen. Dabei ist es sinnvoll, dass jedes Kind zwei Hunderter-Felder zur Verfügung hat: eines mit allen 100 Zahlen, ein anderes mit leeren Zellen, in die es eine Zahl nach der anderen eintragen kann. Das Hunderter-Feld mit allen 100 Zahlen wird genutzt, um die jeweilige Zahl zunächst zu identifizieren und dann mit einem Stift nachzufahren, bevor sie dann an der entsprechenden Stelle in dem anderen Hunderter-Feld übertragen wird.

Bei allen neuen Zahlen sollte die Lehrperson nach deren subjektiver Bedeutsamkeit für die Kinder fragen (Zahlen zwischen 21 und 31 könnten für Geburtstage von Kindern stehen, das Lebensalter der Eltern und Großeltern wird ebenfalls mit Zahlen aus diesem erweiterten Zahlenraum gekennzeichnet, ebenso manche der Hausnummern).
Das richtig ausgefüllte Hunderter-Feld dient dann dazu, das Zählen und die Kenntnis der Zahlen bis 100 anzubahnen und zu festigen. So können die Zahlen gemeinsam „im Chor" der Reihe nach aufgesagt werden, wobei die Kinder beim Nennen jeder Zahl auf ihre schriftliche Darstellung deuten sollen, um sich so auch die Schreibweise einzuprägen. Dieser Vorgang kann durch ein großes Hunderter-Feld an der Wand unterstützt werden. Besonders geeignet sind magnetische Tafeln mit entsprechenden Zahlenkärtchen, die sich an die entsprechenden Positionen heften lassen.
Wichtig ist, dass beim Vorgang des Zählens anhand des Hunderter-Feldes immer wieder die Struktur des Zahlenraums einsichtig gemacht wird. Hierbei sollte den Kindern Raum für die Entdeckungen von Mustern geboten werden: Sie sollen also nicht allein die Reihenfolge der Zahlen sagen, sondern auch entdecken (und sich merken), welche Ziffern bei den Zahlen in den horizontal und vertikal angeordneten Reihen gleich bleiben und welche sich ändern, auch, nach welchen Prinzipien die entsprechenden Muster gestaltet sind.
Ein nächster Schritt im Lernprozess könnte in einem „offenen Zahlendiktat" bestehen: Die Kinder erhalten ein vollständig mit Zahlen ausgefülltes Hunderter-Feld und sollen die diktierten Zahlen kennzeichnen (für jede Zahl eine andere Farbe des Stiftes, damit eine anschließende Kontrolle möglich ist!).
In einem weiteren Schritt erfolgen „richtige" Zahlendiktate, zunächst ohne Hunderter-Feld, dann als Eintrag in Hunderter-Felder, in denen schon Nachbarzahlen eingesetzt sind, schließlich in leere Hunderter-Felder. In einem weiteren, noch anspruchsvolleren Schritt bekommen die Kinder ein Hunderter-Feld, in das sie in besonders gekennzeichneten Feldern die entsprechenden Zahlen, die ihnen jetzt nicht mehr diktiert werden, einzutragen haben – beispielsweise wie in nachfolgender Abbildung 6.9. Dabei ist die Anzahl der Varianten unerschöpflich, und die Kinder können sich selbst entsprechende Aufgaben stellen, die sie bearbeiten. Auf jeden Fall sind dadurch Möglichkeiten der Selbstdifferenzierung (nach Lieblingszahlen oder nach Schwierigkeitsgraden oder nach Mustern) geboten. Durch solche Übungen sollen die Kinder befähigt werden, jede Zahl von 0 bis 100

- richtig zu lesen und zu sprechen,
- richtig zu schreiben und
- in der Zahlenreihe korrekt einzuordnen, d. h. mit ihren jeweiligen Nachbarzahlen in der Horizontalen zu verbinden.

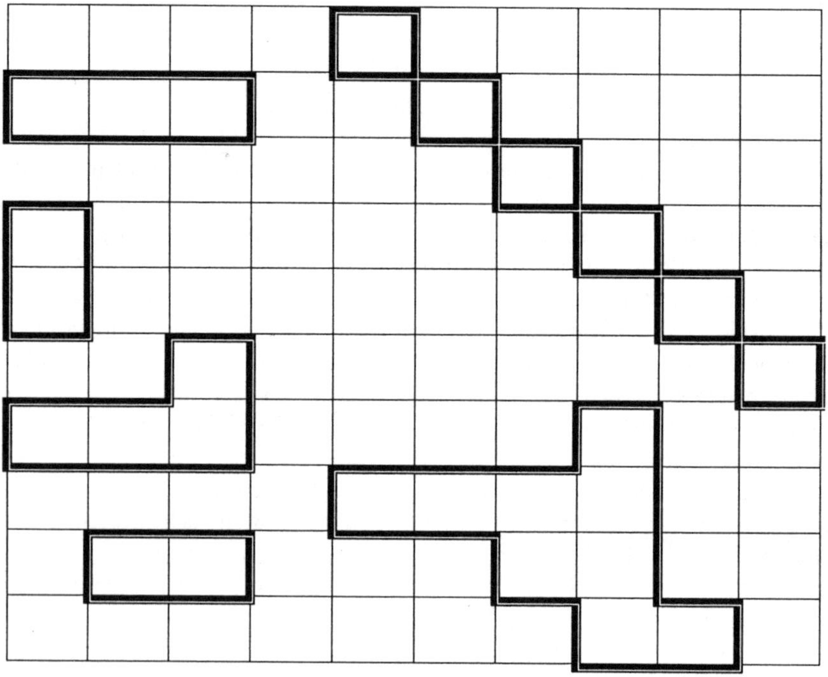

Abb. 6.9: Hunderter-Feld zum Eintragen der Zahlen in die gesondert gekennzeichneten Zellen

Wenn sie darüber hinaus auch die Nachbarzahlen in der Vertikalen und Diagonalen bestimmen können, haben sie schon eine große Sicherheit bezüglich der systematischen Einordnung erreicht. Zum Erlernen des mehrschrittigen Zählens genügen aber die drei zuerst genannten Voraussetzungen.

Das „mehrschrittige" Zählen entspricht dem Prinzip des Bündelns, wobei aber nicht die Anzahl der Bündel, sondern die in Bündel zusammengefassten einzelnen Elemente gezählt werden. Als geeignetes Lernarrangement empfiehlt es sich, allen Kindern ein komplett ausgefülltes Hunderter-Feld zu geben oder von ihnen selbst anfertigen zu lassen (siehe Abbildung 6.10).

1	2	3	4	5	6	7	8	9	10
11	12	13	14	15	16	17	18	19	20
21	22	23	24	25	26	27	28	29	30
31	32	33	34	35	36	37	38	39	40
41	42	43	44	45	46	47	48	49	50
51	52	53	54	55	56	57	58	59	60
61	62	63	64	65	66	67	68	69	70
71	72	73	74	75	76	77	78	79	80
81	82	83	84	85	86	87	88	89	90
91	92	93	94	95	96	97	98	99	100

Abb. 6.10: Hunderter-Feld für produktives Üben des Zählens in Schritten

In diesem Hunderter-Feld können die Kinder nun die Zahlen farbig unterstreichen oder nachfahren, die beim schrittweisen Zählen vorkommen. Für jede Schrittgröße kann ein eigenes Blatt angelegt werden. Dieses kann dann später als orientierende Hilfe beim Erlernen der Schrittfolge beim mehrschrittigen Zählen dienen. Es empfiehlt sich dabei, mit dem Zählen in Zweierschritten zu beginnen und sich danach die Zehner- und die Fünfer-Reihe vorzunehmen. Bei den weiteren Schrittgrößen ab 3 genügen jeweils nur 10 Schritte, die immer bis zum vollen Zehner, also bis 30, 40 usw. führen. Auf diese Weise legen sich die Kinder alle Reihen des Kleinen Einmaleins an, und können sich mit diesen Blättern die entsprechenden Zahlenfolgen einprägen (siehe Abb. 6.13, S. 178).
Rein rechnerisch bedeutet das Multiplizieren nichts Anderes als das Aufsummieren einer bestimmten Anzahl gleich großer Zahlen. Dabei bezeichnet der Multiplikand (z. B. die Zahl 7) die Größe dieser aufzusummierenden Zahlen und der Multiplikator (z. B. 3) die Anzahl der Summanden – also:

$$7 + 7 + 7 = 21$$
$$7 + 7 + 7 = 3 \cdot 7$$
$$3 \cdot 7 = 21$$

Es handelt sich dabei zunächst nur um eine verkürzte Schreibweise, dem eine verkürzte Prozedur des Rechenvorgangs folgt. Die Verkürzung des Rechenvorgangs gelingt aber nur, wenn das Kleine Einmaleins beherrscht wird, das heißt, wenn alle Ergebnisreihen von $1 \cdot 1$ bis $10 \cdot 10$ korrekt und schnell aus dem Langzeitgedächtnis abgerufen werden können. Notwendig ist dieser schnelle Prozess des Abrufens dann, wenn zwei größere Zahlen ohne weitere Hilfsmittel schriftlich zu multiplizieren sind, also bei der Einführung und Festigung der schriftlichen Multiplikation:

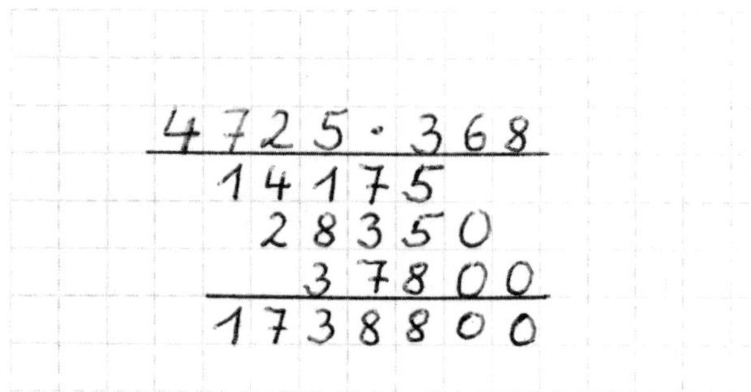

Ohne die Beherrschung des Kleinen Einmaleins und weiterer Rechenregeln wäre das ausgerechnete Ergebnis, also das Produkt, in der dargestellten kurzen Form sicher nicht zustande gekommen.

Die Division beinhaltet praktisch die Umkehrung der Multiplikation, nämlich die fortlaufende Subtraktion gleich großer Subtrahenden (z. B. 7) von einem bestimmten Minuend (z. B. zunächst 21, dann 14, dann 7), bis die Zahl 0 resultiert. Es handelt sich also um die Aufteilung einer bestimmten Zahl in mehrere gleich große Zahlen.

$$21 - 7 = 14 \qquad 14 - 7 = 7 \qquad 7 - 7 = 0$$

Dabei interessiert die Frage, wie oft oder wie häufig sich dieser Vorgang durchführen lässt. Auch diese fortlaufenden Subtraktionen lassen sich verkürzt schreiben und ausrechnen:

$$21 : 7 = 3$$

Die zu teilende Zahl (hier z. B. 21) wird als Dividend, die jeweils zu subtrahierenden Zahl (hier z. B. 7) als Divisor bezeichnet, und die Anzahl der möglichen Aufteilungen (hier z. B. 3) bildet den zu ermittelnden Quotienten. Ebenso wie bei der Multiplikation lässt sich der Rechenvorgang nur dann zeitlich und räumlich abkürzen, wenn das Kleine Einmaleins auch in seiner Umkehrung (von 100 : 10 = 10 bis 1 : 1 = 1) beherrscht wird, wenn also alle Quotienten und ihr Zustandekommen aus dem Langzeitgedächtnis abgerufen werden können.

Nun ist es sicherlich eine wichtige Aufgabe des Rechenunterrichts, die Kinder zu diesem schnellen Abruf aller Produkte und Quotienten im Zahlenraum bis 100 zu befähigen. Zugleich sollen die Kinder aber auch Einsicht in die mathematischen Zusammenhänge erhalten, die diesen Ergebnissen zugrunde liegen.

Eine angemessene Methode der Vermittlung, die auf das aktiv-entdeckende Lernen und die produktiven Fähigkeiten der Kinder setzt, würde etwa folgende Vorgehensweise nahe legen:

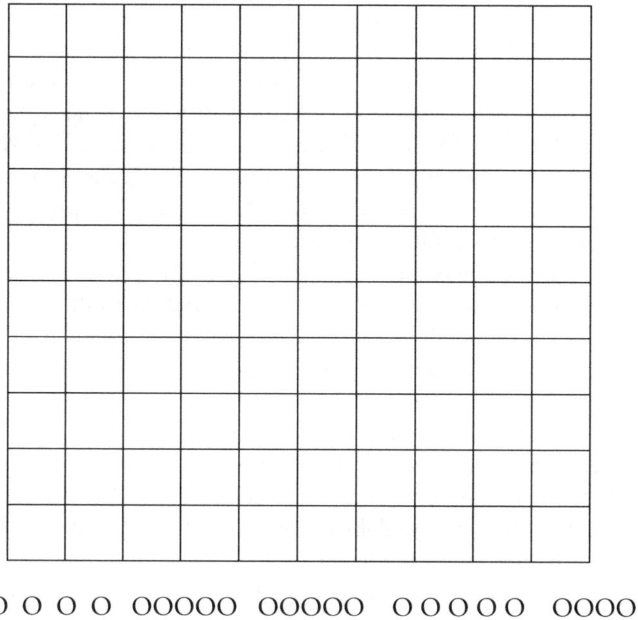

Abb. 6.11: Hunderter-Feld mit Muggelsteinen

Alle Kinder erhalten ein Hunderter-Feld mit leeren quadratischen Zellen sowie eine bestimmte Anzahl gleicher Objekte (z. B. Muggelsteine), von denen jeweils eines in jede Zelle passt (siehe Abbildung 6.11). Sodann bekommen sie den Auftrag, alle Muggelsteine irgendwie, also nach eigenen Vorstellungen, so in dem Hunderter-Feld zu verteilen, dass in jedes Kästchen jeweils nur ein Muggelstein kommt. Besonders gelungene Darstellungen dürfen sie dann zeichnerisch (mit Buntstift) auf ein entsprechend bereit gestelltes Blatt mit einem Hunderter-Feld übertragen. Interessant im Hinblick auf die Multiplikation sind „viereckige" Anordnungen. Sollten sich aber unter den verschiedenen Ergebnissen keine „viereckigen" Anordnungen (6 · 4 oder 4 · 6 oder 8 · 3 oder 3 · 8) finden, kann die Lehrkraft einen entsprechenden Impuls geben oder selbst solche Lösungen produzieren. Die verschiedenen Ergebnisse werden gesammelt, nebeneinander und für alle Kinder sichtbar an die Wand geheftet und besprochen. Bei dieser Besprechung werden dann auch die „viereckigen" Lösungen zur Sprache gebracht, und es wird gemeinsam mit den Kindern festgestellt, dass sich die „Vierecke" bei 24 Muggelsteinen aus einer bestimmten Anzahl von Zeilen (entweder 6, 4, 8 oder 3) und Spalten (ebenfalls entweder 6, 4, 8 oder 3) zusammensetzen. In einem nächsten Schritt, der eine längere Arbeitsphase – eventuell auch unter Einschluss der Hausarbeiten – vorsieht, erhalten die Kinder die Aufgabe, für jede Anzahl von Muggelsteinen herauszufinden, welche und wie viele „viereckigen" Lösungen es gibt und jede dieser Lösungen ebenfalls in ein Hunderter-Feld zu zeichnen. Langsam arbeitende und leistungsschwächere Kinder erhalten vorab weniger Muggelsteine, schneller arbeitende und leistungsstärkere Kinder mehr Muggelsteine zur Bearbeitung. Für alle Kinder soll die gleiche Anordnung gelten: Der erste Muggelstein soll oben links in dem Hunderter-Feld liegen, und dementsprechend soll auch die zeichnerische Darstellung gestaltet werden. Wenn für jede Anzahl von Muggelsteinen alle möglichen „Viereck-Ergebnisse" in einer großen Gemeinschaftsarbeit mit Arbeitsteilung von den Kindern produziert worden sind, können die Ergebnisse wiederum für Alle sichtbar an der Wand präsentiert, dann verglichen und sortiert werden. In Abbildung 6.12 wird beispielsweise die Anzahl 24 herausgegriffen.

Ein erster Ordnungsgesichtspunkt kann die Tatsache betreffen, dass im Hunderter-Feld „viereckige Lösungen" nur mit bestimmten Anzahlen von Muggelsteinen möglich sind. Diese Zahlen werden weiter betrachtet. Dabei können die Kinder erkennen, dass es für einzelne Zahlen unterschiedliche Anzahlen möglicher Lösungen gibt – nämlich zwischen einer und vier, weiterhin, dass bei bestimmten Anzahlen „quadratische" Lösungen gefunden werden, wobei bei einigen von diesen – nämlich bei der 1, 25, 49, 64 und 81 – dies die einzige „viereckige" Lösungsmöglichkeit ist. Nach entsprechender Sortierung können nun die Quadratzahlen und die Zahlen mit mehr als zwei Lösungen in das Hunderter-Feld eingetragen und gesondert gekennzeichnet werden (siehe Abbildung 6.13).

$24 = 8 + 8 + 8$
$24 = 3 \cdot 8$ und $24 : 3 = 8$

O	O	O	O	O	O	O	O		
O	O	O	O	O	O	O	O		
O	O	O	O	O	O	O	O		

$24 = 3 + 3 + 3 + 3 + 3 + 3 + 3 + 3$
$24 = 8 \cdot 3$ und $24 : 8 = 3$

O	O	O							
O	O	O							
O	O	O							
O	O	O							
O	O	O							
O	O	O							
O	O	O							
O	O	O							

$24 = 6 + 6 + 6 + 6$
$24 = 4 \cdot 6$ und $24 : 4 = 6$

$24 = 4 + 4 + 4 + 4 + 4 + 4$
$24 = 6 \cdot 4$ und $24 : 6 = 4$

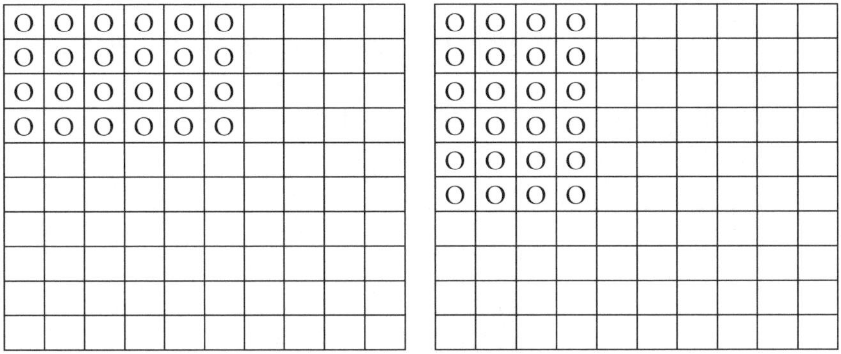

Abb. 6.12: Verschiedene Möglichkeiten der multiplikativen Darstellung der Zahl 24

Beispielsweise kann die Anzahl der Striche unter jeder Zahl die Anzahl der Lösungsmöglichkeiten repräsentieren. Auch farbige Kennzeichnungen entsprechend der jeweiligen Reihe bieten sich dabei an.
Bei den Veranschaulichungen der Multiplikation und Division im Hunderter-Feld erfahren die Kinder auch schon eine Hinführung in die Geometrie durch die Einführung der Begriffe Viereck, Rechteck und Quadrat, und ihnen wird auch schon die Logik der Flächenberechnung nahegebracht. Sie können weiterhin erkennen, dass sich bei der Multiplikation die beiden Faktoren vertauschen lassen, ohne dass sich das Produkt verändert. Dies kann beispielsweise gut dadurch demonstriert werden, indem das Hunderter-Feld um 90 Grad gedreht wird. In analoger Weise können die Kinder erkennen, dass sich die Ergebnisse der Division, also die Quotienten, durch Multiplikation mit dem Divisor wieder auf den Dividenden zurückführen lassen. Erst wenn den Kindern diese Prinzipien durch mehr oder weniger intensive konkrete Handlungen einsichtig geworden sind, sollte im Unterricht dazu übergegangen werden, dass sie sich die einzelnen Multiplikations- und Divisionsgleichungen und die entsprechenden Zählreihen einprägen. Hierfür bietet sich das Übungsmaterial für das „Blitz-Rechnen“ aus dem Konzept „Mathe 2000“ an, auf das schon mehrfach hingewiesen wurde.

			4		6		8	9	10
	12		14	15	16		18		20
21			24	25		27	28		30
	32			35	36				40
	42			45			48	49	50
			54		56				60
			63	64					70
	72								80
81									90
									100

Abb. 6.13: Zahlen des Kleinen Einmaleins im Hunderter-Feld

Je nach Interesse einzelner Kinder für die Eigenschaften von Zahlen können anhand eines solchen selbst zu gestaltenden Hunderter-Feldes auch die Begriffe der geraden und der ungeraden Zahlen, der Quadratzahlen, vielleicht sogar der Primzahlen, erarbeitet werden. Ihr gemeinsames Merkmal können manche Kinder vielleicht erkennen: Diese Zahlen lassen sich nur durch 1 und durch sich selber teilen. Auch das wesentliche Merkmal der Quadratzahlen können die Kinder erkennen: die Identität von Divisor und Quotient bei der Division oder das Ergebnis der Multiplikation einer Zahl mit sich selber.
Neben der Bearbeitung des arithmetischen Problems von Multiplikation und Division sollte auch der Anwendungsbezug beachtet werden. Dazu bieten sich Aufgaben in lebensnahen Situationen der Kinder an – beispielsweise beim Kochen nach einem Rezept, bei dem die angegebenen Mengen zu vervielfachen sind, oder das Austeilen von Karten an eine bestimmte Anzahl von Mitspielenden. Wichtig ist dabei, dass diese Situationen mit einem Problem verknüpft werden, an dessen Lösung die Kinder selbst ein deutliches Interesse haben.

6.3 Üben und Automatisieren

Die sichere Beherrschung der Grundrechenarten erfordert es, dass alle Additions- und Subtraktionsaufgaben im Zahlenraum bis 20, also das Kleine Einsundeins, sowie alle Multiplikations- und Divisionsaufgaben im Zahlenraum bis 100, also das Kleine Einmaleins mit den entsprechenden Umkehraufgaben der Division, stets schnell und sicher, „wie aus der Pistole geschossen", „auch im Schlaf" , „ohne zu überlegen" und „durcheinander" abgerufen werden können. Sie müssen ähnlich wie einzelne Wörter der gesprochenen Sprache situationsangemessen, also auf bestimmte Reizkonstellationen hin, als Assoziationen verfügbar sein – etwa wie vor dem gemeinsamen Essen, wenn auf das Wort „Guten ..." das Wort „Appetit!" folgt (oder zumindest gedacht wird). Ähnlich enge Assoziationen sollten beispielsweise bestehen und abrufbar sein, wenn die Zahlen 6 und 7 genannt werden:

$$6 + 7 = 13 \ / \ 7 + 6 = 13 \ / \ 7 - 6 = 1 \ / \ 7 \cdot 6 = 42 \ / \ 6 \cdot 7 = 42 \ / \ 42 : 7 = 6 \ / \ 42 : 6 = 7.$$

Weiterhin sollten zu der Zahl 6 die „Partnerzahl" 4 und zur Zahl 7 die „Partnerzahl" 3 im Hinblick auf die Ergänzung zur 10, sowie bei beiden Zahlen alle zweigliedrigen Zerlegungsmöglichkeiten sofort präsent sein. Umgekehrt sollten auch bei der Nennung der Zahl 42 die beiden Faktoren 7 und 6, und mindestens zwei Zerlegungsmöglichkeiten in Zehner und Einer, z.B. 40 + 2, und 30 + 12, schnell assoziiert werden können.

Die Fähigkeit zum Abruf dieser Zahlenverbindungen oder rechnerischen Assoziationen sollte jedoch erst auf der Grundlage von Einsichten in die Grundstrukturen des Zahlensystems (dekadischer Aufbau, Zerlegbarkeit und Verknüpfbarkeit der Zahlen) pädagogisch aufgebaut werden. Zunächst also müssen die Kinder – um beim Beispiel zu bleiben – in der Lage sein, alle vorgenannten Assoziationen im Zusammenhang mit den Zahlen 6, 7 und 42 mit konkretem Material – etwa anhand von Wendeplättchen auf dem Zwanziger- bzw. Hunderter-Feld – praktisch zu demonstrieren.

Damit solche assoziativen Verbindungen „in den Kopf kommen", um dann bei Bedarf quasi „automatisch" oder „routinemäßig", also ohne bewusstes Nachdenken, abrufbar zu sein, müssen sie sehr oft bewusst geknüpft werden. Mit diesen kognitiven Verknüpfungen gehen jedes Mal spezifische Aktivierungen und Veränderungen im neurologischen Substrat, also im Gehirn, einher. Diese Verbindungen auf der neurologischen Ebene können durch die laufende Aktivierung schließlich so eng werden, dass die Bereitschaft, auf bestimmte, schon oft durchgeführte rechnerische Aufgaben mit den richtigen Ergebnissen zu reagieren, nicht mehr bewusst gesteuert werden muss, sondern praktisch „wie von selbst" geschieht. Neue oder

selten gestellte Aufgaben erfordern hingegen ganz bewusst gesteuerte Reaktionen. Diese bewusste Steuerung von Reaktionen kann dann im weiteren Lernprozess zugunsten automatisiert ablaufender Reaktionen zunehmend entfallen.
Ein theoretisches Modell für diesen Lernprozess bietet die Handlungsregulationstheorie. Sie entstammt dem Komplex tätigkeitstheoretischer Ansätze, dem auch die in Kapitel 4 dargestellte Abfolge der dominierenden Tätigkeiten zuzurechnen ist. Die Handlungsregulationstheorie wurde vor allem für den Bereich des Sports (Volpert, 1973) und für vielfältige Anforderungen des Berufs- und Arbeitslebens (Hacker, 1980) entwickelt und betrifft vor allem die Kontrolle und Beherrschung motorischer Handlungen. Schnotz (1979) hat gezeigt, dass sich dieser Ansatz auch gut für die förderungsorientierte Analyse von Rechtschreibleistungen eignet. Die Übertragbarkeit auf den Bereich des Rechnens soll nun nachfolgend an einem praktischen Beispiel dargestellt werden.
Ausgangspunkt ist eine konkrete mündlich gestellte Anforderung – beispielsweise: *„Zu lösen ist die Aufgabe 316 mal 47089!"* (die Aufgabenstellung wird bei Bedarf mehrfach mündlich wiederholt, aber nicht schriftlich präsentiert). Bei der nachfolgend dargestellten Möglichkeit erfolgreichen Vorgehens wird allerdings nur der Anfang des Prozesses genau beschrieben, um das Prinzip zu verdeutlichen.
In einem ersten Schritt antizipieren die untersuchten Personen das Ziel – etwa mit der Formulierung: *„Ein Ergebnis muss berechnet werden"*. Die nächsten Überlegungen gelten der Vorgehensweise – etwa: *„Ich kann die beiden Zahlen nicht im Kopf behalten, ich muss sie aufschreiben"*. Daher erfolgt in einem nächsten Schritt die schriftliche Notation:

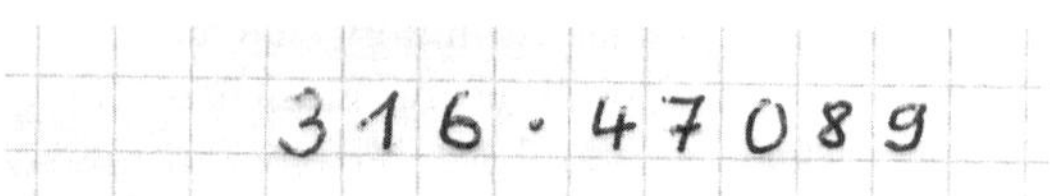

Bei diesem Vorgang werden die einzelnen Ziffern von den meisten Personen völlig automatisiert aufgeschrieben. So wird den wenigsten überhaupt bewusst sein, wie sie den Stift in die Hand nehmen und führen. Das Schreiben der Ziffernfolge bei der korrekten schriftlichen Wiedergabe der Zahlen dürfte bei vielen Personen ebenfalls ohne bewusste Steuerung ablaufen, andere hingegen müssen sich zumindest die deutsche Syntax vergegenwärtigen, wonach die Folge der geschriebenen Einer und Zehner nicht der gesprochenen Folge entspricht und daher „etwas stärker aufpassen". Besondere Aufmerksamkeit dürfte bei manchen auch das Fehlen des Hunderters in der zweiten Zahl erfordern. An dieser Stelle müssen sie eine Null schreiben. Die Entscheidung, auch gleich das Operationszeichen einzufügen, mag ebenfalls bei vielen Personen weitgehend automatisiert erfolgen. Die Platzierung desselben als Punkt erfolgt bei den meisten Personen sicher ohne bewusste

Steuerung. Der nächste wiederum sehr bewusst vollzogene gedankliche Schritt zur Vorgehensweise mag der Überlegung gelten, ob irgendeine Erleichterung des Rechenvorgangs möglich ist und ob ein bestimmter Algorithmus abzurufen ist. Eine Erleichterung des Rechenvorgangs besteht in der Anwendung des Kommutativgesetzes („die Reihenfolge der Summanden und Faktoren hat keinen Einfluss auf das Ergebnis"): Durch eine Vertauschung der beiden Faktoren lässt sich ein etwas einfacherer Algorithmus anwenden. Diese Erkenntnis und ihre praktische Umsetzung ist ein meistens sehr bewusst vollzogener Prozess: Die beiden Faktoren werden erneut in vertauschter Folge aufgeschrieben und im Hinblick auf den Rechenvorgang werden die beiden Zahlen unterstrichen:

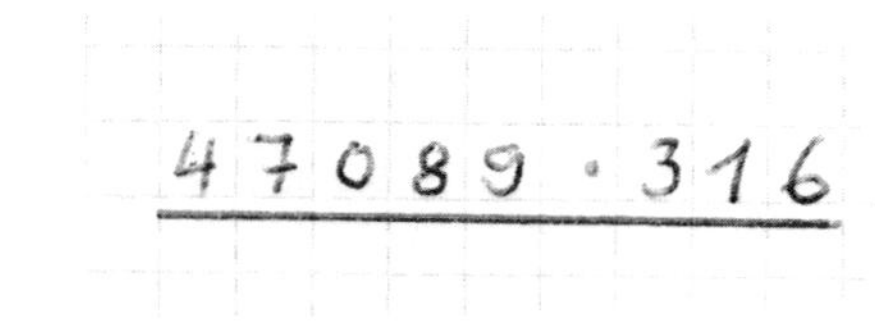

Je nach Vertrautheit und Übungsgrad werden die nächsten Schritte mehr oder weniger bewusst vollzogen: Zunächst erfolgt die Multiplikation 3 · 9 im Kopf. Von dem abgerufenen Ergebnis (27) wird nur die Einerstelle (also die 7) notiert – und zwar in der nächsten Zeile genau unter der Ziffer 9. Die zwei verbleibenden Zehner der Zahl 27, gekennzeichnet durch die Ziffer 2, werden im Kopf behalten und zu dem nächsten Produkt (3 · 8) in der Einerstelle addiert (also 24 + 2 = 26). Notiert wird die 6, und zwar eine Stelle nach links vor der 7, während die verbleibende Zehnerstelle dieser Rechnung zunächst im Kopf behalten wird. Sie wird aber notiert, da bei der nächsten Rechnung (3 · 0) Null resultiert – usw.
Am Ende des gesamten Prozesses sind zahlreiche Multiplikationen und Additionen im Kopf erfolgt, die umso erfolgreicher verlaufen können, je sicherer und schneller die einzelnen Teilergebnisse aus dem Gedächtnis abgerufen werden können.

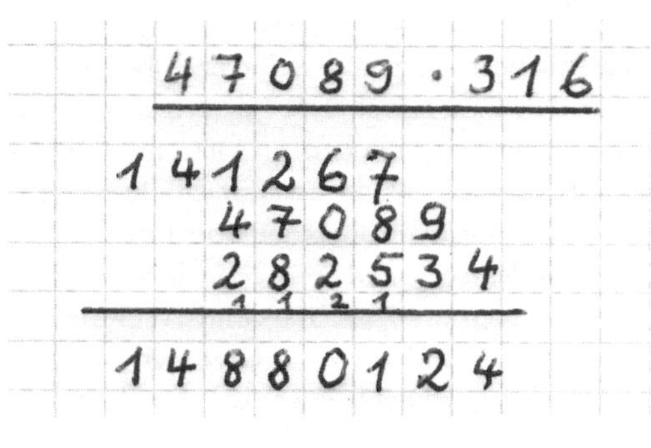

Der gesamte Prozess bis hin zu der Darstellung des Ergebnisses folgt einem sogenannten Aktionsprogramm. Es besteht aus einer Abfolge einzelner zielbezogener Teilhandlungen, die wir bereits unter den Bezeichnungen TOTE-Einheit bzw. Vergleichs-Veränderungs-Rückkopplungs-Einheiten (VVR) im Zusammenhang mit den Konstruktionsspielen (Abschnitt 3.3) kennen gelernt haben.
Bei der Bearbeitung von so komplexen Aufgaben wie in unserem Beispiel sind die einzelnen Teilhandlungen des gesamten Aktionsprogramms hierarchisch und sequenziell strukturiert (vgl. die nachfolgende Abbildung 6.14 aus Schnotz, 1979, S. 61):

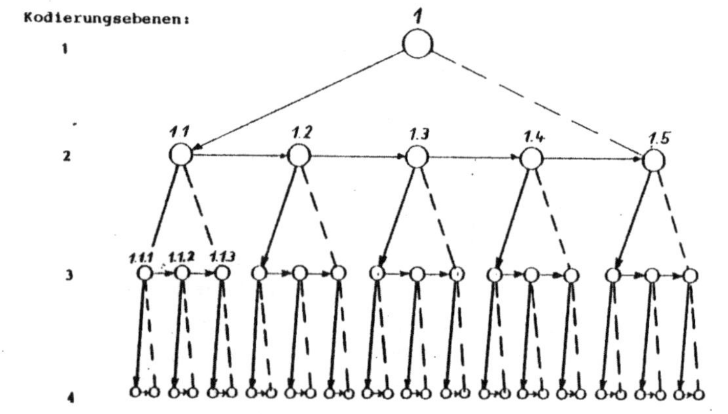

Abb. 4: Strukturschema der Dekodierung eines Aktionsprogramms (nach HACKER, 1973, und VOLPERT, 1974).

Abb. 6.14: Strukturschema der Handlungsregulationstheorie

Unter 1 wäre in unserem Beispiel die Bereitschaft, die Rechenaufgabe zu lösen, umschrieben.
1.1 umfasst das schriftliche Notieren derselben, wobei die darunter liegenden Hierarchie-Ebene mit den Punkten ab 1.1.1 dem Schreiben der beiden Zahlen und dem Operationszeichen gilt. Die darunter liegende Hierarchie-Ebene beinhaltet den graphomotorischen Vorgang des Ziffernschreibens einschließlich der Beachtung der Arbeitsrichtung (von links nach rechts), der Zeilenführung und des Einhaltens der Abstände. Anzumerken ist, dass in unserem Beispiel die Komponenten 1.1.1 (das Schreiben der Zahl 316) und 1.1.3 (das Schreiben der Zahl 47089) wesentlich komplexer sind als die Komponente 1.1.2, (bei der lediglich ein Punkt als Operationszeichen anzubringen ist). Das heißt also, dass die Kom-

ponenten 1.1.1 und 1.1.3 eine größere Zahl von in sich geschlossenen, jeweils sensumotorisch gesteuerten Bewegungseinheiten umfassen, hingegen die Komponente 1.1.2 nur eine einzige. Die unterbrochen gezeichneten Linien kennzeichnen den Vorgang der Rückkopplung, also den Abgleich zwischen antizipierten Zielsetzungen und den durch die Handlungen realisierten Ergebnissen. Nach dem Schreiben der letzten Ziffer unter 1.1.3 ist die Notation der Aufgabe, also die Teilhandlung 1.1 beendet, was die unterbrochen gezeichnete Linie von 1.1.3 nach 1.1 andeuten soll. An dieser Stelle erfolgt die Entscheidung, die Aufgabe so zu notieren, dass sich die schriftliche Multiplikation effektiv durchführen lässt, umschrieben mit 1.2. Die weitere Bearbeitung erfolgt nach diesem Schema bis zu der Rückkopplungseinheit, die mit dem Schreiben des errechneten Ergebnisses abgeschlossen ist.

Das hier andeutungsweise dargestellte Aktionsprogramm orientiert sich an den objektiven Anforderungen der Aufgabe. Dem handelnden Subjekt kommt dabei die Aufgabe zu, sich zunächst ein „inneres Abbild" eines solchen Aktionsprogramms zu entwerfen, es also zu „enkodieren". Im Anschluss daran „*kann die Umsetzung dieser inneren Handlungsmodelle in reales Handeln umgekehrt als Dekodierung interpretiert werden*" (Schnotz, 1979, S. 60). Die einzelnen Hierarchie-Ebenen werden daher auch als Kodierungs-Ebenen bezeichnet.

Für die Pädagogik kommt nun ein wichtiger gedanklicher Schritt hinzu. Im Zuge individueller Lernprozesse werden immer größere Anteile der Anforderungen auf zunehmendem Komplexitätsgrad schnell und ohne bewusste Steuerung direkt abrufbar. Ein solcher Prozess geht sogar so weit, dass einzelne Teilhandlungen (wie etwa das Greifen und Halten des Stiftes mit der Spitze nach unten!) in aller Regel gar nicht mehr bewusst vollzogen werden. Dabei war dies in der individuellen Lernbiografie einmal ein wichtiger Entwicklungsschritt, der die gesamte Konzentration des kleinen Kindes auf diese Aufgabe erfordert hatte! So musste dieser Vorgang zunächst einmal intellektuell gesteuert werden – etwa: „ich will malen und ich suche mir daher einen Stift und Papier". Dies ist die stets bewusstseinspflichtige intellektuelle Regulationsebene – hier auf der Stufe der gegenständlichen Tätigkeit. Wenn das Kind nach dem Auffinden der notwendigen Utensilien entdeckt, dass der Stift entgegen seinen Erwartungen keine Spuren auf dem Papier hinterlässt, schaut es sich den Stift vielleicht genauer an und entdeckt, dass es ihn mit der verkehrten, stumpfen Seite betätigt hat und reguliert nun bewusst sein Tun. Diese Stufe der Handlungsregulation „ich muss die Spitze des Stiftes wählen" ist die begrifflich-perzeptive Regulationsebene, die nur bei Bedarf bewusst wird; sie ist bewusstseinsfähig, aber nicht bewusstseinspflichtig. Solche Handlungen können sich mit zunehmender Betätigung auf die sensumotorische Ebene verlagern, wo sie ohne bewusste Kontrolle ablaufen. Schnotz (1979, S. 65 ff) stellt diese Vorgänge wie folgt dar:

„Lernprozesse bestehen demnach darin, dass bestimmte Regulationsvorgänge von der intellektuellen Ebene an die begrifflich-perzeptive Ebene oder von dieser an die sensumotorische Ebene delegiert werden. Man kann diesen Vorgang als eine Art >Verschiebung< zwischen Kodierungsebenen und psychologischen Regulationsebenen interpretieren, durch die sich die Zuordnung der Aktionsprogramme zu den psychologischen Ebenen verändert. ...

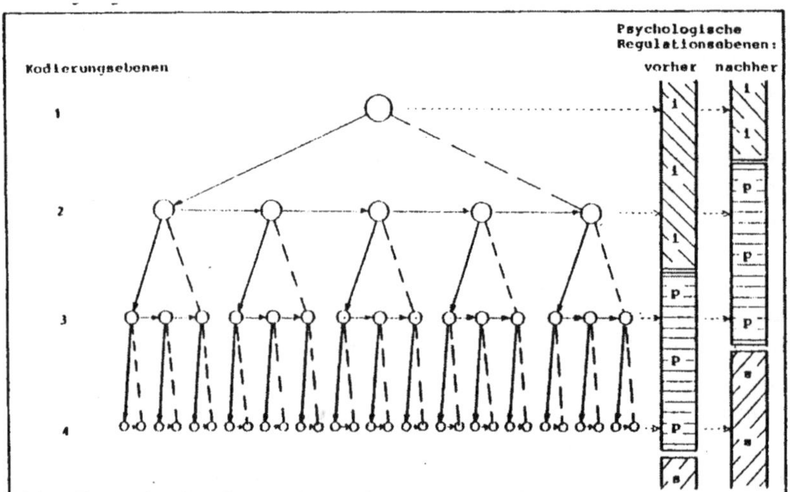

Abb. 5: Prinzip der Delegation von Regulationsanforderungen an niedrigere psychologische Ebenen durch Lernprozesse (i = intellektuelle, p = perzeptiv-begriffliche, s = sensumotorische Ebene).

Abb. 6.15: Veranschaulichung der Lernentwicklung durch Verlagerung der Regulationsebenen

Lernprozesse haben zur Folge, dass die psychologischen Regulationsebenen gegenüber den Kodierungsebenen gewissermaßen >nach oben wandern<. Dadurch werden manche der Aktionsprogramme auf einer niedrigeren psychologischen Regulationsebene realisiert als bisher. ... Durch diese Delegation >nach unten< werden die höheren psychologischen Regulationsebenen entlastet; es werden intellektuelle Verarbeitungskapazitäten frei, die nun zur Bewältigung anderer Anforderungen zur Verfügung stehen.“

7 Hinweise auf Erfahrungsdefizite und ungünstige Lernvoraussetzungen – Konsequenzen für pädagogisches Denken und Handeln

Die beschriebenen Unterrichtsbeispiele sind so gehalten, dass Kinder mit Erfahrungsdefiziten und Lernschwierigkeiten im mathematischen Bereich nicht unbedingt auffallen müssen. Gleichwohl sollte an eine solche Möglichkeit durchaus gedacht werden. Allerdings erfordert der pädagogische Umgang mit einer solchen Denkmöglichkeit ein hohes Maß an Professionalität.

Einerseits müssen die Lehrpersonen sehr sensibel sein für mögliche Indikatoren von Erfahrungsdefiziten und Lernschwierigkeiten – ganz allgemein und speziell auch im mathematischen Bereich –, andererseits müssen sie aber auch erkennen, einschätzen und gegebenenfalls überprüfen können, ob die wahrgenommenen Äußerungen und Verhaltensweisen sowie weitere Merkmale des Kindes tatsächlich auf eine entsprechende Beeinträchtigung der Lernmöglichkeiten schließen lassen. So werden bisweilen Kinder, die sich verbal kaum äußern, fälschlich für überfordert gehalten. Dabei kann eine solche Zurückhaltung auch als ein sehr kluges Verhalten interpretiert werden, weil diese Kinder in ihrer neuen Umgebung zunächst ganz stark darauf konzentriert sind, alle Geschehnisse und Bedingungen zunächst einmal gründlich aufzunehmen, einzuordnen und zu verarbeiten, bis sie sich sicher fühlen. Aber diese Interpretation ist nicht die einzig mögliche: Manche Kinder können auch einfach nicht viel sagen, weil ihnen zu bestimmten Situationen die entsprechenden Vorerfahrungen und folglich auch die dazu passenden Begriffe fehlen. Bei Kindern, die Deutsch als Zweitsprache verwenden, muss zudem unterschieden werden, ob sie lediglich mit den deutschen Begriffen nicht vertraut sind oder ob sie auch die damit verbundenen Erfahrungen noch nicht gewonnen haben.

In Situationen wie den hier angedeuteten fühlen sich viele Lehrpersonen verständlicherweise verunsichert. Gefühle der Verunsicherung werden im Allgemeinen schlecht ertragen, und daher liegt es nahe, dass Lehrpersonen die beschriebenen Situationen entweder vermeiden oder schnell geklärt wissen wollen. Dies gilt insbesondere für solche Lehrerinnen und Lehrer, die ein geringes Maß an „Ambiguitätstoleranz" (Reis, 1997) haben, also mit widersprüchlichen Informationen schlecht umgehen können[1]. Eine geringe Ambiguitätstoleranz kann nun angesichts der Möglichkeit, dass Kinder Erfahrungsrückstände und Lernschwierigkeiten haben, zu zwei gegensätzlichen Haltungen und Reaktionen führen. Hierfür wurden in der pädagogischen Fachliteratur zur Situation von Migrantenkindern die recht treffenden Bezeichnungen „diskriminierende Aufmerksamkeit" und „ignorierende Toleranz" verwendet (vgl. Czock & Radtke, 1984). Bei der diskriminierenden Aufmerksamkeit werden die Äußerungen des Kindes bevorzugt als Hinweise auf eine negative Abweichung von den üblichen Erwartungen interpretiert, und oft werden dann Diagnosen gestellt und Maßnahmen ergriffen, die dem Kind und seinen Eltern signalisieren, dass es eine Störung hat. Demgegenüber wird bei der ignorierenden Toleranz kaum auf irgendwelche Besonderheiten geachtet und – sofern diese nicht zu übersehen sind – werden sie als bedeutungslos interpretiert. Beide Haltungen können nachteilige Folgen für das Kind haben. Im Falle der ignorierenden Toleranz unterbleiben rechtzeitige Hilfen, die unter Umständen notwendig wären, so dass sich mögliche Schwierigkeiten und Unsicherheiten des Kindes zunehmend verstärken und es den Anschluss an das Lerngeschehen und die Unterrichtsinhalte total verliert. Im Falle der diskriminierenden Aufmerksamkeit kann ein Prozess einsetzen, in welchem die Lehrperson ganz im Sinne einer sich selbst erfüllenden Prophezeiung viel dafür tut, dass sich ihr negatives Urteil über das Kind bestätigt: Es erhält bevorzugt Aufgaben, bei denen sich die vermuteten Schwächen offenbaren, diese werden dann auch sorgsam registriert, während mögliche Beobachtungen, die nicht in dieses Bild passen, entweder negiert oder abgeschwächt werden. Solche Etikettierungs- und Stigmatisierungsprozesse müssen durchaus nicht in böser Absicht initiiert werden, vielmehr erhoffen sich die Lehrpersonen dadurch oft Hilfen und zusätzliche Ressourcen. Nun können solche Etikettierungen auch negative Folgen für die Entwicklung des Kindes haben, indem es ein Störungsbewusstsein ausbildet, eine Identität als „lernschwaches" oder „rechenschwaches" Kind annimmt, sich daher selbst nichts mehr zutraut und resigniert. Diese möglichen Folgen von Etikettierungen, die ja im Hinblick auf die Gewährung notwendiger Hilfen zu stellen sind, begründen nun das „Etikettierungs-Ressourcen-Dilemma". Dieses wird insbesondere im Zusammenhang mit den Rahmenbedingungen des gemeinsamen Unterrichts für behinderte und nicht behinderte Kinder thematisiert (Füssel & Kretschmann, 1993). Die Problematik hat aber einen breiteren Geltungsbereich und wird auch im Zusammenhang mit der „Rechenschwäche" diskutiert (Meyer, 1993). So fasst auch Wember (1991) seinen Beitrag über „Die Frühdiagnostik bei Rechenschwäche zwischen früher Förderung und früher Stigmatisierung" wie folgt zusammen:

1 Die Ambiguitätstoleranz von Lehrpersonen hat Kischkel (1983) im Rahmen seiner Untersuchungen zur Arbeitssituation berücksichtigt. Ansonsten scheint dieses Persönlichkeitsmerkmal in der Pädagogik wenig beachtet zu werden.

„Rechenschwäche frühzeitig erkennen zu wollen heißt, wie gesehen, immer auch, bei relativ jungen Kindern falsch-positive Diagnosen auszusprechen. Solche Diagnosen belasten jedoch zu Unrecht die betroffenen Kinder und deren Eltern. Sie können, wie gesehen, pädagogisch negative Regelkreise in Gang setzen: Unter Umständen führen sie beim Schüler, bei seinen Eltern, aber auch bei seinen Erziehern und Lehrern zu reduzierten Erfolgserwartungen, die letztere dem Schüler – oft, ohne es selbst zu bemerken – mitteilen. Der Schüler wird sein durch die Diagnose „rechenschwach" ohnehin belastetes Selbstbild bestätigt sehen, sich weniger anstrengen und infolgedessen geringere Leistungen erzielen, die die niedrigen Erfolgserwartungen auf Seiten seiner Bezugspersonen verstärken usw. Kurzum: Jede Diagnose[2] birgt grundsätzlich die Gefahr in sich, zu einem negativ typisierenden Etikett zu werden. Solch eine Stigmatisierung lässt sich nie gänzlich ausschließen, aber die Gefahren sind geringer, wenn die Fachleute wissen, dass Frühdiagnostik immer und grundsätzlich im Spannungsfeld von Frühförderung und Stigmatisierung steht und wenn sie einen ätiologisch offenen Dispositionsbegriff von Rechenschwäche vertreten, den sie ihren Gesprächspartnern zu vermitteln suchen, seien dies die betroffenen Kinder, deren Eltern oder deren Lehrer und Erzieher. Denn dann werden sich die Pädagogen immer auch fragen, welchen Anteil sie selbst und ihre pädagogischen Bemühungen am Problem haben und durch welche Maßnahmen sie selbst das System Schüler-Umwelt verbessern können" (S. 35). Unter einem ätiologisch offenen Dispositionsbegriff von Rechenschwäche versteht Wember (1991) einen Erklärungsansatz, bei dem insbesondere solche Faktoren berücksichtigt werden, die pädagogisch beeinflussbar sind und somit Erfolg versprechende Ansatzpunkte für die Förderung bieten.

Man kann auch versuchen, dem Etikettierungs-Ressourcen-Dilemma und den Auswirkungen von ignorierender Toleranz oder diskriminierender Aufmerksamkeit dadurch zu entgehen, dass man seine Wahrnehmungen ganz bewusst auf die „Zone der aktuellen Leistung" und die „Zone der nächsten Entwicklung" (Wygotski, 1964) eines jeden einzelnen Kindes richtet. Die „Zone der aktuellen Leistung" wird definiert durch die jeweils schwersten oder anspruchsvollsten Aufgaben, die ein Kind alleine bewältigt, während die „Zone der nächsten Entwicklung" bestimmt wird über die jeweils leichtesten Aufgaben, die das Kind nur mit (geringfügiger) Hilfe anderer Personen lösen kann.

Sicherlich ist es auch ein Kennzeichen pädagogischer Professionalität, nach einiger Zeit des Unterrichtens für jedes Kind die Zone der aktuellen Leistung und der nächsten Entwicklung einigermaßen zutreffend einschätzen zu können. Zu diesem Zweck sollten Lehrpersonen wissen, welche Merkmale von Aufgaben zu deren Schwierigkeitsgrad beitragen. Inzwischen liegen schon zahlreiche praktische Ansätze für eine unterrichtsbegleitende Diagnostik im mathematischen Lernbe-

---

2 Der Autor meint hier Diagnosen, die das Vorliegen irgendwelcher Störungsbilder anzeigen. Es können selbstverständlich auch Diagnosen gestellt werden, die solche Störungsbilder ausschließen.

reich vor. Eine bis zum Jahre 2002 aktuelle und relativ vollständige Übersicht über solche Verfahren findet sich bei Kornmann (2003b). Wichtige Ansätze gehen auf die Forschungsergebnisse von Kutzer (1979) und Probst (1983) zurück, auf die bereits in Abschnitt 3.4 hingewiesen wurde. In Kenntnis dieser und weiterer Verfahren können Lehrerinnen und Lehrer durchaus in begrenztem Rahmen die Anforderungen, die sie im Unterricht an ihre Schülerinnen und Schüler stellen, so auswählen und systematisch variieren, dass sie bei den Lösungsversuchen einzelner Kindern Hinweise auf die „Zone der aktuellen Leistung" und die „Zone der nächsten Entwicklung" erhalten. Einige Beispiele dafür sind auch in den beschriebenen Unterrichtsbildern enthalten. Über die Bandbreite möglicher Aufgabenstellungen zur Beschreibung des aktuellen Lernstandes von Schulanfang bis zum 2. Schuljahr informiert gründlich die Zusammenstellung von Behring, Kretschmann & Dobrindt (1999). Eine sehr systematische, nach entwicklungstheoretischen Gesichtspunkten aufgebaute Folge von Anforderungen liegt dem Diagnose- und Trainingsprogramm „Kalkulie" von Gerlach, Fritz, Ricken & Schmidt (2007) zugrunde, das speziell für rechenschwache Kinder entwickelt wurde.

Nachwort

Im Vorwort hatte ich meine Zuversicht geäußert und begründet, dass die vorliegende Schrift zumindest bei einigen Leserinnen und Lesern ihre Zielsetzungen nicht verfehlen würde. So lassen die Rückmeldungen der Studierenden zu den Inhalten der Vorlesung, die dieser Schrift zugrunde liegt, viele Entwicklungen hin zu einem positiv veränderten Bild von Mathematik und Mathematikunterricht erkennen. Stellvertretend für diese Rückmeldungen möchte ich eine Stellungnahme wiedergeben, über die ich mich besonders gefreut habe und die mich hoffen lässt, dass auch Leserinnen und Leser dieser Schrift ähnlich positive Erfahrungen gewinnen können.

- *Mathematik war nicht unbedingt mein Lieblingsfach in der Schule und auch die Erfolge hielten sich in Grenzen. Obwohl mein Vater selbst Mathelehrer ist, wurde mir die Gabe mit Zahlen umzugehen nicht wirklich in die Wiege gelegt. Im Laufe der Vorlesung entwickelte ich eine deutlich positivere Einstellung gegenüber der Mathematik. Ich denke, dass es mir sehr gut getan hat, die Einstellung etc. aus der Vergangenheit abzulegen und offen für Neues zu sein.*
- *Ich habe mich mit den Inhalten der Vorlesung relativ stark auseinander gesetzt, dies hatte mehrere Gründe. Als erstes muss ich zugeben, dass ich mich intensiv mit den Texten auseinandergesetzt habe, da mir bewusst ist, dass über die Inhalte eine Klausur (als Modulabschluss) geschrieben wird. ... Des Weiteren habe ich im Laufe der Vorlesungszeit gemerkt, dass mich Mathematik doch mehr interessiert, als ich bisher vermutet habe. Ich empfand es eigentlich eher weniger als Last, jede Woche die vier Fragen zu beantworten, da es wirklich Spaß machte. Der bedeutendste Grund war allerdings, dass ich die Möglichkeit hatte, viele Dinge aus der Vorlesung in der Praxis auszuprobieren bzw. anzuwenden. Ich betreue ein paar Stunden wöchentlich ein Mädchen in einer 2. Grundschulklasse beim Lernen. Als ich sie kennen gelernt habe, hasste sie, laut ihrer Aussagen, alles, was mit Mathe zu tun hatte, insbesondere die Subtraktion. Mit den Hilfen und Tipps, die ich aus der Vorlesung mitnehmen konnte, habe ich es geschafft, dass sie richtig Freude entwickelt hat und mir vor kurzem sagte: „Mathe ist mein Lieblingsfach […]". Ich finde es sehr schön, dass ich einen solchen Erfolg erzielen und gleichzeitig selbst etwas lernen konnte.*

Zu dieser erfreulichen Rückmeldung passt eine Episode, die sich nach Fertigstellung des Manuskripts zugetragen hatte. Sie wurde mir von einer Sonderschullehrerin berichtet, die im Sinne des hier beschriebenen Konzepts an einer Förderschule arbeitet. Vor wenigen Tagen musste diese Lehrerin kurzfristig und

somit unvorbereitet Vertretungsunterricht in einer Unterstufenklasse übernehmen. Kurzentschlossen entschied sie sich für eine Mathematikstunde und griff dafür auf ihre Sammlung bunter Büroklammern zurück, die sie in verschiedenen durchsichtigen Boxen aufbewahrt. Anhand dieses konkreten Materials stellte sie den Kindern Aufgaben zum Schätzen mit anschließendem Zählen, Aufteilen, Bündeln und Zusammensetzen, die von den Kindern freudig und interessiert aufgenommen wurden.
Als die Lehrerin nächsten Tag Pausenaufsicht hatte, lief plötzlich ein Mädchen auf sie zu und umarmte sie mit den Worten: *„Mathe war so schön bei Dir!“* .

Literaturverzeichnis

Bandura, A. (1969). Social-learning theory of identification processes. In D. A. Goslin (ed.), Handbook of Socialisation Theory and Research (pp. 213-262). Chicago: Rand McNally.

Barrow, J. D. (1994). Ein Himmel voller Zahlen. Heidelberg: Spektrum.

Baruk, S. (1989). Wie alt ist der Kapitän? Über den Irrtum in der Mathematik. Basel: Birkhäuser.

Bauer, A. (2005). Mit Pepe von 0 bis 101. Freiburg: Freiburger Verlag.

Bauersfeld, H. (1983). Subjektive Erfahrungsbereiche als Grundlage einer Interaktionstheorie des Mathematiklernens und -lehrens. In H. Bauersfeld u. a. (Hrsg.), Lernen und Lehren von Mathematik (S. 1-56). Köln: Aulis.

Behring, K., Kretschmann, R. & Dobrindt, Y. (1999). Prozessdiagnose mathematischer Kompetenzen in den Schuljahren 1 und 2. Bergedorf: Persen.

Bekhiet, M., Graf, C. Huber, D., Jost, J., Schoener, K. & Schmid, L. (2008). Navi. Mathematik 1. Troisdorf: Bildungsverlag 1.

Beutelspacher, A. (1996). „In Mathe war ich immer schlecht ...“. Braunschweig: Vieweg.

Boissin-Gross, U. & Egloff-Borter, I. (2007). Offene Aufgaben – Offenheit in der Mathematik. Luzern: Schweizerische Zentralstelle für Heilpädagogik.

Bruder, K. J. (1984). Behaviorismus. In H. E. Lück, R. Miller & W. Rechtien (Hrsg.), Geschichte der Psychologie (S. 74-81). Darmstadt: Wissenschaftliche Buchgesellschaft.

Bruner, J. S. (1971). Über kognitive Entwicklung. In J. S. Bruner, R. R. Olver, & P. M. Greenfield (Hrsg.), Studien zur kognitiven Entwicklung (S. 21-96). Stuttgart: Klett.

Clausen-Suhr, K., Schulz, L. & Bricks, P. (2008). Mathematische Bildung im Kindergarten. Ergebnisse einer quasi-experimentellen Evaluation des Förderprogramms „Zahlenzauber“. Zeitschrift für Heilpädagogik 59, 341-349.

Correll, W. (1965). Pädagogische Verhaltenspsychologie. München: Reinhardt.

Czock, H. & Radtke, F. O. (1984). Der heimliche Lehrplan der Diskriminierung. päd-extra, 10, 34-39.

Dawydow, W. W. (1977). Arten der Verallgemeinerung im Unterricht. Berlin: Volk und Wissen.

Dawydow, W. W., Lompscher, J. & Markowa, A. K. (1982) (Hrsg.), Ausbildung der Lerntätigkeit bei Schülern. Berlin/DDR: Volk und Wissen.

Dehaene, S. (1999). Der Zahlensinn oder warum wir rechnen können. Basel: Birkhäuser.

Devlin, K. (2006). Das Mathe-Gen oder Wie sich das mathematische Denken entwickelt + Warum Sie Zahlen ruhig vergessen können. München: Deutscher Taschenbuch Verlag (5. Aufl.).

Dietrich, I. (1995) (Hrsg.), Handbuch Freinet-Pädagogik. Eine praxisbezogene Einführung. Weinheim: Beltz.

Eberle, G. (1996). Schwierigkeiten beim Erwerb und Gebrauch des `Denkzeugs´ Mathematik und mögliche Hilfen für dessen effektivere Nutzung beim Lösen von Sachproblemen und Sachaufgaben im Unterricht mit sogenannten lernschwachen Schülern. In G. Eberle & R. Kornmann (Hrsg.), Lernschwierigkeiten und Vermittlungsprobleme im Mathematikunterricht an Grund- und Sonderschulen (S. 203-250). Weinheim: Beltz – Deutscher Studien Verlag.

Ennemoser, M. & Krajewski, K. (2007). Effekte der Förderung des Teil-Ganzes-Verständnisses bei rechenschwachen Erstklässlern. Vierteljahresschrift für Heilpädagogik und ihre Nachbargebiete 76, 228-240.

Enzensberger, H. M. (1997). Der Zahlenteufel. München: Hanser.

Feuser, G. (1987). Gemeinsame Erziehung behinderter und nichtbehinderter Kinder im Kindertagesheim – Ein Zwischenbericht. Bremen: Diakonisches Werk.

Feuser, G. & Meyer, H. (1987). Integrativer Unterricht in der Grundschule. Ein Zwischenbericht. Solms-Oberbiel: Jarick.

Flämig, K., Musketa, B. & Leu, H. R. (2009). Bildungs- und Lerngeschichten – Entwicklungstheoretische Hintergründe. Weimar: das netz.

Friedrich, G. & de Galgóczy, V. (2006). Komm mit ins Zahlenland: Eine spielerische Entdeckungsreise in die Welt der Mathematik. Freiburg: Christophorus.

Fritz, A. (1995). Von der Spieltätigkeit zur Lerntätigkeit. Die Sonderschule 5, 357-367.

Fritz, A. & Ricken, G. (2008). Rechenschwäche. München: Reinhardt.

Fritz, A., Ricken, G. & Gerlach, M. (2007). Kalkulie. Diagnose- und Trainingsprogramm für rechenschwache Kinder. Berlin: Cornelsen.

Fritz, A. & Stratmann, F. (1995). Die Konstruktionsaufgabe „Roller“ als Verfahren zur Erfassung kindlicher Planungsfähigkeit. In J. Funke & A. M. Fritz (Hrsg.), Neue Konzepte und Instrumente zur Planungsdiagnostik (S. 201-257). Bonn: Deutscher Psychologen Verlag.

Füssel, H. P. & Kretschmann, R. (1993). Gemeinsamer Unterricht für behinderte und nichtbehinderte Kinder. Witterschlick/Bonn: Wehle.

Gaidoschik, M. (2007). Rechenschwäche vorbeugen. Das Handbuch für Lehrerinnen und Lehrer. 1. Schuljahr: Vom Zählen zum Rechnen. Wien: öbvhpt / Rechenschwäche verstehen – Kinder gezielt fördern. Bergedorf: Persen.

Galperin, P. J. (1972). Die geistige Handlung als Grundlage für die Bildung von Gedanken und Vorstellungen. In P. J. Galperin & A. N. Leontjew (Hrsg.), Probleme der Lerntheorie (S. 33-50). Berlin: Volk und Wissen.

Gamm, H.-J. (1997). Allgemeine Pädagogik. In A. Bernhard & L. Rothermel (Hrsg.), Handbuch Kritische Pädagogik (S. 28-38). Weinheim: Deutscher Studien Verlag.

Ganser, B., Schindler, M. & Schüller, S. (2003). Rechenschwäche überwinden. Band 1. Donauwörth: Auer.

Gerlach, M., Fritz, A., Ricken, G. & Schmidt, S. (2007). Trainingsprogramm Kalkulie. Diagnose- und Trainingsprogramm für rechenschwache Kinder. Berlin: Cornelsen.

Gerster, H.-D. (2003). Schwierigkeiten bei der Entwicklung arithmetischer Konzepte im Zahlenraum bis 100. In A. Fritz, G. Ricken & S. Schmidt (Hrsg.), Rechenschwäche – Lernwege, Schwierigkeiten und Hilfen bei Dyskalkulie (S. 201-221). Weinheim: Beltz.

Gerster, H.-D. (2009). Schwierigkeiten bei der Entwicklung arithmetischer Konzepte im Zahlenraum bis 100. In A. Fritz, G. Ricken & S. Schmidt (Hrsg.), Handbuch Rechenschwäche – Lernwege, Schwierigkeiten und Hilfen bei Dyskalkulie (S. 248-268). Weinheim: Beltz.

Gerster, H.-D. & Schultz, R. (2004). Schwierigkeiten beim Erwerb mathematischer Konzepte im Anfangsunterricht. Bericht zum Forschungsprojekt Rechenschwäche – Erkennen, Beheben, Vorbeugen. Freiburg i. Br.: Pädagogische Hochschule, Institut für Mathematik und Informatik und ihre Didaktiken (kostenfrei abrufbar unter http://www.freidok.uni-freiburg.de/volltexte/1397/.)

Gottschaldt, K. (1933). Der Aufbau des kindlichen Handelns. Vergleichende Untersuchungen an gesunden und psychisch abnormen Kindern. Leipzig: Barth.

Grassmann, M. (1996). Geometrische Fähigkeiten der Schulanfänger. Grundschulunterricht 43, 25-27.

Graumann, G. (2002). Mathematikunterricht in der Grundschule. Bad Heilbrunn: Klinkhardt.

Graumann, O. (2008). Mathematikunterricht im ersten Schuljahr. In W. Topsch & B. Moschner (Hrsg.), Schulstart. Didaktische Perspektiven für das erste Schuljahr (S. 128-146). Bad Heilbrunn: Klinkhardt.

Grüßing, M. & Peter-Koop, A. (Hrsg.) (2006). Die Entwicklung mathematischen Denkens in Kindergarten und Grundschule: Beobachten – Fördern – Dokumentieren. Offenburg: Mildenberger.

Haarmann, H. (1990). Universalgeschichte der Schrift. Frankfurt/M.: Campus.

Haberland, G. (1975). Zur Bedingungsanalyse von Störungen des Lesens, Rechtschreibens und Rechnens. Probleme und Ergebnisse der Psychologie, 55, 19-48.

Hacker, W. (1980). Allgemeine Arbeits- und Ingenieurpsychologie. Psychische Struktur und Regulation von Arbeitstätigkeiten. Berlin: Deutscher Verlag der Wissenschaften.

Hasemann, K. (2007). Anfangsunterricht Mathematik. Heidelberg: Spektrum.(2. Aufl.)

Hellmich, F. (2008). Förderung mathematischer Vorläuferfähigkeiten im mathematischen Bereich – Konzepte, empirische Befunde und Forschungsperspektiven. In F. Hellmich & H. Köster (Hrsg.), Vorschulische Bildungsprozesse in Mathematik und Naturwissenschaften (S. 83-102). Bad Heilbrunn: Klinkhardt.

Hengartner, E. & Röthlisberger, H. (1995). Rechenfähigkeit von Schulanfängern. In H. Brügelmann, H. Balhorn & I. Füssenich (Hrsg.), Am Rande der Schrift (S. 66-86). Lengwil: Libelle.

Hoenisch, N. & Niggemeyer, E. (2007). Mathe-Kings. Junge Kinder fassen Mathematik an. Berlin: das netz (2. Aufl.).

Holzkamp, K. (1993). Lernen. Subjektwissenschaftliche Grundlegung. Frankfurt/M.: Campus.

Hülswitt, K. L. (2006). Mit Fantasie zur Mathematik – Freie Eigenproduktionen mit gleichem Material in großer Menge. In M. Grüßing & A. Peter-Koop (Hrsg.), Die Entwicklung mathematischen Denkens in Kindergarten und Grundschule: Beobachten – Fördern – Dokumentieren (S. 103-121). Offenburg: Mildenberger.

Ifrah, G. (1989). Universalgeschichte der Zahlen. Frankfurt/M.: Campus.

Jansen, H., Mannhaupt, G., Marx, H. & Skowronek, H. (1999). Bielefelder Screening zur Früherkennung von Lese-Rechtschreibschwierigkeiten (BISC). Göttingen: Hogrefe 1999.

Jantzen, W. (1980). Menschliche Entwicklung, allgemeine Therapie und allgemeine Pädagogik. Solms-Oberbiel: Jarick.

Jung, H.-W. & von Staehr, G. (1985). Historisches Lernen II. Methodik der Geschichte. Köln: Pahl-Rugenstein.

Kischkel, K.-H. (1983). Zum Effekt einiger Ausbildungsfaktoren auf die Ambiguitätstoleranz von Lehrern und die Beziehung zwischen Ambiguitätstoleranz und Konservativismus. Zeitschrift für Pädagogik, 7 (1), 23-41.

Klix, F. (1980). Erwachendes Denken. Eine Entwicklungsgeschichte der menschlichen Intelligenz. Berlin: Deutscher Verlag der Wissenschaften. 2. Aufl. 1993 mit dem Untertitel „Geistige Leistungen aus evolutionspsychologischer Sicht", Heidelberg: Spektrum.

Knapstein, K. & Spiegel, H. (1995). Testaufgaben zur Erhebung arithmetischer Vorkenntnisse zu Beginn des 1. Schuljahres. In G. N. Müller & E. Ch. Wittmann (Hrsg.), Mit Kindern rechnen (S. 65-73). Frankfurt/M.: Arbeitskreis Grundschule – Der Grundschulverband.

Knorr, S. (2007). Effekte einer Förderung mit der Lernsoftware „Blitzrechnen" in der Förderschule. Zeitschrift für Heilpädagogik, 58, 7-17.

Koehler, O. (1937). Können Tauben >zählen<? Zeitschrift für Tierpsychologie 1, 39-48.

Kornmann, R. (1991). Veränderungen des Gegenstandsbezugs als Indikator kognitiver Entwicklung und Möglichkeiten ihrer förderungsbezogenen diagnostischen Erfassung. Heilpädagogische Forschung 17 (4), 184-191.

Kornmann, R. (1993). Orientierungshilfen bei Problemen der Integration im Kindergarten. Karlsruhe: Diakonisches Werk der Evangelischen Landeskirche in Baden (vergriffen, abrufbar unter www.ph-heidelberg.de/wp/kornmann>Veröffentlichungen>vergriffene Texte).

Kornmann, R. (1996). Demütigungen und Lernbehinderungen durch Mathematikunterricht. In R. Stein & O. Brilling (Hrsg.), Ökologische Perspektiven für pädagogische Handlungsfelder (S. 199-206). Pfaffenweiler: Centaurus.

Kornmann, R. (2003). Entwicklungstheoretische Überlegungen und praktische Beispiele für ein pädagogisches Verständnis von Mathematik, das keinen Menschen ausschließt. In W. Lamers & Th. Klauß (Hrsg.), ...alle Kinder alles lehren! – Aber wie? (S. 137-152). Düsseldorf: verlag selbstbestimmtes lernen. (a)

Kornmann, R. (2003). Unterrichtsbegleitende Diagnostik im mathematischen Lernbereich. In A. Leonhardt & F. B. Wember (Hrsg.), Grundfragen der Sonderpädagogik – Bildung, Erziehung, Behinderung (S. 269-287). Weinheim: Beltz. (b)

Kornmann, R. (2007). Würfelspiele: Anforderungsanalysen verschiedener Varianten im Hinblick auf förderungsdiagnostische Zielsetzungen in Kindergarten und Grundschule. In Gesellschaft für Didaktik der Mathematik (Hrsg.): CD Beiträge zum Mathematikunterricht 2007. Hildesheim: Franzbecker.

Kornmann, R., Wagner, H.-J. & Biegel-Reichert, S. (1993). Lehrwerke als Lernbehinderungen: Die Vernachlässigung des Kommutativgesetzes in den Mathematiklehrwerken für die Klassen 1-4 der Schulen für Lernbehinderte (Förderschulen). Zeitschrift für Heilpädagogik 44 (9) 600-605.

Kornmann, R., Holland-Rummer, C., Frank, A. & Mack, K. (1997). Die Null = Nichts für Sonderschulen? Zeitschrift für Heilpädagogik, 48 (11) 459-462.

Kornmann, R., Frank, A., Holland-Rummer, C., & Wagner, H.-J. (1999). Probleme beim Rechnen mit der Null. Erklärungsansätze und pädagogische Hilfen. Weinheim: Beltz – Deutscher Studien Verlag.

Krajewski, K. (2003). Vorhersage von Rechenschwäche in der Grundschule. Hamburg: Kovač.

Krajewski, K. (2008). Prävention der Rechenschwäche. In W. Schneider & M. Hasselhorn (Hrsg.), Handbuch der Psychologie, Band 10: Pädagogische Psychologie (S. 275-304). Göttingen: Hogrefe.

Krajewski, K., Küspert, P. & Schneider, W. (2002). Deutscher Mathematiktest für erste Klassen (DEMAT 1+). Göttingen: Hogrefe.

Krajewski, K., Liehm, S. & Schneider, W. (2004). Deutscher Mathematiktest für zweite Klassen (DEMAT 2+). Göttingen: Hogrefe.

Krajewski, K., Nieding, G. & Schneider, W. (2007). Mengen, zählen, Zahlen – Die Welt der Mathematik entdecken. Berlin: Cornelsen.

Krauthausen, G. & Scherer, P. (2007, 3. Aufl.). Einführung in die Mathematikdidaktik. Heidelberg: Spektrum.

Kremer, A. (1997). Didaktik. In A. Bernhard & L. Rothermel (Hrsg.), Handbuch Kritische Pädagogik (S. 74-84). Weinheim: Deutscher Studien Verlag.

Krummheuer, G. (1994). Der mathematische Anfangsunterricht. Anregungen für ein neues Verstehen früher mathematischer Lehr-Lern-Prozesse. Weinheim: Deutscher Studien Verlag.

Kühnel, J. (1919). Neubau des Rechenunterrichts. Leipzig: Klinkhardt.

Küspert, P. & Schneider, W. (1999). Hören, Lauschen, Lernen: Sprachspiele für Kinder im Vorschulalter; Würzburger Trainingsprogramm zur Vorbereitung auf den Erwerb der Schriftsprache. Göttingen: Vandenhoeck & Ruprecht.

Kutzer, R. (1979). Strukturorientierter Mathematikunterricht in der Lernbehindertenschule. In H. Probst (Hrsg.), Kritische Behindertenpädagogik in Theorie und Praxis (S. 29-62). Oberbiel: Jarick.

Kutzer, R. (1983). Mathematik entdecken und verstehen. Frankfurt/M.: Diesterweg.

LeBohec, P. (1994). Verstehen heißt Wiedererfinden. Natürliche Methode und Mathematik. Bremen: Freinet-Kooperative.

Leontjew, A. N. (1973). Probleme der Entwicklung des Psychischen. Frankfurt/M.: Athenäum Fischer.

Leontjew, A. N. (1977). Tätigkeit, Bewußtsein, Persönlichkeit. Stuttgart: Klett.

Lompscher, J. (1990). Aufsteigen vom Abstrakten zum Konkreten. Versuche zu einer alternativen Lehrstrategie. Berlin: Akademie der Pädagogischen Wissenschaften.

Lorenz, J. H., Eichler, K.-P., Jansen, H. & Röttger, A. (1999). Mathematikus 1. Braunschweig: Westermann.

Meyer, S. (1993). Was sagst du zur Rechenschwäche, Sokrates? Luzern: Schweizerische Zentralstelle für Heilpädagogik.
Miller, G. A., Galanter, E. & Pribram, K. H. (1960). Plans and the structure of behavior. New York: Holt, Rinehart & Winston (deutsch: Strategien des Handelns. Stuttgart: Klett 1973).
Milz, I. (1993). Rechenschwächen erkennen und behandeln. Dortmund: Borgmann.
Molina, M. I. (1999). Der Herr der Null. Berlin: Altberliner.
Molnar, A. & Lindquist, B. (1990). Verhaltensprobleme in der Schule. Lösungsstrategien für die Praxis. Dortmund: Borgmann.
Montada, L. (1995). Fragen, Konzepte, Perspektiven. In R. Oerter & L. Montada (Hrsg.), Entwicklungspsychologie (S. 1-83). Göttingen: Hogrefe.
Montessori, M. (1922). Mein Handbuch. Stuttgart: Hoffmann.
Moser Opitz, E. (2001). Zählen – Zahlbegriff – Rechnen. Theoretische Grundlagen und eine empirische Untersuchung zum mathematischen Erstunterricht in Sonderklassen. Bern: Haupt.
Moser Opitz, E. (2007). Rechenschwäche / Dyskalkulie. Theoretische Klärungen und empirische Studien an betroffenen Schülerinnen und Schülern. Bern: Haupt.
Moser Opitz, E. & Schmassmann, M. (2002a). Heilpädagogischer Kommentar zum Zahlenbuch 1. Hinweise zur Arbeit mit Kindern mit mathematischen Lernschwierigkeiten. Zug: Klett und Balmer.
Moser Opitz, E. & Schmassmann, M. (2002b). Heilpädagogischer Kommentar zum Zahlenbuch 2. Hinweise zur Arbeit mit Kindern mit mathematischen Lernschwierigkeiten. Zug: Klett und Balmer.
Moser Opitz, E. & Schmassmann, M. (2003). Heilpädagogischer Kommentar zum Zahlenbuch 3. Hinweise zur Arbeit mit Kindern mit mathematischen Lernschwierigkeiten. Zug: Klett und Balmer.
Moser Opitz, E. & Schmassmann, M. (2004). Heilpädagogischer Kommentar zum Zahlenbuch 4. Hinweise zur Arbeit mit Kindern mit mathematischen Lernschwierigkeiten. Zug: Klett und Balmer.
Moser Opitz, E. & Schmassmann, M. (2005). Heilpädagogischer Kommentar zum Zahlenbuch 5 und 6. Hinweise zur Arbeit mit Kindern mit mathematischen Lernschwierigkeiten. Zug: Klett und Balmer.
Müller, G. N., Steinbring, H. & Wittmann, E. Ch. (1997): 10 Jahre >Mathe 2000<. Bilanz und Perspektiven. Düsseldorf: Klett.
Müller, G. N. & Wittmann, E. Ch. (2002). Das kleine Zahlenbuch. Mathematik für 4 bis 7jährige Kinder, Band 1: Spielen und Zählen. Velber: Kallmeyer.
Müller, G. N. & Wittmann, E. Ch. (2004). Das kleine Zahlenbuch. Mathematik für 4 bis 7jährige Kinder, Band 2: Schauen und Zählen. Velber: Kallmeyer.

Nührenbörger, M. & Pust, S. (2006). Mit Unterschieden rechnen. Lernumgebungen und Materialien für einen differenzierten Anfangsunterricht. Seelze: Kallmeyer.

Obuchowski, K. (1982). Orientierung und Emotion. Köln: Pahl-Rugenstein.
Oerter, R. (1999). Psychologie des Spiels. Weinheim: Beltz.

Peter-Koop, A. & Grüßing, M. (2006). Mathematische Bilderbücher – Kooperation zwischen Elternhaus, Kindergarten und Grundschule. In M. Grüßing & A. Peter-Koop (Hrsg.), Die Entwicklung mathematischen Denkens in Kindergarten und Grundschule: Beobachten – Fördern – Dokumentieren (S. 150-169). Offenburg: Mildenberger.
Piaget, J. (1974). Der Aufbau der Wirklichkeit beim Kinde. Stuttgart: Klett.
Pitsch, H.-J. (2002). Zur Entwicklung von Tätigkeit und Handeln Geistigbehinderter. Oberhausen: Athena.
Pitsch, H.-J. (2005). Zur Theorie und Didaktik des Handelns Geistigbehinderter. Oberhausen: Athena (2. Aufl.) (a)
Pitsch, H.-J. (2005). Zur Methodik der Förderung der Handlungsfähigkeit Geistigbehinderter. Oberhausen: Athena. (b)

Portmann, A. (1956). Zoologie und das neue Bild vom Menschen. Hamburg: Rowohlt.
Preiß, G. (2007). Leitfaden Zahlenland 1. Verlaufspläne für die Lerneinheiten 1 bis 10 der „Entdekkungen im Zahlenland“. Kirchzarten: Zahlenland.
Probst, H. (1983). Diagnostik? Wenn ja, welche? – Argumente und Beispiele für eine inhaltsbezogene pädagogische Diagnostik. In R. Kornmann, H. Meister & J. Schlee (Hrsg.), Förderungsdiagnostik. Konzept und Realisierungsmöglichkeiten (S. 113-124). Heidelberg: Schindele.
Probst, H. & Waniek, D. (2003). Kommentar: Erste numerische Kenntnisse von Kindern und ihre didaktische Bedeutung. In A. Fritz, G. Ricken & S. Schmidt (Hrsg.), Rechenschwäche. Lernwege, Schwierigkeiten und Hilfen bei Dyskalkulie (S. 65-78). Weinheim: Beltz.

Quaiser-Pohl, C. (2008). Förderung mathematischer Vorläuferfähigkeiten im Kindergarten mit dem Programm „Spielend Mathe“. In F. Hellmich & H. Köster (Hrsg.), Vorschulische Bildungsprozesse in Mathematik und Naturwissenschaften (S. 103-125). Bad Heilbrunn: Klinkhardt.

Radatz, H., Schipper, W., Ebeling, A. & Dröge R. (1996). Handbuch für den Mathematikunterricht. Hannover: Schroedel.
Radigk, W. (2006). Wie lernen Kinder sprechen, lesen und schreiben? Ein Studienbuch zum Spracherwerb. Berlin: Cornelsen.
Rauh, H. (2002). Frühe Kindheit. In R. Oerter & L. Montada (Hrsg.), Entwicklungspsychologie (S. 167-248). Weinheim: Beltz – PsychologieVerlagsUnion.
Rauter, E. A. (1977). Vom Faustkeil zur Fabrik. Warum die Werkzeuge die Menschen und die Menschen die Werkzeuge verändern. München: Weismann (letzte Auflage 2001, München: Kunstmann).
Reis, J. (1997). Ambiguitätstoleranz. Beiträge zur Entwicklung eines Persönlichkeitskonstruktes. Heidelberg: Asanger.
Resnick, L. B. (1992). From protoquantities to operators: building mathematical competence on a foundation of everyday knowledge. In G. Leinhardt, R. Putnam & R. A. Hattrup (eds.), analysis of arithmetic for mathematics teaching (pp. 374-429). Hillsdale NJ: Erlbaum.
Rödler, K. (2006). Erbsen, Bohnen, Rechenbrett: Rechnen durch Handeln. Seelze-Velber: Kallmeyer.
Romey, S. (1984). Faschismus. In E. Reichmann (Hrsg.), Handbuch der kritischen und materialistischen Behindertenpädagogik und ihrer Nebenwissenschaften (S. 187-220). Solms-Oberbiel: Jarick.
Roth, H. (Hrsg.) (1968). Begabung und Lernen. Ergebnisse und Folgerungen neuer Forschungen. Stuttgart: Klett.

Saß, H., Wittchen, H.-U., Zaudig, M. & Houben, I. (2003). Diagnostisches und statistisches Manual Psychischer Störungen – Textrevision – DSM-IV-TR. Göttingen: Hogrefe.
Schäfer, J. (2005). Rechenschwäche in der Eingangsstufe der Hauptschule. Lernstand, Einstellungen und Wahrnehmungsleistungen. Eine empirische Studie. Hamburg: Kovač.
Scherer, P. (1995). Entdeckendes Lernen im Mathematikunterricht der Schule für Lernbehinderte. Theoretische Grundlegung und evaluierte unterrichtspraktische Erprobung. Heidelberg: Schindele.
Scherer, P. (1999). Produktives Lernen von Kindern mit Lernschwächen. Fördern durch Fordern. Band 1: Zwanzigerraum. Stuttgart: Klett.
Scherer, P. & Selter, Ch. (1996). Zahlenketten – ein Unterrichtsbeispiel für natürliche Differenzierung. Mathematische Unterrichtspraxis 2, 21-28.
Scherer, P. (2009). Produktives Mathematiklernen – auch in der Förderschule?! In A. Fritz, G. Ricken & S. Schmidt (Hrsg.), Rechenschwäche – Lernwege, Schwierigkeiten und Hilfen bei Dyskalkulie (S. 434-447). Weinheim: Beltz.
Schinköthe, H. (2000). Mengen und Längen. Lehrbuch der elementaren Grundlagen mathematischen Denkens und seiner Entwicklung für die Bereiche: Kindergarten, Vorschule, Grundschule, Sonderschule, Rechenschwächetherapie. Neu herausgegeben von H. Steeg u. a. Halle: RESI-Verlag.

Schipper, W. (2002). „Schulanfänger verfügen über hohe mathematische Kompetenzen." Eine Auseinandersetzung mit einem Mythos. In A. Peter-Koop (Hrsg.), Das besondere Kind im Mathematikunterricht der Grundschule (S. 119-140). Offenburg: Mildenberger (2. Aufl.).

Schmassmann, M. (1999). Mathematikunterricht für alle. Mathematik – ganz einfach. In Akademie für Lehrerfortbildung Dillingen (Hrsg.), Rechenstörungen. Diagnose – Förderung – Materialien (S. 146-172). Donauwörth: Auer (3. Aufl.).

Schmidt, B. (1981). Lernen / Lerntheorie. In G. Rexilius & S. Grubitzsch (Hrsg.), Handbuch psychologischer Grundbegriffe (S. 629-645). Reinbek: Rowohlt.

Schmidt, R. (1982). Die Zählfähigkeit der Schulanfänger – Ergebnisse einer Untersuchung. Sachunterricht und Mathematik in der Primarstufe 10, 371-376.

Schmidt-Kolmer, E. (1986). Frühe Kindheit. Berlin/DDR: Volk und Wissen.

Schmitz, G. (1994). Lernbereich „Mengen und Zahlen" und seine basalen Voraussetzungen – Überprüfung von Lernschrittfolgen für geistig behinderte Schüler. In E. F. Kleiter & H. Probst (Hrsg.), Lernwege-Abbildung. Anwendung und Verfahren der Voraussetzungs-Clusteranalyse. Weinheim: Deutscher Studien Verlag.

Schmitz, G. & Scharlau, R. (1985). Mathematik als Welterfahrung. Die Erschließung von Raum und Zahl für geistig behinderte Kinder. Bonn-Bad Godesberg: Dürr (1994, 8. Aufl. Rheinbreitbach: Dürr & Kessler).

Schneewind, K. A. (1982). Persönlichkeitstheorien I. Darmstadt: Wissenschaftliche Buchgesellschaft.

Schneewind, K. A. (1984). Persönlichkeitstheorien II. Darmstadt: Wissenschaftliche Buchgesellschaft.

Schnotz, W. (1979). Lerndiagnose als Handlungsanalyse. Ein theoretischer und empirischer Beitrag zum Problem der Bestimmung individueller Lernzustände. Weinheim: Beltz.

Schütte, S. (1994). Mathematiklernen in Sinnzusammenhängen. Probleme und Perspektiven der Grundschulmathematik heute. Stuttgart: Klett.

Schütte, S. (Hrsg.) (2000). Die Matheprofis 1. München: Oldenbourg.

Seife, Ch. (2000). Zwilling der Unendlichkeit. Eine Biografie der Zahl Null. Berlin: Berlin Verlag.

Selter, Ch. (1995). Zur Fiktivität der Stunde Null im arithmetischen Anfangsunterricht. Mathematische Unterrichtspraxis 16, 11-19.

Selter, C. & Spiegel, H. (1997). Wie Kinder rechnen. Leipzig: Klett.

Sève, L. (1972). Marxismus und Theorie der Persönlichkeit. Frankfurt/M.: Marxistische Blätter.

Spiegel, H. (1992). Was und wie Kinder zu Schulbeginn schon rechnen können – Ein Bericht über Interviews mit Schulanfängern. Grundschulunterricht 39, 21-23.

Spiegel, H. & Selter, Ch. (2003). Kinder & Mathematik. Was Erwachsene wissen sollten. Seelze-Velber: Kallmeyer.

Steinweg, A. S. (2008). Zwischen Kindergarten und Schule – Mathematische Basiskompetenzen im Übergang. In F. Hellmich & H. Köster (Hrsg.), Vorschulische Bildungsprozesse in Mathematik und Naturwissenschaften (S. 143-159). Bad Heilbrunn: Klinkhardt.

Stern, E. (1999). Die Entwicklung des mathematischen Verständnisses im Kindesalter. Lengerich: Pabst 1999.

Strobel, A. (1997). Entdeckendes Lernen mit Material in großer Menge. Fragen und Versuche 82, 30-34.

Van den Heuvel-Panhuizen, M. (1995). Leistungsmessung im aktiv-entdeckenden Mathematikunterricht. In H. Brügelmann, H. Balhorn & I. Füssenich (Hrsg.), Am Rande der Schrift (S. 87-107). Lengwil: Libelle.

Van Eimeren, L. & Ansari, D. (2009). Rechenschwäche – eine neurokognitive Perspektive. In A. Fritz, G. Ricken & S. Schmidt (Hrsg.), Handbuch Rechenschwäche. Lernwege, Schwierigkeiten und Hilfen bei Dyskalkulie (S. 25-33). Weinheim: Beltz (2. Aufl.).

Van Luit, J. E. H., van de Rijt, B. A. M. & Hasemann, K. (2001). Osnabrücker Test zur Zahlbegriffsentwicklung. Göttingen: Hogrefe.

Vergnaud, G. (1981). L´enfant, la mathématique et la réalité. Frankfurt/M.: Lang.
Volpert, W. (1973). Sensumotorisches Lernen. Frankfurt/M.: Fachbuchhandlung für Psychologie.
Volpert, W. (1974). Handlungsstrukturanalyse als Beitrag zur Qualifikationsforschung. Köln: Pahl-Rugenstein.

Wagner, H.-J., Seeger-Kelbe, A. & Kornmann, R. (1991). Die Null – eine vernachlässigte Größe in elementaren Mathematiklehrwerken der Schule für Lernbehinderte? Zeitschrift für Heilpädagogik 42 (7), 442-479.
Walter, J., Suhr, K. & Werner, B. (2001). Experimentell beobachtete Effekte zweier Formen von Mathematikunterricht in der Förderschule. Zeitschrift für Heilpädagogik 4, 143-151.
Waniek, D. (1999). Überlegungen und Konzept einer lernstrukturorientierten Diagnostik und Didaktik und zu dessen Bedeutung im elementaren Mathematikunterricht. In H. Probst (Hrsg.), Mit Behinderungen muss gerechnet werden (S. 70-104). Solms-Oberbiel: Jarick.
Weißhaupt, S. & Peucker, S. (2009). Entwicklung arithmetischen Vorwissens. In A. Fritz, G. Ricken & S. Schmidt (Hrsg.), Handbuch Rechenschwäche. Lernwege, Schwierigkeiten und Hilfen bei Dyskalkulie (S. 52-76). Weinheim: Beltz (2. Aufl.).
Weltgesundheitsorganisation (WHO) (2005). Internationale Klassifikation psychischer Störungen. ICD-10 Kapitel V (F). Klinisch-diagnostische Leitlinien. Bern: Huber.
Wember, F. B. (1991). Die Frühdiagnostik der Rechenschwäche zwischen früher Förderung und früher Stigmatisierung. Möglichkeiten und Grenzen von Selektionsdiagnostik und Vorschläge zur kontent-validen Messung von Lernvoraussetzungen. In J. H. Lorenz (Hrsg.), Störungen beim Mathematiklernen (S. 3-40). Köln: Aulis.
Wember, F. B. (1999). Mathematik unterrichten – eine subsidiäre Aktivität? Nicht bei Kindern mit Lernschwierigkeiten! In P. Scherer, Produktives Lernen für Kinder mit Lernschwächen. Fördern durch Fordern. Band 1: Zwanzigerraum (S.270-287). Stuttgart: Klett.
Werner, B. (2009). Dyskalkulie – Rechenschwierigkeiten. Diagnose und Förderung rechenschwacher Kinder an Grund- und Sonderschulen. Stuttgart: Kohlhammer.
Wilms, W. R. (1973). Neue Mathematik für lernschwache Schüler. Berlin: Marhold.
Winter, H. (1984). Entdeckendes Lernen im Mathematikunterricht. Grundschule 16 (4), 26-29.
Winter, H. (1987). Mathematik entdecken. Neue Ansätze für den Unterricht in der Grundschule. Berlin: Cornelsen.
Winter, H. (1996). Praxishilfe Mathematik. Didaktik im Überblick. Kreatives Üben. Beispiele für die Klassen 1 bis 4.
Wittmann, E. C. (1993). Wider die Flut der „bunten Hunde" und die „grauen Päckchen". Das Konzept des aktiv-entdeckenden Unterrichts und des produktiven Übens. In Wittmann, E. Ch. & Müller, G. N. (1993). Handbuch produktiver Rechenübungen. Band 1: Vom Einspluseins zum Einmaleins (S. 157-171). Stuttgart: Klett.
Wittmann, E. Ch. & Müller, G. N. (1998). Handbuch produktiver Rechenübungen. Band 1: Vom Einspluseins zum Einmaleins. Stuttgart: Klett (2. Aufl.).
Wittmann, E. Ch. & Müller, G. N. (Hrsg.) (2000). Das Zahlenbuch. Mathematik im 1. Schuljahr. Leipzig: Klett.
Wollring, B. (2006). Kindermuster und Pläne dazu – Lernumgebungen zur frühen geometrischen Förderung. In M. Grüßing & A. Peter-Koop (Hrsg.), Die Entwicklung mathematischen Denkens in Kindergarten und Grundschule: Beobachten – Fördern – Dokumentieren (S. 80-102). Offenburg: Mildenberger.
Wygotski, L. S. (1964). Denken und Sprechen. Berlin: Akademie-Verlag.
Wynn, K. (1992). Addition and subtraction by human infants. Nature 358, 749-750.

Zielinski, W. (1980). Lernschwierigkeiten. Verursachungsbedingungen, Diagnose, Behandlungsansätze. Stuttgart: Kohlhammer.

Zimpel, A. F. (2008). Der zählende Mensch. Was Emotionen mit Mathematik zu tun haben. Göttingen: Vandenhoeck & Rupprecht.

Internetadressen (überprüft am 09. 03. 2010)

Gerster, H.-D. & Schultz, R. (2004). Schwierigkeiten beim Erwerb mathematischer Konzepte im Anfangsunterricht. Bericht zum Forschungsprojekt Rechenschwäche – Erkennen, Beheben, Vorbeugen. Freiburg i. Br.: Pädagogische Hochschule, Institut für Mathematik und Informatik und ihre Didaktiken. Kostenfrei abrufbar unter http://www.freidok.uni-freiburg.de/volltexte/1397/

IFRK (Initiative für rechenschwache Kinder e. V.) (Hrsg.)(2001). Symposion 2000: Dyskalkulie – Arithmasthenie Rechenschwäche, S. 68-77. Eisingen: IFRK - www.ifrk-ev.de

Kornmann, R. (1993). Orientierungshilfen bei Problemen der Integration im Kindergarten. Karlsruhe: Diakonisches Werk der Evangelischen Landeskirche in Baden (vergriffen, abrufbar unter www.ph-heidelberg.de/wp/kornmann>Veröffen tlichungen>vergriffene Texte).

Lorenz, J. H. (o.J.). Das Schulwerk Mathematikus. Download unter www.jh-lorenz.de/Mathematikus.htm

Mathe 2000: Allgemeine Informationen zum Download unter www.mathematik.uni-dortmund.de/ieem/mathe2000/pdf/Grundkonzeption%20mathe%202000.pdf

Wittmann, E. Ch.: Ein alternativer Ansatz zur Förderung „rechenschwacher“ Kinder – Download unter www.mathematik.uni-dortmund.de/didaktik/mathe2000/pdf/foerderansatz.pdf.